TURING 图灵程序设计丛书 Web开发系列

DOM Scripting

Web Design with JavaScript and the Document Object Model

Second Edition

JavaScript DOM 编程艺术（第2版）

[英] Jeremy Keith
[加] Jeffrey Sambells 著
杨涛 王建桥 杨晓云 等译
魏忠 审校

人民邮电出版社
北京

图书在版编目（C I P）数据

JavaScript DOM编程艺术 : 第2版 / (英) 基思 (Keith, J.), (加) 桑布尔斯 (Sambells, J.) 著 ; 杨涛等译. -- 北京 : 人民邮电出版社, 2011.4（2024.2重印）
（图灵程序设计丛书）
书名原文: DOM Scripting : Web Design with JavaScript and the Document Object Model, Second Edition
ISBN 978-7-115-24999-9

Ⅰ. ①J… Ⅱ. ①基… ②桑… ③杨… Ⅲ. ①JAVA语言—程序设计 Ⅳ. ①TP312

中国版本图书馆CIP数据核字(2011)第030849号

内 容 提 要

本书讲述了 JavaScript、DOM 和 HTML5 的基础知识，着重介绍 DOM 编程技术背后的思路和原则：平稳退化、渐进增强和以用户为中心等。这些概念对于任何前端 Web 开发工作都非常重要。本书将这些概念贯穿在书中的所有代码示例中，以便呈现用来创建图片库页面的脚本、用来创建动画效果的脚本和用来丰富页面元素呈现效果的脚本，最后结合所讲述的内容创建了一个实际的网站。

本书适合 Web 设计师和开发人员阅读。

◆ 著　[英] Jeremy Keith　[加] Jeffrey Sambells
译　杨 涛　王建桥　杨晓云 等
审　校　魏 忠
责任编辑　傅志红
执行编辑　谢灵芝

◆ 人民邮电出版社出版发行　北京市丰台区成寿寺路11号
邮编　100164　电子邮件　315@ptpress.com.cn
网址　http://www.ptpress.com.cn
北京天宇星印刷厂印刷

◆ 开本：800×1000　1/16
印张：18.75　2011年 4 月第 1 版
字数：443千字　2024年 2 月北京第 58 次印刷

著作权合同登记号　图字：01-2011-1367号

定价：69.00元

读者服务热线：(010)84084456-6009　印装质量热线：(010)81055316

反盗版热线：(010)81055315

广告经营许可证：京东市监广登字 20170147 号

版 权 声 明

献给我的妻子和第一位读者 Jessica。

——Jeremy Keith

献给自始至终支持我的 Stephanie、Addison 和 Hayden。

——Jeffrey Sambells

上一版译者序

网上的生活越来越丰富多彩。从最初的(X)HTML网页，到一度热炒的DHTML概念，再到近几年流行起来的CSS，网站和网页的设计工作变得越来越简便，网上的内容越来越富于变化和色彩。但是，很多网页设计者和网民朋友都不太喜欢 JavaScript，这主要有以下几方面原因。第一，很多网页设计者认为JavaScript的可用性很差——早期的浏览器彼此很少兼容，如果想让自己编写出来的JavaScript脚本在多种浏览器环境里运行，就必须编写许多用来探测浏览器的具体品牌和具体版本的测试及分支代码（术语称之为“浏览器嗅探”代码）。这样的脚本往往到处是 if...else 语句，既不容易阅读，又不容易复查和纠错，更难以做到让同一个脚本适用于所有的浏览器。第二，对广大的网民来说，JavaScript 网页的可访问性很差——浏览器会时不时地弹出一个报错窗口甚至导致系统死机，让人乘兴而来、败兴而去。第三，JavaScript 被很多网站用来实现弹出广告窗口的功能，人们厌烦这样的广告，也就“恨”屋及乌地厌烦起JavaScript来了。第四，“JavaScript”这个名字里的“Java”往往让人们误以为其源于Java语言，而实际接触之后才发现它们根本没有任何联系。与Java语言相比，JavaScript语言要简单得多。很多程序员宁肯钻研Java，也不愿意去了解JavaScript的功能和用法。

不管什么原因，JavaScript曾经不受欢迎的确是一个事实。

现在，情况发生了极大的变化。因为几项新技术的出现，JavaScript的春天似乎来了。首先，W3C（万维网联盟）推出的标准化DOM（Document Object Model，文档对象模型）已经一统江湖，目前市场上常见的浏览器可以说没有不支持的。这对网页设计者来说意味着可以用简单的“对象检测”代码来取代那些繁复的浏览器嗅探代码，而按照DOM编写出来的JavaScript页面不像过去那样容易出问题，这对网民来说意味着浏览体验变得流畅了。其次，最近兴起的 Ajax 技术以 DOM 和 JavaScript 语言（以及 CSS 和 XHTML）为基本要素，基于 Ajax 技术的网站离不开JavaScript和DOM脚本。

其实，人们对JavaScript的恶劣印象在很大程度上来源于早期的程序员对这种语言的滥用。如果程序员在编写JavaScript脚本的时候能够把问题考虑得面面俱到，就可以避免许多问题，但可惜的是如此优秀的程序员太少了。事实上，即使是在JavaScript已经开始流行起来的今天，如果程序员在编写 JavaScript 脚本的时候不遵守相关的标准和编程准则，也仍会导致各种各样的问题。

在2002年前后，CSS也是一种不太受人们欢迎的Web显示语言，除了用它来改变一下字体，几乎没有人用它来干其他的事情。但没过多久，人们对利用 CSS 设计网页布局的兴趣就一发而不可收拾，整个潮流也从那时扭转了过来。现在，掌握 CSS 已经成为许多公司在招聘网站开发人员时的一项要求。

目前，DOM 编程技术的现状与 CSS 技术在 2002 年时的境况颇有几分相似。受 Google Maps 和 Flickr 等著名公司利用 DOM 编程技术推出的 Gmail、Google Suggest 等新型服务的影响和带动，DOM 编程人才的需求正日益增加。有越来越多的人开始迷上了脚本编程技术，并开始学习如何利用 DOM 技术去改善而不是妨碍网站的可用性和可访问性。

本书的作者 Jeremy Keith 是 Web 标准计划 DOM Scripting 任务组的负责人之一，他在这本书里通过大量示例证明了这样一个事实：只要运用得当，并且注意避开那些“经典的”JavaScript 陷阱，DOM 编程技术就可以成为 Web 开发工具箱里又一件功能强大甚至是不可或缺的好东西。

本书并不是一本参考大全类型的图书，作者只重点介绍了几种最有用的 DOM 方法和属性。本书的精华在于作者在书中提到的关于 JavaScript 和 DOM 脚本编程工作的基本原则、良好习惯和正确思路。如果读者能通过书中的几个案例真正领悟这些原则、习惯和思路，就一定能让自己的编程技术再上一个台阶。

这是一本非常实用的好书，是一本值得一读再读的好书。作为本书的译者，我们相信它会让每位读者、自建网站的设计者和来到自建网站的访问者都受益匪浅。

参加本书翻译的人员还有韩兰、李京山、胡晋平、高文雅。

序

第 2 版已经出版了。

首先，我要澄清一点：虽然我的名字印在了封面上，但我并没有参与这个版本的修订工作。这个新版本完全出自 Jeffrey Sambells 之手。出版社因为出新版的事找过我，但我的时间确实安排不开了。因此，看到自己的名字忝列其间，心中不禁顿生愧意。

我很高兴地向读者朋友们报告，新版本中所有的修订都非常符合我的期望——英文原书的封面除外。但不管怎么说，第二版的内容真的是太好了！在上一版的基础上，新版经过了扩展，涵盖了如下三个新领域：

- HTML5
- Ajax
- JavaScript 库（尤其是 jQuery）

相比之下，新版的内容又扩充了不少，但整本书仍然一直在强调最佳实践（特别是渐进增强），这正是让我喜出望外的地方。

新版本中的代码示例全部换成用 HTML5 标记来写了。有关 Ajax 的示例代码也精简得当，尽管简略，但上下文仍然能够传达出我在 *Bulletproof Ajax*[①] 中提出的观点：永远不要假设 Ajax（或 JavaScript 等）一定可用。

最让我高兴的一点就是，新版本增加了主要介绍 jQuery 的章节。这一章把本书前面的典型代码示例，使用 jQuery 重写了一遍。这样一来，正好解释了人们对为什么使用库的种种疑问。它让你先理解了底层代码的工作原理，然后再告诉你使用库为什么能节省时间和精力。

总而言之，这本书新增的内容都十分精彩，对读者绝对有用。为了尽量多展示一些 jQuery 的方法，也限于篇幅，这一版以介绍库的附录代替了上一版介绍 DOM 方法的附录。这多少让我感到有一些遗憾，不过，我会争取在自己的博客上公布第 1 版的附录。

最后，我还是要给第 2 版再竖竖大拇指，另外再给读者一点建议。如果你买过本书第 1 版，恐怕找一些专门讲 HTML5、Ajax 或 jQuery 的书看会比较好。但如果你就是想知道怎么才能正确地使用 JavaScript，那这个经过扩展的新版本就是你的最佳选择。

Jeremy Keith

2011 年 1 月 3 日

---

① 中文版《Bulletproof Ajax 中文版》已经由人民邮电出版社出版。——编者注

前　　言

这是一本讲述一种程序设计语言的书，但它不是专门写给程序员的，而主要是写给Web设计师的。具体地说，本书是为那些喜欢使用CSS和HTML并愿意遵守编程规范的Web设计师们编写的。

本书由代码和概念两大部分构成。不要被那些代码吓倒，我知道它们乍看起来很唬人，可只要抓住了代码背后的概念，就会发现你是在用一种新语言去阅读和编写代码。

学习一种新的程序设计语言看起来可能很难，但事实却并非如此。DOM 脚本看起来似乎比 CSS 更复杂，可只要领悟了它的语法，你就会发现自己又掌握了一样功能强大的 Web 开发工具。归根结底，代码都是思想和概念的体现。

我在这里要告诉大家一个秘密：其实没人能把一种程序设计语言的所有语法和关键字都记住。如果有拿不准的地方，查阅参考书就全解决了。但本书不是一本参考大全。本书只介绍最基本的 JavaScript 语法。

本书的真正目的是让大家理解DOM脚本编程技术背后的思路和原则，或许你对其中一部分早就熟悉了。平稳退化、渐进增强、以用户为中心的设计对任何前端 Web 开发工作都非常重要。这些思路贯穿在本书的所有代码示例中。

你将会看到用来创建图片库页面的脚本、用来创建动画效果的脚本和用来丰富页面元素呈现效果的脚本。如果你愿意，完全可以把这些例子剪贴到自己的代码中，但更重要的是理解这些代码背后的“如何”和“为什么”。

如果你已经在使用 CSS 和 HTML 来把设计思路转化为活生生的网页，就应该知道 Web 标准有多么重要。还记得你是在何时发现自己只需修改一个 CSS 文件就可以改变整个网站的视觉效果吗？DOM 技术有着同样强大的威力。不过，能力越大，责任也就越大。因此，我不仅想让你看到用 DOM 脚本实现的超酷效果，更想让你看到怎样才能利用 DOM 脚本编程技术以一种既方便自己更体贴用户的方式去充实和完善网页。

如果需要本书所讨论的相关代码[①]，到 www.friendsofed.com 网站搜索本书的主页就可以查到。还可以在这个网站找到 friends of ED 出版社的所有其他好书，内容涉及 Web 标准、Flash、DreamWeaver 以及许多细分的计算机领域。

你对JavaScript的探索不应该在合上本书时就停止下来。我开设了http://domscripting.com/网站，在那里继续与大家共同探讨现代的、标准化的JavaScript。我希望你能到该网站看看。与此同时，我更希望本书能够对大家有所帮助。祝你们好运！

---

① 本书代码示例也可从图灵网站 www.turingbook.com 本书网页免费注册下载。——编者注

致　　谢

没有我的朋友和同事 Andy Budd[1]（http:www.andybudd.com）与 Richard Rutter（http:www.Clagnut.com）的帮助，本书的面世就无从谈起。Andy 在我们的家乡 Brighton 开设了一个名为Skillswap的免费培训网站。在2004年7月，Richard和我在那里做了一次关于JavaScript和DOM的联合演讲。演讲结束后，我们来到附近的一家小酒馆，在那里，Andy 建议我把演讲的内容扩展成一本书，也就是本书的第1版。

如果没有两方面的帮助，我大概永远也学不会编写 JavaScript 代码。一方面是几乎每个 Web 浏览器里都有“view source”（查看源代码）选项。谢谢你，“view source”。另一方面是那些多年来一直在编写让人叹为观止的代码并解说重要思路的 JavaScript 大师们。Scott Andrew、Aaron Boodman、Steve Champeon、Peter-Paul Koch、Stuart Langridge和Simon Willison只是我现在能想到的几位。感谢你们所有人的分享精神。

感谢 Molly Holzschlag 与我分享她的经验和忠告，感谢她对本书初稿给予反馈意见。感谢 Derek Featherstone 与我多次愉快地讨论 JavaScript 问题，我喜欢他思考和分析问题的方法。

我还要特别感谢 Aaron Gustafson，他在我写作本书期间向我提供了许多宝贵的反馈和灵感。

在写作第1版期间，我有幸参加了两次非常棒的盛会：在得克萨斯州 Austin 举办的“South by Southwest”和在伦敦举办的@media。我要感谢这两次盛会的组织者 Hugh Forrest 和 Patrick Griffiths，是他们让我有机会结识那么多最友善的人——我从没想过我能有机会与他们成为朋友和同事。

最后，我要感谢我的妻子 Jessica Spengler，不仅因为她永远不变的支持，还因为她在本书初稿的校对工作中做出的专业帮助。谢谢你，我的人生伴侣。

——Jeremy Keith

① Andy Budd是超级畅销书《精通CSS：高级Web标准解决方案（第2版）》的作者，该书已由人民邮电出版社出版。——编者注

目　　录

第1章

JavaScript 简史

1

本章内容

- JavaScript 的起源
- 浏览器战争
- DOM 的演变史

本书第 1 版面世的时候，做一名 Web 设计师是件很让人兴奋的事。5 个年头过去了，这个职业依然保持着强大的吸引力。特别是 JavaScript，经历了从被人误解到万众瞩目的巨大转变。Web 开发呢，也已从混乱无序的状态，发展成一门需要严格训练才能从事的正规职业。无论设计师还是开发人员，在创建网站的过程中都积极地采用标准技术，Web 标准已经深入人心。

当网页设计人员谈论起与 Web 标准有关的话题时，HTML（超文本标记语言）和 CSS（层叠样式表）通常占据着核心地位。不过，W3C（万维网联盟）已批准另一项技术，所有与标准相兼容的 Web 浏览器都支持它，这就是 DOM（文档对象模型）。我们可以利用 DOM 给文档增加交互能力，就像利用 CSS 给文档添加各种样式一样。

在开始学习 DOM 之前，我们先检视一下使网页具备交互能力的程序设计语言。这种语言就是 JavaScript，它已经诞生相当长的时间了。

1.1 JavaScript 的起源

JavaScript 是 Netscape 公司与 Sun 公司合作开发的。在 JavaScript 出现之前，Web 浏览器不过是一种能够显示超文本文档的简单的软件。而在 JavaScript 出现之后，网页的内容不再局限于枯燥的文本，它们的可交互性得到了显著的改善。JavaScript 的第一个版本，即 JavaScript 1.0 版本，出现在 1995 年推出的 Netscape Navigator 2 浏览器中。

在 JavaScript 1.0 发布时，Netscape Navigator 主宰着浏览器市场，微软的 IE 浏览器则扮演着追赶者的角色。微软在推出 IE 3 的时候发布了自己的 VBScript 语言，同时以 JScript 为名发布了 JavaScript 的一个版本，以此很快跟上了 Netscape 的步伐。面对微软公司的竞争，Netscape 和 Sun 公司联合 ECMA（欧洲计算机制造商协会）对 JavaScript 语言进行了标准化。于是出现了 ECMAScript 语言，这是同一种语言的另一个名字。虽说 ECMAScript 这个名字没有流行开来，但人们现在谈论的 JavaScript 实际上就是 ECMAScript。

到了 1996 年，JavaScript、ECMAScript、JScript——随便你们怎么称呼它——已经站稳了脚跟。Netscape 和微软公司在各自的第 3 版浏览器中都不同程度地支持 JavaScript 1.1 语言。

注意 JavaScript 与 Sun 公司开发的 Java 程序语言没有任何联系。JavaScript 最开始的名字是 LiveScript，后来选择“JavaScript”作为其正式名称的原因，大概是想让它听起来有系出名门的感觉。但令人遗憾的是，这一选择容易让人们把这两种语言混为一谈，而这种混淆又因为各种 Web 浏览器确实具备这样或那样的 Java 客户端支持功能而进一步加剧。事实上，Java 在理论上几乎可以部署在任何环境，但 JavaScript 却倾向于只应用在 Web 浏览器。

JavaScript 是一种脚本语言，通常只能通过 Web 浏览器去完成一些操作而不能像普通意义上的程序那样独立运行。因为需要由 Web 浏览器进行解释和执行，所以 JavaScript 脚本不像 Java 和 C++等编译型程序设计语言那样用途广泛。不过，这种相对的简单性也正是 JavaScript 的长处：比较容易学习和掌握，所以那些本身不是程序员，但希望通过简单的剪贴操作把脚本嵌入现有网页的普通用户很快就接受了 JavaScript。

JavaScript 还向程序员提供了一些操控 Web 浏览器的手段。例如，JavaScript 语言可以用来调整 Web 浏览器窗口的高度、宽度和位置等属性。这种设定浏览器属性的办法可以看做是 BOM（浏览器对象模型）。JavaScript 的早期版本还提供了一种初级的 DOM。

1.2 DOM

什么是 DOM？简单地说，DOM 是一套对文档的内容进行抽象和概念化的方法。

在现实世界里，人们对所谓的“世界对象模型”都不会陌生。例如，当用“汽车”、“房子”和“树”等名词来称呼日常生活环境里的事物时，我们可以百分之百地肯定对方知道我们说的是什么，这是因为人们对这些名词所代表的东西有着同样的认识。于是，当对别人说“汽车停在了车库里”时，可以断定他们不会理解为“小鸟关在了壁橱里”。

我们的“世界对象模型”不仅可以用来描述客观存在的事物，还可以用来描述抽象概念。例如，假设有个人向我问路，而我给出的答案是“左边第三栋房子”。这个答案有没有意义将取决于那个人能否理解“第三”和“左边”的含义。如果他不会数数或者分不清左右，则不管他是否理解这几个概念，我的回答对他都不会有任何帮助。在现实世界里，正是因为大家对抽象的世界对象模型有着基本的共识，人们才能用非常简单的话表达出复杂的含义并得到对方的理解。具体到这里的例子，你可以相当有把握地断定，其他人对“第三”和“左边”的理解和我完全一样。

这个道理对网页也同样适用。JavaScript 的早期版本向程序员提供了查询和操控 Web 文档某些实际内容（主要是图像和表单）的手段。因为 JavaScript 预先定义了“images”和“forms”等术语，我们才能像下面这样在 JavaScript 脚本里引用“文档中的第三个图像”或“文档中名为

'details'的表单"：

```
document.images[2]
document.forms['details']
```

现在的人们通常把这种试验性质的初级 DOM 称为"第 0 级 DOM"（DOM Level 0）。在还未形成统一标准的初期阶段，"第 0 级 DOM"的常见用途是翻转图片和验证表单数据。Netscape 和微软公司各自推出第四代浏览器产品以后，DOM 开始遇到麻烦，陷入困境。

1.3 浏览器战争

Netscape Navigator 4 发布于 1997 年 6 月，IE 4 发布于同年 10 月。这两种浏览器都对它们的早期版本进行了许多改进，大幅扩展了 DOM，使能够通过 JavaScript 完成的功能大大增加。而网页设计人员也开始接触到一个新名词：DHTML。

1.3.1 DHTML

DHTML 是"Dynamic HTML"（动态 HTML）的简称。DHTML 并不是一项新技术，而是描述 HTML、CSS 和 JavaScript 技术组合的术语。DHTML 背后的含义是：

- 利用 HTML 把网页标记为各种元素；
- 利用 CSS 设置元素样式和它们的显示位置；
- 利用 JavaScript 实时地操控页面和改变样式。

利用 DHTML，复杂的动画效果一下子变得非常容易实现。例如，用 HTML 标记一个页面元素：

```
<div id="myelement">This is my element</div>
```

然后用 CSS 为这个页面元素定义如下位置样式：

```
#myelement {
  position: absolute;
  left: 50px;
  top: 100px;
}
```

接下来，只需利用 JavaScript 改变 `myelement` 元素的 `left` 和 `top` 样式，就可以让它在页面上随意移动。不过，这只是理论而已。

不幸的是，NN 4 和 IE 4 浏览器使用的是两种不兼容的 DOM。换句话说，虽然浏览器制造商的目标一样，但他们在解决 DOM 问题时采用的办法却完全不同。

1.3.2 浏览器之间的冲突

Netscape 公司的 DOM 使用了专有元素，这些元素称为层（layer）。层有唯一的 ID，JavaScript 代码需要像下面这样引用它们：

```
document.layers['myelement']
```

而在微软公司的 DOM 中这个元素必须像下面这样引用：

```
document.all['myelement']
```

这两种 DOM 的差异并不止这一点。假设你想找出 myelement 元素的 left 位置并把它赋值给变量 xpos，那么在 Netscape Navigator 4 浏览器里必须这样做：

```
var xpos = document.layers['myelement'].left;
```

而在 IE 4 浏览器中，需要使用如下所示的语句才能完成同样的工作：

```
var xpos = document.all['myelement'].leftpos;
```

这就导致了一种很可笑的局面：程序员在编写 DOM 脚本代码时必须知道它们将运行在哪种浏览器环境里，所以在实际工作中，许多脚本都不得不编写两次，一次为 Netscape Navigator，另一次为 IE。同时，为了确保能够正确地向不同的浏览器提供与之相应的脚本，程序员还必须编写一些代码去探查在客户端运行的浏览器到底是哪一种。

DHTML 打开了一个充满机会的新世界，但想要进入其中的人们却发现这是个充满苦难的世界。因此，没多久，DHTML 就从一个大热门变成了一个人们不愿提起的名词，而对这种技术的评价也很快地变成了“宣传噱头”和“难以实现”。

1.4　制定标准

就在浏览器制造商以 DOM 为武器展开营销大战的同时，W3C 不事声张地结合大家的优点推出了一个标准化的 DOM。令人欣慰的是，Netscape、微软和其他一些浏览器制造商们还能抛开彼此的敌意而与 W3C 携手制定新的标准，并于 1998 年 10 月完成了“第 1 级 DOM”(DOM Level 1)。

回到刚才的例子，我们已经用<div>标签定义了一个 ID 为 myelement 的页面元素，现在需要找出它的 left 位置并把这个值保存到变量 xpos 中。下面是使用新的标准化 DOM 时需要用到的语法：

```
var xpos = document.getElementById('myelement').style.left
```

乍看起来，这与刚才那两种非标准化的专有 DOM 相比并没有明显的改进。但事实上，标准化的 DOM 有着非常远大的抱负。

浏览器制造商们感兴趣的只不过是通过 JavaScript 操控网页的具体办法，但 W3C 推出的标准化 DOM 却可以让任何一种程序设计语言对使用任何一种标记语言编写出来的任何一份文档进行操控。

1.4.1　浏览器以外的考虑

DOM 是一种 API（应用编程接口）。简单地说，API 就是一组已经得到有关各方共同认可的基本约定。在现实世界中，相当于 API 的例子包括（但不限于）摩尔斯码、国际时区、化学元素周期表。以上这些都是不同学科领域中的标准，它们使得人们能够更方便地交流与合作。如果没有一个统一的标准，事情往往会演变成为一场灾难。别忘了，因混淆英制度量衡与公制度量衡至少导致过一次火星探测任务的失败。

在软件编程领域中，虽然存在着多种不同的语言，但很多任务却是相同或相似的。这也正是人们需要 API 的原因。一旦掌握了某个标准，就可以把它应用在许多不同的环境中。虽然语法会因为使用的程序设计语言而有所变化，但这些约定却总是保持不变的。

因此，虽然本书的重点是教会你如何通过 JavaScript 使用 DOM，当你需要使用诸如 PHP 或 Python 之类的程序设计语言去解析 XML 文档的时候，你获得的 DOM 新知识将会有很大的帮助。

W3C 对 DOM 的定义是："一个与系统平台和编程语言无关的接口，程序和脚本可以通过这个接口动态地访问和修改文档的内容、结构和样式。" W3C 推出的标准化 DOM，在独立性和适用范围等诸多方面，都远远超出了各自为战的浏览器制造商们推出的各种专有 DOM。

1.4.2 浏览器战争的结局

我们知道，浏览器市场份额大战中微软公司战胜了 Netscape，具有讽刺意味的是，专有的 DOM 和 HTML 标记对这个最终结果几乎没有产生影响。IE 浏览器注定能击败其他对手，不过是因为所有运行 Windows 操作系统的个人电脑都预装了它。

受浏览器战争影响最大的人群是那些网站设计人员。跨浏览器开发曾经是他们的噩梦。除了刚才提到的那些在 JavaScript 实现方面的差异之外，Netscape Navigator 和 IE 这两种浏览器在对 CSS 的支持方面也有许多非常不同的地方。而编写那些可以同时支持这两种浏览器的样式表和脚本的工作也成了一种黑色艺术。

浏览器制造商的自私姿态遭到人们的激烈反对，一个名为 Web 标准计划（简称 WaSP，http://webstandards.org/）的小组应运而生。WaSP 小组采取的第一个行动就是，鼓励浏览器制造商们采用 W3C 制定和推荐的各项标准，也就是在浏览器制造商们的帮助下得以起草和完善的那些标准。

或许是因为来自 WaSP 小组的压力，又或许是因为企业的内部决策，下一代浏览器产品对 Web 标准的支持得到了极大的改善。

1.4.3 崭新的起点

早期浏览器大战至今，浏览器市场已经发生了巨大的变化，而且到了今天，这一切也几乎每天都有变化。有的浏览器，比如 Netscape Navigator，差不多已经从人们的视野中消失了，而新一代浏览器则陆续登台亮相。苹果公司在 2003 年首次发布了它的 Safari 浏览器（基于 WebKit），它从一开始就坚定不移地遵循 DOM 标准。今天，包括 Firefox、Chrome、Opera 和 IE，以及一些基于 WebKit 的其他浏览器都对 DOM 有着良好的支持。很多最潮的智能手机浏览器都在使用 WebKit 渲染引擎，推动着手机浏览器开发不断向前，让手机上网的体验甚至好过了使用某些桌面浏览器。

注意　WebKit(http://webkit.org)是 Safari 和 Chrome 采用的一个开源 Web 浏览器引擎。以 WebKit 和 Gecko（Firefox 的核心，https://developer.mozilla.org/en/Gecko）为代表的开源引擎，在促进微软的 Trident（IE 的核心）等专有浏览器引擎逐步向 Web 标准靠拢方面起到特别积极的作用。

今天，几乎所有的浏览器都内置了对 DOM 的支持。20 世纪 90 年代后期的浏览器大战的硝烟已经散尽。现在的浏览器厂商无一不在争先恐后地实现最新规范。我们已经目睹了由异步数据传输技术（Ajax）所引发的学习 DOM 脚本编程的热潮，而 HTML5 DOM 的众多新特性，怎能不让人对 Web 的未来浮想联翩？HTML5 极大地改进了标记的语义，让我们通过`<audio>`和`<video>`得以控制各种媒体，`<canvas>`元素具备了完善的绘图能力，浏览器本地存储超越了 cookie 限制，更有内置的拖放支持，等等。

Web 设计师的日子已经今非昔比。尽管还没有一款浏览器完美无瑕地实现 W3C DOM，但所有现代浏览器对 DOM 特性的覆盖率都基本达到了 95%，而且每款浏览器都几乎会在第一时间实现最新的特性。这意味着什么？意味着大量的任务都不必依靠分支代码了。以前，为了探查浏览器，我们不得不编写大量分支判断脚本，现在，终于可以实现“编写一次，随处运行”的梦想了。只要遵循 DOM 标准，就可以放心大胆地去做，因为你的脚本无论在哪里都不会遇到问题。

1.5　小结

在前面对 JavaScript 发展简史的介绍中，笔者特别提到，不同的浏览器采用了不同的办法来完成同样的任务。这一无法回避的事实不仅主宰着如何编写 JavaScript 脚本代码，还影响着 JavaScript 教科书的编写方式。

JavaScript 教科书往往会提供大量的示例代码以演示这种脚本语言的使用方法，而完成同一项任务的示例脚本往往需要为不同的浏览器编写两次或更多次。就像你在绝大多数网站上查到的代码一样，在绝大多数 JavaScript 教科书的示例脚本中往往充斥着大量的浏览器探查代码和分支调用结构。类似地，在 JavaScript 技术文档中，函数和方法的清单也往往是一式多份——至少需要标明哪种浏览器支持哪些函数和方法。

如今这种情况已经有所改变。多亏了标准化的 DOM，不同的浏览器在完成同样的任务时采用的做法已经非常一致了。因此，在本书中，当演示如何使用 JavaScript 和 DOM 完成某项任务时，将不再需要撇开主题去探讨如何对付不同的浏览器。如果无特殊的必要，本书将尽量避免涉及任何一种特定的浏览器。

此外，我们在本书后面的内容中将不再使用“DHTML”这个术语，因为这个术语与其说是一个技术性词语，不如说是一个市场营销噱头。首先，它听起来很像是 HTML 或 XHTML 语言的另一种扩展，因而很容易造成误解或混淆；其次，这个术语容易勾起一些痛苦的回忆——如果你向 20 世纪 90 年代后期的程序员们提起“DHTML”，你将很难让他们相信它现在已经变成了一种简单、易用的标准化技术。

DHTML 曾被认为是 HTML/XHTML、CSS 和 JavaScript 相结合的产物，就像今天的 HTML5 那样，但把这些东西真正凝聚在一起的是 DOM。如果真的需要来描述这一过程的话，“DOM 脚本程序设计”更精确，它表示使用 W3C DOM 来处理文档和样式表。DHTML 只适用于 Web 文档，“DOM 脚本程序设计”则涵盖了使用任何一种支持 DOM API 的程序设计语言去处理任何一种标记文档的情况。具体到 Web 文档，JavaScript 的无所不在使它成为了 DOM 脚本程序设计的最佳选择。

在正式介绍 DOM 脚本程序设计技巧之前，我们将在下一章先简要地复习一下 JavaScript 的语法。

第 2 章

JavaScript 语法

本章内容

- 语句
- 变量和数组
- 操作符
- 条件语句和循环语句
- 函数与对象

本章将简要复习一下 JavaScript 语法，并介绍其中最重要的一些概念。

2.1 准备工作

编写 JavaScript 脚本不需要任何特殊的软件，一个普通的文本编辑器和一个 Web 浏览器就足够了。

用 JavaScript 编写的代码必须通过 HTML/XHTML 文档才能执行。有两种方式可以做到这点。第一种方式是将 JavaScript 代码放到文档<head>标签中的<script>标签之间：

```
<!DOCTYPE html >
<html lang="en">
<head>
  <meta charset="utf-8"/>
  <title>Example</title>
  <script>
    JavaScript goes here...
  </script>
</head>
<body>
  Mark-up goes here...
</body>
</html>
```

一种更好的方式是把 JavaScript 代码存为一个扩展名为 .js 的独立文件。典型的作法是在文档的<head>部分放一个<script>标签，并把它的 src 属性指向该文件：

```
<!DOCTYPE html>
<html lang="en">
<head>
  <meta charset="utf-8"/>
```

```
  <title>Example</title>
  <script src="file.js"></script>
</head>
<body>
  Mark-up goes here...
</body>
</html>
```

但最好的做法是把<script>标签放到 HTML 文档的最后，</body>标签之前：

```
<!DOCTYPE html>
<html lang="en">
<head>
  <meta charset="utf-8"/>
  <title>Example</title>
</head>
<body>
  Mark-up goes here...
  <script src="file.js"></script>
</body>
</html>
```

这样能使浏览器更快地加载页面（第 5 章将详细讨论这个问题）。

注意 前面例子中的<script>标签没有包含传统的 type="text/javascript"属性。因为脚本默认是 JavaScript，所以没必要指定这个属性。

如果打算实践一下本章中的例子，用一个文本编辑器创建两个文件。先创建一个简单的 HTML 或 XHTML 文件，保存为诸如 test.html 之类的名称。这个文件中一定要包含一个<script>标签，这个标签的 src 属性设置成你创建的第二个文件的名字，比如 example.js。

你的 test.html 文件应该包含如下内容：

```
<!DOCTYPE html >
<html lang="en">
 <head>
  <meta charset="utf-8" />
  <title>Just a test</title>
</head>
<body>
  <script src="example.js"></script>
</body>
</html>
```

可以把本章中的任何一个示例复制到你的 example.js 文件中。虽说那些示例没有什么特别令人激动的地方，但它们可以把有关的语法演示得明明白白。

在本书后面的章节里，我们将演示如何使用 JavaScript 改变文档的行为和内容。但在本章里，我们只使用一个简单的对话框来显示消息。

如果改变了 example.js 文件的内容，只需在 Web 浏览器中重新载入 test.html 文档即可看到效果。Web 浏览器会立刻解释并执行你的 JavaScript 代码。

程序设计语言分为解释型和编译型两大类。Java 或 C++等语言需要一个*编译器*（compiler）。编译器是一种程序，能够把用 Java 等高级语言编写出来的源代码翻译为直接在计算机上执行的文件。

解释型程序设计语言不需要编译器——它们仅需要解释器。对于 JavaScript 语言，在互联网环境下，Web 浏览器负责完成有关的解释和执行工作。浏览器中的 JavaScript 解释器将直接读入源代码并执行。浏览器中如果没有解释器，JavaScript 代码就无法执行。

用编译型语言编写的代码有错误，这些错误在代码编译阶段就能被发现。而解释型语言代码中的错误只能等到解释器执行到有关代码时才能被发现。

与解释型语言相比，编译型语言往往速度更快，可移植性更好，但它们的学习曲线也往往相当陡峭。

JavaScript 的优点之一就是相当容易入门，但千万不要因此小看 JavaScript，其实它能完成许多相当复杂的编程任务。不过，本章主要介绍它最基本的语法和用法。

2.2 语法

英语是一种解释型语言。在阅读和处理我们用英语写出来的文字时，你就相当于一个英语解释器。只要遵守英语的语法规则，我们想表达的意思就可以被正确地解读。这些语言结构方面的各项规则，我们就称之为“语法”。

如同书面的人类语言，每种程序设计语言也都有自己的语法。JavaScript 的语法与 Java 和 C++ 语言的语法非常相似。

2.2.1 语句

用 JavaScript 编写的脚本，与其他语言编写出来的脚本一样，都由一系列指令构成，这些指令叫做*语句*（statement）。只有按照正确的语法编写出来的语句才能得到正确的解释。

JavaScript 语句与英语中的句子很相似。它们是构成任何一个脚本的基本单位。

英语语法要求每个句子必须以一个大写字母开头、以一个句号结尾。JavaScript 在这方面的要求不那么严格，程序员只需简单地把各条语句放在不同的行上就可以分隔它们，如下所示：

```
first statement
second statement
```

如果你想把多条语句放在同一行上，就必须像下面这样用分号来分隔开它们：

```
first statement; second statement;
```

我们建议在每条语句的末尾都加上一个分号，这是一种良好的编程习惯：

```
first statement;
second statement;
```

这样做让代码更容易阅读。让每条语句独占一行的做法能更容易跟踪 JavaScript 脚本的执行顺序。

2.2.2 注释

不是所有的语句都需要 JavaScript 解释器去解释并执行。有时你需要在脚本中写一些仅供自己参考或提醒自己的信息，你希望 JavaScript 解释器能直接忽略掉这些信息。这类语句就是注释（comment）。

注释能有效帮助你了解代码流程。在代码中它们扮演生活中便条的角色，可以帮助你弄清楚你的脚本到底干了些什么。

有多种方式可以在 JavaScript 脚本中插入注释。例如，如果用两个斜线作为一行的开始，这一行就会被当成一条注释：

```
// 自我提醒：有注释是好事
```

如果使用这种注释方式，就必须在每个注释行的开头加上两个斜线。像下面这样的写法脚本就会出问题：

```
// 自我提醒：
   有注释是好事
```

必须把它们写成类似下面这样才行：

```
// 自我提醒：
// 有注释是好事
```

如果打算注释很多行，你可以在注释内容的开头加上一个斜线和一个星号（/*），在注释内容的末尾加上一个星号和一个斜线（*/）。下面是一个多行注释的例子：

```
/* 自我提醒：
   有注释是好事 */
```

这种注释方式在需要插入大段注释时很有用，它可以提高整个脚本的可读性。

还可以使用 HTML 风格的注释，但这种做法仅适用于单行注释。其实 JavaScript 解释器对“<!--”的处理与对“//”的处理是一样的：

```
<!-- 这是 JavaScript 中的注释
```

如果是在 HTML 文档中，还需要以“-->”来结束注释，如下所示：

```
<!-- 这是 HTML 中的注释 -->
```

但 JavaScript 不要求这样做，它会把“-->”视为注释内容的一部分。

请注意，HTML 允许上面这样的注释跨越多行，但 JavaScript 要求这种注释的每行都必须在开头加上“<!--”来作为标志。

因为 JavaScript 解释器在处理这种风格的注释时与大家所熟悉的 HTML 做法不同，为避免发生混淆，最好不要在 JavaScript 脚本中使用这种风格的注释。建议大家用“//”来注释单行，用“/*”注释多行。

2.2.3 变量

在日常生活里，有些东西是固定不变的，有些东西则会发生变化。例如，人的姓名和生日是固定不变的，但心情和年龄却会随着时间变化而变化。人们把那些会发生变化的东西称为变量（variable）。

我的心情会随着我的感受变化而变化。假设我有一个变量 mood（意思是“心情”），我可以把此时此刻的心情存放到这个变量中。不管这个变量的值是“happy”还是“sad”，它的名字始终是 mood。我可以随时改变这个值。

类似地，假设我现在的年龄是 33 岁。一年之后，我的年龄就是 34 岁。我可以使用变量 age 来存放我的年龄并在生日那天改变这个值。当我现在去查看 age 变量时，它的值是 33；但一年之后，它的值将变成 34。

把值存入变量的操作称为*赋值*（assignment）。我把变量 mood 赋值为“happy”，把变量 age 赋值为 33。

在 JavaScript 中你可以这样给这些变量赋值：

```
mood = "happy";
age = 33;
```

一个变量被赋值以后，我们就说该变量*包含*这个值。变量 mood 现在包含值“happy”，变量 age 现在包含值 33。我们可以用如下所示的语句把这两个变量的值显示在一个弹出式警告窗口中：

```
alert(mood);
alert(age);
```

图 2-1 是一个显示 mood 变量值的例子。

图　2-1

图 2-2 是一个显示 age 变量值的例子。

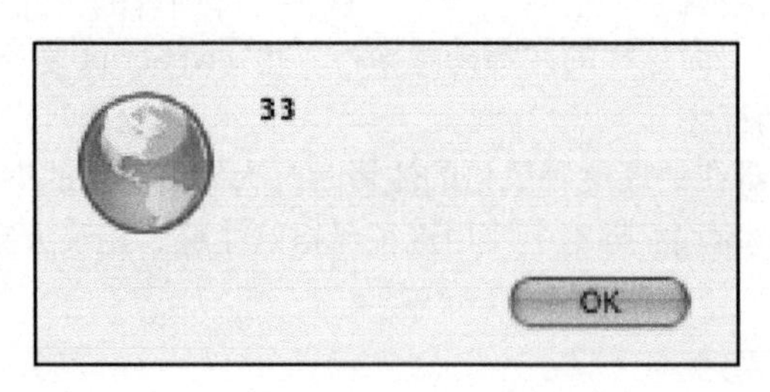

图　2-2

我们会在本书后面的章节中利用变量做一些很有用的事情，别着急。

请注意，JavaScript 允许程序员直接对变量赋值而无需事先声明。这在许多程序设计语言中是不允许的。有很多语言要求在使用任何变量之前必须先对它做出“介绍”，也称为*声明*（declare）。

在 JavaScript 脚本中，如果程序员在对某个变量赋值之前未声明，赋值操作将自动声明该变量。虽然 JavaScript 没有强制要求程序员必须提前声明变量，但提前声明变量是一种良好的编程习惯。下面的语句对变量 mood 和 age 做出了声明：

```
var mood;
var age;
```

不必单独声明每个变量，你也可以用一条语句一次声明多个变量：

```
var mood, age;
```

你甚至可以一石两鸟：把声明变量和对该变量赋值一次完成：

```
var mood = "happy";
var age = 33;
```

甚至还可以像下面这样：

```
var mood = "happy", age = 33;
```

像上面这样声明和赋值是最有效率的做法，这一条语句的效果相当于下面这些语句的总和：

```
var mood, age;
mood = "happy";
age = 33;
```

在 JavaScript 语言里，变量和其他语法元素的名字都是区分字母大小写的。名字是 mood 的变量与名字是 Mood、MOOD 或 mOOd 的变量没有任何关系，它们不是同一个变量。下面的语句是在对两个不同的变量进行赋值：

```
var mood = "happy";
MOOD = "sad";
```

JavaScript 语法不允许变量名中包含空格或标点符号（美元符号“$”例外）。下面这条语句将导致语法错误：

```
var my mood = "happy";
```

JavaScript 变量名允许包含字母、数字、美元符号和下划线（但第一个字符不允许是数字）。为了让比较长的变量名更容易阅读，可以在变量名中的适当位置插入下划线，就像下面这样：

```
var my_mood = "happy";
```

另一种方式是使用驼峰格式（camel case），删除中间的空白（下划线），后面的每个新单词改用大写字母开头：

```
var myMood = "happy";
```

通常驼峰格式是函数名、方法名和对象属性名命名的首选格式。

在上面这条语句中，单词“happy”是 JavaScript 语言中的一个*字面量*（literal），也就是可以直接在 JavaScript 代码中写出来的数据。文本“happy”除了表示它自己以外不表示任何别的东西，正如大力水手 Popeye 的名言：“它就是它！”与此形成对照的是，单词“var”是一个关键字，my_mood 是一个变量名字。

2.2.4 数据类型

变量 mood 的值是一个*字符串*，变量 age 的值则是一个*数*。虽然它们是两种不同类型的数据，但在 JavaScript 中对这两个变量进行声明和赋值的语法却完全一样。有些其他的语言要求在声明变量的同时还必须同时声明变量的数据类型，这种做法称为*类型声明*（typing）。

必须明确类型声明的语言称为*强类型*（strongly typed）语言。JavaScript 不需要进行类型声明，因此它是一种*弱类型*（weakly typed）语言。这意味着程序员可以在任何阶段改变变量的数据类型。

以下语句在强类型语言中是非法的，但在 JavaScript 里却完全没有问题：

```
var age = "thirty three";
age = 33;
```

JavaScript 并不在意变量 age 的值是一个*字符串*还是一个数。

接下来，我们一起来复习一下 JavaScript 中最重要的几种数据类型。

1. 字符串

字符串由零个或多个字符构成。字符包括（但不限于）字母、数字、标点符号和空格。字符串必须包在引号里，单引号或双引号都可以。下面这两条语句含义完全相同：

```
var mood = 'happy';
var mood = "happy";
```

你可以随意选用引号，但最好是根据字符串所包含的字符来选择。如果字符串包含双引号，就把整个字符串放在单引号里；如果字符串包含单引号，就把整个字符串放在双引号里：

```
var mood = "don't ask";
```

如果想在上面这条语句中使用单引号，就必须保证字母“n”和“t”之间的单引号能被当成这个字符串的一部分。这种情况下这个单引号需要被看做一个普通字符，而不是这个字符串的结束标志。这种情况我们需要对这个字符进行转义（escaping）。在 JavaScript 里用反斜线对字符进行转义：

```
var mood = 'don\'t ask';
```

类似地，如果想用双引号来包住一个本身就包含双引号的字符串，就必须用反斜线对字符串中的双引号进行转义：

```
var height = "about 5'10\" tall";
```

实际上这些反斜线并不是字符串的一部分。你可以自己去验证一下：把下面这段代码添加到你的 example.js 文件中，然后重新加载 test.html 文件。

```
var height = "about 5'10\" tall";
alert(height);
```

图 2-3 是用反斜线对有关字符转义的一个屏幕输出示例。

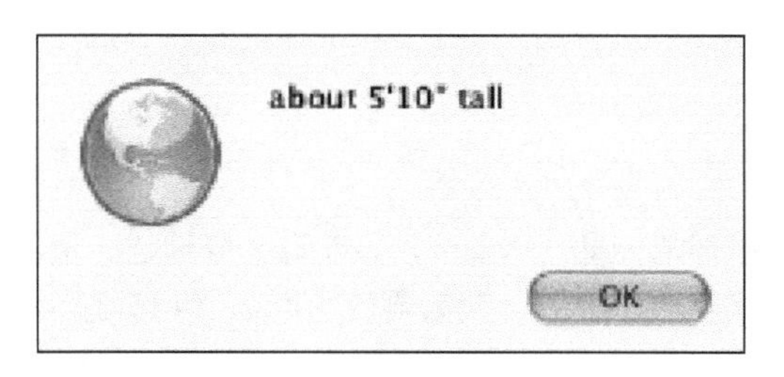

图 2-3

我个人比较喜欢用双引号来包住字符串。作为一个好的编程习惯，不管选择用双引号还是单引号，请在整个脚本中保持一致。如果在同一个脚本中一会儿使用双引号，一会儿又使用单引号，代码很快就会变得难以阅读和理解。

2. 数值

如果想给一个变量赋一个数值，不用限定它必须是一个整数。JavaScript 允许使用带小数点的数值，并且允许任意位小数，这样的数称为浮点数（floating-point number）：

```
var age = 33.25;
```

也可以使用负数。在有关数值的前面加上一个减号（-）表示它是一个负数：

```
var temperature = -20;
```

JavaScript 也支持负数浮点数：

```
var temperature = -20.33333333
```

以上是数值数据类型的例子。

3. 布尔值

另一种重要的数据类型是布尔（boolean）类型。

布尔数据只有两个可选值——true 或 false。假设需要这样一个变量：如果我正在睡觉，这个变量将存储一个值；如果我没有睡觉，这个变量将存储另一个值。可以用字符串数据类型把变量赋值为“sleeping”或“not sleeping”，但使用布尔数据类型显然是一个更好的选择：

```
var sleeping = true;
```

从某种意义上讲，为计算机设计程序就是与布尔值打交道。作为最基本的事实，所有的电子电路只能识别和使用布尔数据：电路中有电流或是没有电流。不管是使用术语 true 和 false、yes 和 no 或者 1 和 0，重要的是只能取两种可取值中的一种。

布尔值不是字符串，千万不要把布尔值用引号括起来。布尔值 false 与字符串值"false"是两码事！

下面这条语句将把变量 married 设置为布尔值 true：

```
var married = true;
```

下面这条语句把变量 married 设置为字符串"true"：

```
var married = "true";
```

2.2.5　数组

字符串、数值和布尔值都是标量（scalar）。如果某个变量是标量，它在任意时刻就只能有一个值。如果想用一个变量来存储一组值，就需要使用*数组*（array）。

数组是指用一个变量表示一个值的集合，集合中的每个值都是这个数组的一个*元素*（element）。例如，我们可以用名为 beatles 的变量来保存 Beatles 乐队全体四位成员的姓名。

在 JavaScript 中，数组可以用关键字 Array 声明。声明数组的同时还可以指定数组初始元素个数，也就是这个数组的*长度*（length）：

```
var beatles = Array(4);
```

有时，我们无法预知某个数组有多少个元素。没有关系，JavaScript 根本不要求在声明数组时必须给出元素个数，我们完全可以在声明数组时不给出元素个数：

```
var beatles = Array();
```

向数组中添加元素的操作称为*填充*（populating）。在填充数组时，不仅需要给出新元素的值，还需要给出新元素在数组中的存放位置，这个位置就是这个元素的*下标*（index）。数组里一个元素配有一个下标。下标必须用方括号括起来：

```
array[index] = element;
```

现在来填充刚才声明的 beatles 数组，我们按照 Beatles 乐队成员的传统顺序（即 John、Paul、George 和 Ringo）进行填充。第一个：

```
beatles[0] = "John";
```

用 0 而不是 1 作为第一个下标多少会让人感到有些不习惯，这是 JavaScript 世界里的一条规则，所以我们只能这么做。人们很容易忘记这一点，很多程序员新手在刚接触数组时经常在这个问题上犯错误。

下面是声明和填充 beatles 数组的全过程：

```
var beatles = Array(4);
beatles[0] = "John";
beatles[1] = "Paul";
beatles[2] = "George";
beatles[3] = "Ringo";
```

我们现在可以在脚本中通过下标值“2”（beatles[2]）来获取元素“George”了。请注意，beatles 数组的长度是 4，但它最后一个元素的下标却是 3。因为数组下标是从 0 开始计数的，你或许需要一些时间才能习惯这一事实。

像上面这样填充数组未免有些麻烦。有一种相对简单的方式：在声明数组的同时对它进行填充。这种方式要求用逗号把各个元素隔开：

```
var beatles = Array( "John", "Paul", "George", "Ringo" );
```

上面这条语句会为每个元素自动分配一个下标：第一个下标是 0，第二个是 1，依次类推。因此，beatles[2]仍将对应于取值为“George”的元素。

我们甚至用不着明确地表明我们是在创建数组。事实上，只需用一对方括号把各个元素的初始值括起来就可以了：

```
var beatles = [ "John", "Paul", "George", "Ringo" ];
```

数组元素不必非得是字符串。可以把一些布尔值存入一个数组，还可以把一组数值存入一个数组：

```
var years = [ 1940, 1941, 1942, 1943 ];
```

甚至可以把这 3 种数据类型混在一起存入一个数组：

```
var lennon = [ "John", 1940, false ];
```

数组元素还可以是变量：

```
var name = "John";
beatles[0] = name;
```

这将把 beatles 数组的第一个元素赋值为“John”。

数组元素的值还可以是另一个数组的元素。下面两条语句将把 beatles 数组的第二个元素赋值为“Paul”：

```
var names = [ "Ringo", "John", "George", "Paul" ];
beatles[1] = names[3];
```

事实上，数组还可以包含其他的数组！数组中的任何一个元素都可以把一个数组作为它的值：

```
var lennon = [ "John", 1940, false ];
var beatles = [];
beatles[0] = lennon;
```

现在，beatles 数组的第一个元素的值是另外一个数组。要想获得那个数组里的某个元素的值，需要使用更多的方括号。beatles[0][0]的值是“John”，beatles[0][1]的值是 1940，beatles[0][2]的值是 false。

这是一种功能相当强大的存储和获取信息的方式，但如果不得不记住每个下标数字的话（尤其是需要从零开始数的时候），编程工作将是一种非常痛苦和麻烦的体验。幸好还有几种办法可以填充数组。首先看看一种更可读的填充数组的方式，然后介绍存放数据的首选方式：将数据保存为对象。

关联数组

beatles 数组是传统数组的典型例子：每个元素的下标是一个数字，每增加一个元素，这个数字就依次增加 1。第一个元素的下标是 0，第二个元素的下标是 1，依次类推。

如果在填充数组时只给出了元素的值，这个数组就将是一个传统数组，它的各个元素的下标将被自动创建和刷新。

可以通过在填充数组时为每个新元素明确地给出下标来改变这种默认的行为。在为新元素给出下标时，不必局限于使用整数数字。你可以用字符串：

```
var lennon = Array();
lennon["name"] = "John";
lennon["year"] = 1940;
lennon["living"] = false;
```

这样的数组叫做关联数组。由于可以使用字符串来代替数字值，因而代码更具有可读性。但是，这种用法并不是一个好习惯，不推荐大家使用。本质上，在创建关联数组时，你创建的是 Array 对象的属性。在 JavaScript 中，所有的变量实际上都是某种类型的对象。比如，一个布尔值就是一个 Boolean 类型的对象，一个数组就是一个 Array 类型的对象。在上面这个例子中，你实际上是给 lennon 数组添加了 name、year 和 living 三个属性。理想情况下，你不应该修改 Array 对象的属性，而应该使用通用的对象（Object）。

2.2.6 对象

与数组类似，对象也是使用一个名字表示一组值。对象的每个值都是对象的一个属性。例如，前一节的 lennon 数组也可以创建成下面这个对象：

```
var lennon = Object();
lennon.name = "John";
lennon.year = 1940;
lennon.living = false;
```

与使用 Array 类似，创建对象使用 Object 关键字。它不使用方括号和下标来获取元素，而是像任何 JavaScript 对象一样，使用点号来获取属性。要了解与 Object 有关的更多内容，请参考本章 2.7 节。

创建对象还有一种更简洁的语法，即花括号语法：

```
{ propertyName:value, propertyName:value }
```

比如，lennon 对象也可以写成下面这样：

```
var lennon = { name:"John", year:1940, living:false };
```

属性名与 JavaScript 变量的命名规则有相同之处，属性值可以是任何 JavaScript 值，包括其他对象。

用对象来代替传统数组的做法意味着可以通过元素的名字而不是下标数字来引用它们。这大大提高了脚本的可读性。

下面，我们将创建一个新的 beatles 数组，并用刚才创建的 lennon 对象来填充它的第一个元素。

```
var beatles = Array();
beatles[0] = lennon;
```

现在，不需要使用那么多数就可以获得想要的元素。我们不能使用 beatles[0][0] 而是使用 beatles[0].name 得到值“John”。

在此基础上，还可以做进一步的改进：把 beatles 数组也声明为对象而不是传统数组。这样一来，我们就可以用“drummer”或“bassist”等更有意义且更容易记忆的字符串值——而不是一些枯燥乏味的整数——作为下标去访问这个数组里的元素了：

```
var beatles = {};
beatles.vocalist = lennon;
```

现在，beatles.vocalist.name 的值是“John”，beatles.vocalist.year 的值是 1940，beatles.vocalist.living 的值是 false。

2.3 操作

此前给出的示例都非常简单，只是创建了一些不同类型的变量而已。要用 JavaScript 做一些有用的工作，还需要能够进行计算和处理数据。也就是需要完成一些操作（operation）。

算术操作符

加法是一种操作，减法、除法和乘法也是。这些*算术操作*（arithmetic operation）中的每一种都必须借助于相应的*操作符*（operator）才能完成。操作符是 JavaScript 为完成各种操作而定义的一些符号。你其实已经见过一种操作符了，它就是刚才在进行赋值时使用的等号（=）。加法操作符是加号（+），减法操作符是减号（-），除法操作符是斜杠（/），乘法操作符是星号（*）。

下面是一个简单的加法操作：

```
1 + 4
```

还可以把多种操作组合在一起：

```
1 + 4 * 5
```

为避免产生歧义，可以用括号把不同的操作分隔开来：

```
1 + (4 * 5)
(1 + 4) * 5
```

变量可以包含操作：

```
var total = (1 + 4) * 5;
```

不仅如此，还可以对变量进行操作：

```
var temp_fahrenheit = 95;
var temp_celsius = (temp_fahrenheit - 32) / 1.8;
```

JavaScript 还提供了一些非常有用的操作符，可将其作为各种常用操作的缩写。例如，如果想给一个数值变量加上 1，可以使用如下所示的语句：

```
year = year + 1;
```

也可以使用++操作符来达到同样的目的：

```
year++;
```

类似地，--操作符将对一个数值变量的值进行减 1 操作。

加号（+）是一个比较特殊的操作符，它既可以用于数值，也可以用于字符串。把两个字符串合二为一是一种很直观易懂的操作：

```
var message = "I am feeling " + "happy";
```

像这样把多个字符串首尾相连在一起的操作叫做*拼接*（concatenation）。这种拼接也可以通过变量来完成：

```
var mood = "happy";
var message = "I am feeling " + mood;
```

甚至可以把数值和字符串拼接在一起。因为 JavaScript 是一种弱类型语言，所以这种操作是允许的。此时，数值将被自动转换为字符串：

```
var year = 2005;
var message = "The year is " + year;
```

请记住，如果把字符串和数值拼接在一起，其结果将是一个更长的字符串；但如果用同样的操作符来“拼接”两个数值，其结果将是那两个数值的算术和。请对比下面两条 alert 语句的执行结果：

```
alert ("10" + 20);
alert (10 + 20);
```

第一条 alert 语句将返回字符串"1020"，第二条 alert 语句将返回数值 30。

图 2-4 是对字符串"10"和数值 20 进行拼接的结果。

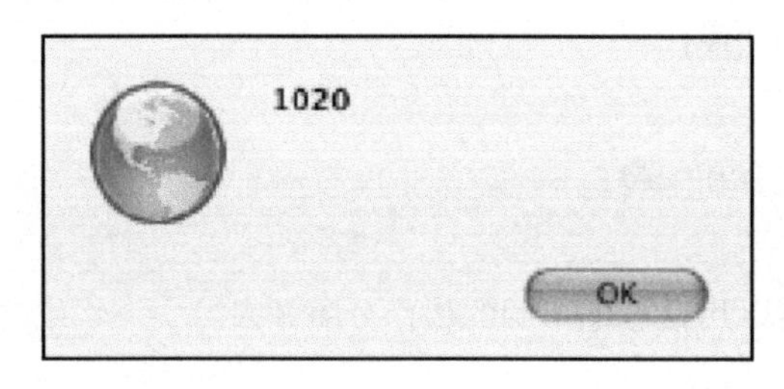

图　2-4

图 2-5 是对数值 10 和数值 20 进行加法运算的结果。

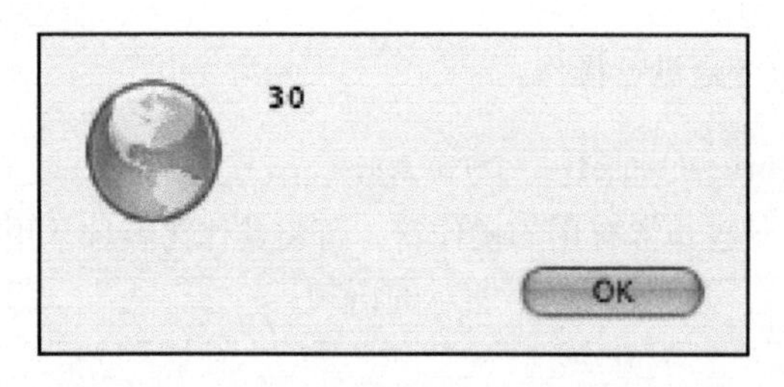

图　2-5

另一个非常有用的快捷操作符是+=，它可以一次完成“加法和赋值”（或“拼接和赋值”）操作：

```
var year = 2010;
var message = "The year is ";
message += year;
```

执行完上面这些语句后，变量 message 的值将是“The year is 2010”。可以用如下所示的 alert 对话框来验证这一结果：

```
alert(message);
```

这次对字符串和数值进行拼接操作的结果如图 2-6 所示。

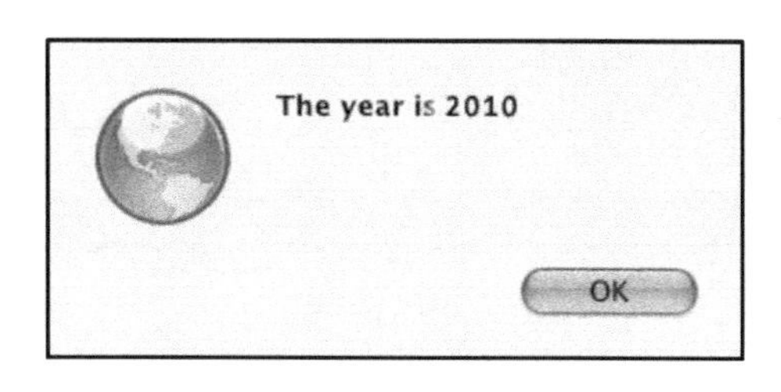

图 2-6

2.4 条件语句

此前介绍的语句都是相对比较简单的声明或运算，而脚本的真正威力体现在它们还可以根据人们给出的各种条件做出决策。JavaScript 使用条件语句（conditional statement）来做判断。

在解释脚本时，浏览器将依次执行这个脚本中的各条语句，我们可以在这个脚本中用条件语句来设置一个条件，只有满足了这一条件才能让更多的语句得到执行。最常见的条件语句是 if 语句，下面是 if 语句的基本语法：

```
if (condition) {
  statements;
}
```

条件必须放在 if 后面的圆括号中。条件的求值结果永远是一个布尔值，即只能是 true 或 false。花括号中的语句——不管它们有多少条，只有在给定条件的求值结果是 true 的情况下才会执行。因此，在下面这个例子中，alert 消息永远也不会出现：

```
if (1 > 2) {
  alert("The world has gone mad!");
}
```

因为 1 不可能大于 2，所以上面这个条件的值永远是 false。

在这条 if 语句中，我们有意把所有的东西都放在花括号里的。这并不是 JavaScript 的一项语法要求，我们这么做只是为了让代码更容易阅读。

事实上，if 语句中的花括号本身并不是必不可少的。如果 if 语句中的花括号部分只包含着一条语句的话，那就可以不使用花括号，而且这条 if 语句的全部内容可以写在同一行上：

```
if (1 > 2) alert("The world has gone mad!");
```

不过，因为花括号可以提高脚本的可读性，所以在 if 语句中总是使用花括号是个好习惯。

if 语句可以有一个 else 子句。包含在 else 子句中的语句会在给定条件为假时执行：

```
if (1 > 2) {
  alert("The world has gone mad!");
} else {
  alert("All is well with the world");
}
```

因为给定条件“1>2”的值为假（false），所以我们将看到如图 2-7 所示的结果。

图　2-7

2.4.1　比较操作符

JavaScript 还提供了许多几乎只能用在条件语句里的操作符，其中包括诸如大于（>）、小于（<）、大于或等于（>=）、小于或等于（<=）之类的比较操作符。

如果想比较两个值是否相等，可以使用“等于”比较操作符。这个操作符由两个等号构成（==）。别忘了，单个等号（=）是用于完成赋值操作的。如果在条件语句的某个条件里使用了单个等号，那么只要相应的赋值操作取得成功，那个条件的求值结果就将是 true。

下面是一个错误地进行“等于”比较的例子：

```
var my_mood = "happy";
var your_mood = "sad";
if (my_mood = your_mood) {
  alert("We both feel the same.");
}
```

上面这条语句的错误之处在于，它是把变量 your_mood 赋值给变量 my_mood，而不是在比较它们是否相等。因为这个赋值操作总会成功[①]，所以这个条件语句的结果将永远是 true。

下面才是进行“等于”比较的正确做法：

```
var my_mood = "happy";
var your_mood = "sad";
if (my_mood == your_mood) {
 alert("We both feel the same.");
}
```

这次，条件语句的结果是 false。

JavaScript 还提供了一个用来进行“不等于”比较的操作符，它由一个感叹号和一个等号构成（!=）。

```
if (my_mood != your_mood) {
  alert("We're feeling different moods.");
}
```

相等操作符==并不表示严格相等，这一点很容易让人犯糊涂。例如，比较 false 与一个空字符串会得到什么结果？

```
var a = false;
var b = "";
if (a == b) {
```

① 此处原文有误，赋值运算并非总是返回真值：if(a = false) {alert('hello, world');} 中的 alert 语句就不会执行。
——审校者注

```
  alert("a equals b");
}
```

这个条件语句的求值结果是true，为什么？因为相等操作符==认为空字符串与false的含义相同。要进行严格比较，就要使用另一种等号（===）。这个全等操作符会执行严格的比较，不仅比较值，而且会比较变量的类型：

```
var a = false;
var b = "";
if (a === b) {
  alert("a equals b");
}
```

这一次，条件表达式的求值结果就是false了。因为即使可以认为false与空字符串具有相同的含义，但Boolean和String可不是一种类型。

当然，对于不等操作符!=也是如此。如果想比较严格不相等，就要使用!==。

2.4.2　逻辑操作符

JavaScript允许把条件语句里的操作组合在一起。例如，如果想检查某个变量，不妨假设这个变量的名字是num，它的值是不是在5～10之间，我将需要进行两次比较操作。首先，比较这个变量是否大于或等于5；然后，比较这个变量是否小于或等于10。这两次比较操作称为*逻辑比较*（operand）。下面是把这两个逻辑比较组合在一起的具体做法：

```
if ( num >= 5 && num <= 10 ) {

  alert("The number is in the right range.");
}
```

这里使用了“逻辑与”操作符，它由两个“&”字符构成（&&），是一个逻辑操作符。

逻辑操作符的操作对象是布尔值。每个逻辑操作数返回一个布尔值true或者是false。“逻辑与”操作只有在它的两个操作数都是true时才会是true。

“逻辑或”操作符由两个垂直线字符构成（||）。只要它的操作数中有一个是true，“逻辑或”操作就将是true。如果它的两个操作数都是true，“逻辑或”操作也将是true。只有当它的两个操作数都是false时，“逻辑或”操作才会是false。

```
if ( num > 10 || num < 5 ) {
  alert("The number is not in the right range.");
}
```

JavaScript还提供了一个“逻辑非”操作符，它由一个感叹号（!）单独构成。“逻辑非”操作符只能作用于单个逻辑操作数，其结果是把那个逻辑操作数所返回的布尔值取反。如果那个逻辑操作数所返回的布尔值是true，“逻辑非”操作符将把它取反为false：

```
if ( !(1 > 2) ) {
  alert("All is well with the world");
}
```

请注意，为避免产生歧义，上面这条语句把逻辑操作数放在了括号里，因为我想让“逻辑非”操作符作用于括号里的所有内容。

可以用“逻辑非”操作符把整个条件语句的结果颠倒过来。在下面的例子里，我特意使用了一对括号来确保“逻辑非”操作符将作用于两个逻辑操作数的组合结果：

```
if ( !(num > 10 || num < 5) ) {
  alert("The number IS in the right range.");
}
```

2.5 循环语句

if语句或许是最重要、最有用的条件语句了，它的唯一不足是无法完成重复性的操作。在if语句里，包含在花括号里的代码块只能执行一次。如果需要多次执行同一个代码块，就必须使用循环语句。

循环语句可以让我们反复多次地执行同一段代码。循环语句分为几种不同的类型，但它们的工作原理几乎一样：只要给定条件仍能得到满足，包含在循环语句里的代码就将重复地执行下去；一旦给定条件的求值结果不再是true，循环也就到此为止。

2.5.1 while循环

while循环与if语句非常相似，它们的语法几乎完全一样：

```
while (condition) {
  statements;
}
```

while循环与if语句唯一的区别是：只要给定条件的求值结果是true，包含在花括号里的代码就将反复地执行下去。下面是一个while循环的例子：

```
var count = 1;
while (count < 11) {
  alert (count);
  count++;
}
```

我们来仔细分析一下上面这段代码。首先，创建数值变量count并赋值为1；然后，以count < 11——意思是“只要变量count的值小于11，就重复执行这个循环”——为条件创建一个while循环。在while循环的内部，用“++”操作符对变量count的值执行加1操作，而这一操作将重复执行10次。如果用Web浏览器来观察这段代码的执行情况，将会看到一个alert对话框闪现了10次。这条循环语句执行完毕后，变量count的值将是11。

注意　这里的关键是在while循环的内部必须发生一些会影响循环控制条件的事情。在上例中，我们在while循环的内部对变量count的值进行了加1操作，而这将导致循环控制条件在经过10次循环后的求值结果变成false。如果我们不增加变量count的值，这个while循环将永远执行下去。

do...while循环

类似于if语句的情况，while循环的花括号部分所包含的语句有可能不被执行，因为对循环控制条件的求值发生在每次循环开始之前，所以如果循环控制条件的首次求值结果是 false，那些代码将一次也不会被执行。

在某些场合，我们希望那些包含在循环语句内部的代码至少执行一次。这时，do 循环是我们的最佳选择。下面是 do 循环的语法：

```
do {
  statements;
} while (condition);
```

这与刚才介绍的 while 循环非常相似，但有个显而易见的区别：对循环控制条件的求值发生在每次循环结束之后。因此，即使循环控制条件的首次求值结果是 false，包含在花括号里的语句也至少会被执行一次。

我们可以把前一小节里的 while 循环改写为如下所示的 do...while 循环：

```
var count = 1;
do {
  alert (count);
  count++;
} while (count < 11);
```

这段代码的执行结果与 while 循环完全一样：alert 消息将闪现 10 次；在循环结束后，变量 count 的值将是 11。

再来看看下面这个变体：

```
var count = 1;
do {
  alert (count);
  count++;
} while (count < 1);
```

在上面这个 do 循环里，循环控制条件的求值结果永远不为 true：变量 count 的初始值是 1，所以它在这里永远不会小于 1。可是，因为 do 循环的循环控制条件出现在花括号部分之后，所以包含在这个 do 循环内部的代码还是执行了一次。也就是说，仍将看到一条 alert 消息。这些语句执行完毕后，变量 count 的值将是 2，尽管循环控制条件的求值结果是 false。

2.5.2 for 循环

用 for 循环来重复执行一些代码也很方便，它类似于 while 循环。事实上，for 循环只是刚才介绍的 while 循环的一种变体。如果仔细观察上一小节里的 while 循环的例子，就会发现它们都可以改写为如下所示的样子：

```
initialize;
while (condition) {
  statements;
  increment;
}
```

而 for 循环不过是进一步改写为如下所示的紧凑形式而已：

```
for (initial condition; test condition; alter condition) {
  statements;
}
```

用 for 循环来重复执行一些代码的好处是循环控制结构更加清晰。与循环有关的所有内容都包含在 for 语句的圆括号部分。

可以把上一小节里的例子改写为如下所示的 for 循环：

```
for (var count = 1; count < 11; count++ ) {
  alert (count);
}
```

与循环有关的所有内容都包含在 for 语句的圆括号里。现在，当我们把一些代码放在花括号中间的时候，我们清楚地知道那些代码将被执行 10 次。

for 循环最常见的用途之一是对某个数组里的全体元素进行遍历处理。这往往需要用到数组的 array.length 属性，这个属性可以告诉我们在给定数组里的元素的个数。一定要记住数组下标从 0 而不是 1 开始。下面的例子中，数组有 4 个元素。count 变量对于数组中每个元素都是从 0 开始按 1 递增。数到 4 时，测试条件失败，循环终止，3 是从数组中检索到的最后一个下标。

```
var beatles = Array("John","Paul","George","Ringo");
for (var count = 0 ; count < beatles.length; count++ ) {
  alert(beatles[count]);
}
```

运行这段代码，将看到 4 条 alert 消息，它们分别对应着 Beatles 乐队的四位成员。

2.6　函数

如果需要多次使用同一段代码，可以把它们封装成一个函数。*函数*（function）就是一组允许在你的代码里随时调用的语句。每个函数实际上是一个短小的脚本。

作为一种良好的编程习惯，应该先对函数做出定义再调用它们。

下面是一个简单的示例函数：

```
function shout() {
  var beatles = Array("John","Paul","George","Ringo");
  for (var count = 0 ; count < beatles.length; count++ ) {
    alert(beatles[count]);
  }
}
```

这个函数里的循环语句将依次弹出对话框来显示 Beatles 乐队成员的名字。现在，如果想在自己的脚本里执行这一动作，可以随时使用如下的语句来调用这个函数：

```
shout();
```

每当需要反复做一件事时，都可以利用函数来避免重复键入大量的相同内容。不过，函数的真正威力体现在，你可以把不同的数据传递给它们，而它们将使用这些数据去完成预定的操作。我们把传递给函数的数据称为*参数*（argument）。

定义一个函数的语法：

```
function name(arguments) {
  statements;
}
```

JavaScript提供了许多内建函数，在前面多次出现过的alert就是一例。这个函数需要我们提供一个参数，它将弹出一个对话框来显示这个参数的值。

在定义函数时，你可以为它声明任意多个参数，只要用逗号把它们分隔开来就行。在函数的内部，你可以像使用普通变量那样使用它的任何一个参数。

下面是一个需要传递两个参数的函数。如果把两个数值传递给这个函数，这个函数将对它们进行乘法运算：

```
function multiply(num1,num2) {
  var total = num1 * num2;
  alert(total);
}
```

在定义了这个函数的脚本里，我们可以从任意位置去调用这个函数，如下所示：

```
multiply(10,2);
```

把数值10和2传递给multiply()函数的结果如图2-8所示。

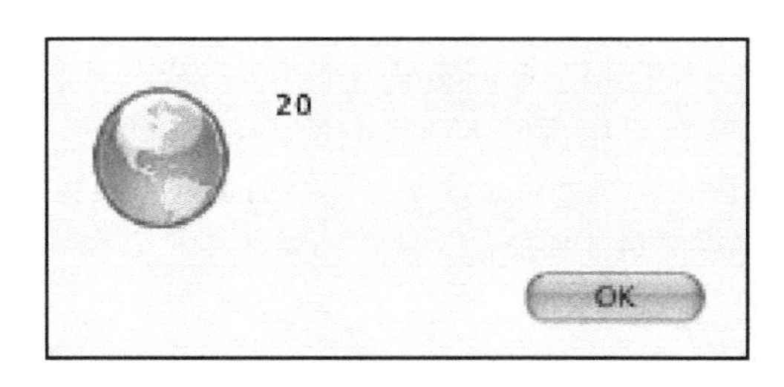

图　2-8

这将产生这样一种视觉效果：屏幕上会立刻弹出一个显示乘法运算结果（20）的alert对话框。如果这个函数能把结果返回给调用这个函数的语句往往会更有用。这很容易做到：函数不仅能够（以参数的形式）接收数据，还能够返回数据。

我们完全可以创建一个函数并让它返回一个数值、一个字符串、一个数组或一个布尔值。这需要用到return语句：

```
function multiply(num1,num2) {
  var total = num1 * num2;
  return total;
}
```

下面这个函数只有一个参数（一个华氏温度值），它将返回一个数值（同一温度的摄氏温度值）：

```
function convertToCelsius(temp) {

  var result = temp - 32;
  result = result / 1.8;
  return result;
}
```

函数的真正价值体现在，我们还可以把它们当做一种数据类型来使用，这意味着可以把一个函数的调用结果赋给一个变量：

```
var temp_fahrenheit = 95;
var temp_celsius = convertToCelsius(temp_fahrenheit);
alert(temp_celsius);
```

把华氏温度值 95 转换为摄氏温度值的结果如图 2-9 所示。

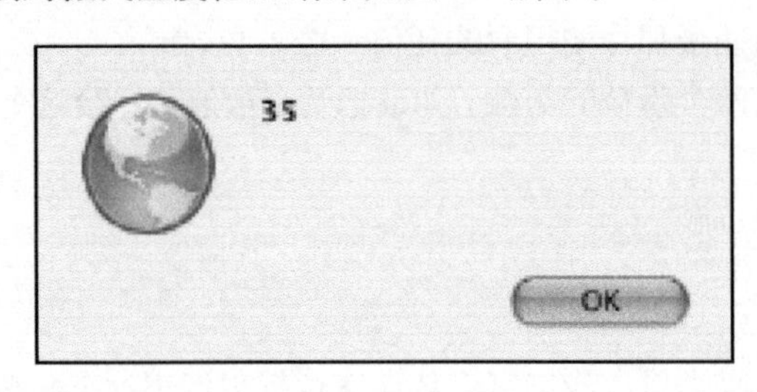

图　2-9

在这个例子里，变量 temp_celsius 的值将是 35，这个数值由 convertToCelsius 函数返回。

你一定想了解应该如何命名变量和函数。在命名变量时，我用下划线来分隔各个单词；在命名函数时，我从第二个单词开始把每个单词的第一个字母写成大写形式（也就是所谓的驼峰命名法）。我这么做是为了能够一眼看出哪些名字是变量，哪些名字是函数。与变量的情况一样，JavaScript 语言也不允许函数的名字里包含空格。驼峰命名法可以在不违反这一规定的前提下，把变量和函数的名字以一种既简单又明确的方式区分开来。

变量的作用域

前面讲过，作为一种好的编程习惯，在第一次对某个变量赋值时应该用 var 对其做出声明。当在函数内部使用变量时，就更应该这么做。

变量既可以是全局的，也可以是局部的。在谈论全局变量和局部变量之间的区别时，我们其实是在讨论变量的*作用域*（scope）。

全局变量（global variable）可以在脚本中的任何位置被引用。一旦你在某个脚本里声明了一个全局变量，就可以从这个脚本中的任何位置——包括函数内部——引用它。全局变量的作用域是整个脚本。

局部变量（local variable）只存在于声明它的那个函数的内部，在那个函数的外部是无法引用它的。局部变量的作用域仅限于某个特定的函数。

因此，我们在函数里既可以使用全局变量，也可以使用局部变量。这很有用，但它也会导致一些问题。如果在一个函数的内部不小心使用了某个全局变量的名字，即使本意是想使用一个局部变量，JavaScript 也会认为是在引用那个全局变量。

还好，可以用 var 关键字明确地为函数变量设定作用域。

如果在某个函数中使用了 var，那个变量就将被视为一个局部变量，它只存在于这个函数的上下文中；反之，如果没有使用 var，那个变量就将被视为一个全局变量，如果脚本里已经存在一个与之同名的全局变量，这个函数就会改变那个全局变量的值。

我们来看下面这个例子：

```
function square(num) {

  total = num * num;
  return total;
}
var total = 50;
var number = square(20);
alert(total);
```

这些代码将不可避免地导致全局变量 `total` 的值发生变化，如图 2-10 所示。

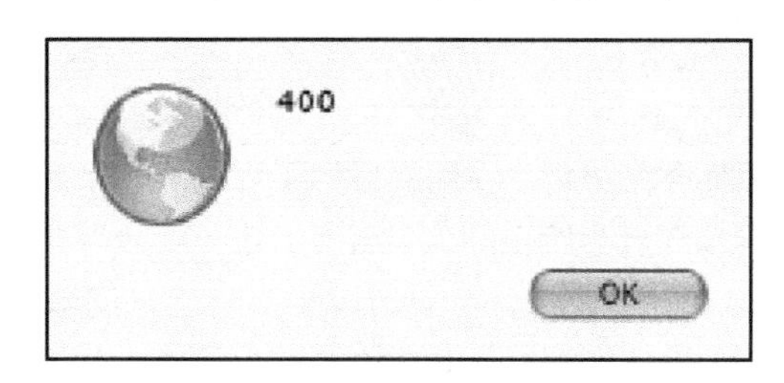

图 2-10

全局变量 `total` 的值变成了 400。我的本意是让 `square()`函数只把它计算出来的平方值返回给变量 `number`，但因为未把这个函数内部的 `total` 变量明确地声明为局部变量，这个函数把名字同样是 `total` 的那个全局变量的值也改变了。

把这个函数写成如下所示的样子才是正确的：

```
function square(num) {
  var total = num * num;
  return total;
}
```

现在，全局变量 `total` 变得安全了，再怎么调用 `square()`函数也不会影响到它。

请记住，函数在行为方面应该像一个自给自足的脚本，在定义一个函数时，我们一定要把它内部的变量全都明确地声明为局部变量。如果你总是在函数里使用 `var` 关键字来定义变量，就能避免任何形式的二义性隐患。

2.7 对象

对象（object）是一种非常重要的数据类型，但此前我们还没有认真对待它。对象是自包含的数据集合，包含在对象里的数据可以通过两种形式访问——*属性*（property）和*方法*（method）：

- 属性是隶属于某个特定对象的变量；
- 方法是只有某个特定对象才能调用的函数。

对象就是由一些属性和方法组合在一起而构成的一个数据实体。

在 JavaScript 里，属性和方法都使用“点”语法来访问：

```
Object.property
Object.method()
```

你已经见过如何用 mood 和 age 等变量来存放诸如“心情”和“年龄”之类的值。如果它们是某个对象的属性——这里不妨假设那个对象的名字是 Person，我们就必须使用如下所示的记号来使用它们：

```
Person.mood
Person.age
```

假如 Person 对象还关联着一些诸如 walk()和 sleep()之类的函数，这些函数就是这个对象的方法，而我们必须使用如下所示的记号来访问它们：

```
Person.walk()
Person.sleep()
```

把这些属性和方法全部集合在一起，我们就得到了一个 Person 对象。

为了使用 Person 对象来描述一个特定的人，需要创建一个 Person 对象的实例（instance）。实例是对象的具体个体。例如，你和我都是人，都可以用 Person 对象来描述；但你和我是两个不同的个体，很可能有着不同的属性（例如，你和我的年龄可能不一样）。因此，你和我对应着两个不同的 Person 对象——它们虽然都是 Person 对象，但它们是两个不同的实例。

为给定对象创建一个新实例需要使用 new 关键字，如下所示：

```
var jeremy = new Person;
```

上面这条语句将创建出 Person 对象的一个新实例 jeremy。我们就可以像下面这样利用 Person 对象的属性来检索关于 jeremy 的信息了：

```
jeremy.age
jeremy.mood
```

对象、属性、方法和实例等概念比较抽象，为了让大家对这些概念有一个直观的认识，我在这里用虚构的 Person 对象作为例子。JavaScript 里并没有 Person 对象。我们可以利用 JavaScript 来创建自己的对象——术语为用户定义对象（user-defined object）。这是一个相当高级的主题，我们眼下还无需对它做进一步讨论。

在电视上的烹饪节目里，只要镜头一转，厨师就可以端出一盘美味的菜肴并向大家介绍说：“这是我刚做好的。”JavaScript 与这种节目里的主持人颇有几分相似：它提供了一系列预先定义好的对象，这些可以拿来就用的对象称为内建对象（native object）。

2.7.1　内建对象

你其实已经见过一些内建对象了，数组就是其中一种。当我们使用 new 关键字去初始化一个数组时，其实是在创建一个 Array 对象的新实例：

```
var beatles = new Array();
```

当需要了解某个数组有多少个元素时，利用 Array 对象的 length 属性来获得这一信息：

```
beatles.length;
```

Array 对象只是诸多 JavaScript 内建对象中的一种。其他例子包括 Math 对象和 Date 对象，它们分别提供了许多非常有用的方法供人们处理数值和日期值。例如，Math 对象的 round 方法可以把十进制数值舍入为一个与之最接近的整数：

```
var num = 7.561;
var num = Math.round(num);
alert(num);
```

Date 对象可以用来存储和检索与特定日期和时间有关的信息。在创建 Date 对象的新实例时，JavaScript 解释器将自动地使用当前日期和时间对它进行初始化：

```
var current_date = new Date();
```

Date 对象提供了 getDay()、getHours()、getMonth()等一系列方法，以供人们用来检索与特定日期有关的各种信息。例如，getDay()方法可以告诉我们给定日期是星期几：

```
var today = current_date.getDay();
```

在编写 JavaScript 脚本时，内建对象可以帮助我们快速、简单地完成许多任务。

2.7.2 宿主对象

除了内建对象，还可以在 JavaScript 脚本里使用一些已经预先定义好的其他对象。这些对象不是由 JavaScript 语言本身而是由它的运行环境提供的。具体到 Web 应用，这个环境就是浏览器。由浏览器提供的预定义对象被称为*宿主对象*（host object）。

宿主对象包括 Form、Image 和 Element 等。我们可以通过这些对象获得关于网页上表单、图像和各种表单元素等信息。

本书没有收录这几个宿主对象的例子。另一种宿主对象也能用来获得网页上的任何一个元素的信息，它就是 document 对象。在本书的后续内容里，我们将向大家介绍 document 对象的许多属性和方法。

2.8 小结

在本章中，我们介绍了 JavaScript 语言的基础知识。在本书的后续章节中，我们会用到这里介绍的许多术语：语句、变量、数组和函数等。这些概念有的现在还不太容易理解，但我相信你在看过它们在脚本里的实际用途后，就能彻底搞清楚了。在后面的学习里，如果需要重温这些术语的含义，随时可以返回到本章来。

本章只对“对象”做了一个概念性的介绍。如果你对它的理解还不够全面深入，别着急。我们将在下一章进一步探讨 document 对象。我们将先向大家介绍一些与这个对象相关联的属性和方法，它们都是由 W3C 的标准 DOM 提供的。

在下一章中，我们将介绍基于 DOM 的基本编程思路，并演示如何使用它的一些功能非常强大的方法。

第3章

DOM

3

本章内容

- 节点的概念
- 5个常用DOM方法：getElementById、getElementsByTagName、getElementsByClassName、getAttribute和setAttribute

终于要与DOM面对面了。本章将介绍DOM，带领大家透过DOM去看世界。

3.1 文档：DOM中的“D”

如果没有document（文档），DOM也就无从谈起。当创建了一个网页并把它加载到Web浏览器中时，DOM就在幕后悄然而生。它把你编写的网页文档转换为一个文档对象。

在人类语言中，“对象”这个词的含义往往不那么明确，它几乎可以用来称呼任何一种东西。但在程序设计语言中，“对象”这个词的含义非常明确。

3.2 对象：DOM中的“O”

在上一章的末尾，我们向大家展示了几个JavaScript对象的例子。你应该还记得，“对象”是一种自足的数据集合。与某个特定对象相关联的变量被称为这个对象的属性；只能通过某个特定对象去调用的函数被称为这个对象的方法。

JavaScript语言里的对象可以分为三种类型。

- 用户定义对象（user-defined object）：由程序员自行创建的对象。本书不讨论这种对象。
- 内建对象（native object）：内建在JavaScript语言里的对象，如Array、Math和Date等。
- 宿主对象（host object）：由浏览器提供的对象。

即使是在JavaScript的最初版本里，对编写脚本来说非常重要的一些宿主对象就已经可用了，它们当中最基础的对象是window对象。

window对象对应着浏览器窗口本身，这个对象的属性和方法通常统称为BOM（浏览器对象模型），但我觉得称为Window Object Model（窗口对象模型）更为贴切。BOM提供了window.open和window.blur等方法，这些方法某种程度上要为到处被滥用的各种弹出窗口和下拉菜单负责。

难怪 JavaScript 会有一个不好的名声！

值得庆幸的是，我们不需要与 BOM 打太多的交道，而是把注意力集中在浏览器窗口内的网页内容上。document 对象的主要功能就是处理网页内容。在本书的后续内容里，我们几乎只讨论 document 对象的属性和方法。

现在，我们已经对 DOM 中的字母“D”（document，文档）和字母“O”（object，对象）做了解释，那么字母“M”又代表着什么呢？

3.3 模型：DOM 中的“M”

DOM 中的“M”代表着“Model”（模型），但说它代表着“Map”（地图）也未尝不可。模型也好，地图也罢，它们的含义都是某种事物的表现形式。就像一个模型火车代表着一列真正的火车、一张城市街道图代表着一个实际存在的城市那样，DOM 代表着加载到浏览器窗口的当前网页。浏览器提供了网页的地图（或者说模型），而我们可以通过 JavaScript 去读取这张地图。

既然是地图，就必须有诸如方向、等高线和比例尺之类的图例。要想看懂和使用地图，就必须知道这些图例的含义和用途，这个道理同样适用于 DOM。要想从 DOM 获得信息，必须先把各种表示和描述文档的“图例”弄明白。

DOM 把一份文档表示为一棵树（这里所说的“树”是数学意义上的概念），这是我们理解和运用这一模型的关键。更具体地说，DOM 把文档表示为一棵家谱树。

家谱树本身又是一种模型。家谱树的典型用法是表示一个人类家族的谱系，并使用 parent（父）、child（子）、sibling（兄弟）等记号来表明家族成员之间的关系。家谱树可以把一些相当复杂的关系简明地表示出来：一位特定的家族成员既是某些成员的父辈，又是另一位成员的子辈，同时还是另一位成员的兄弟。

家谱树模型非常适合用来表示一份用(X)HTML 语言编写出来的文档。

请看图 3-1 中这份非常基本的网页，它的内容是一份购物清单。

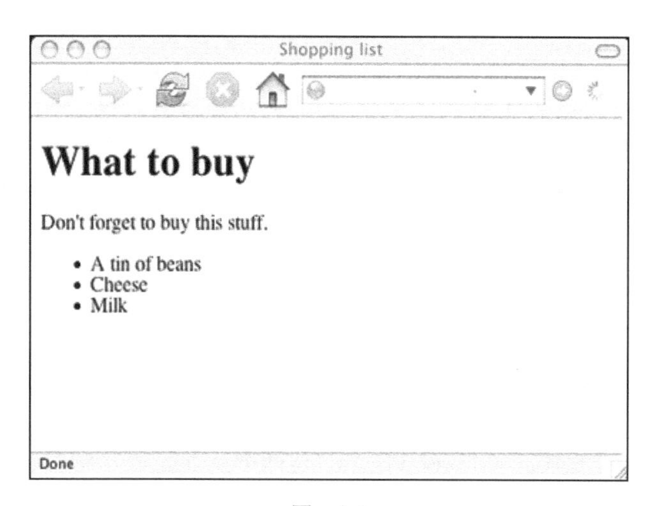

图 3-1

```
<!DOCTYPE html>
<html lang="en">
  <head>
    <meta charset="utf-8" />
    <title>Shopping list</title>
  </head>
  <body>
    <h1>What to buy</h1>
    <p title="a gentle reminder">Don't forget to buy this stuff.</p>
    <ul id="purchases">
      <li>A tin of beans</li>
      <li class="sale">Cheese</li>
      <li class="sale important">Milk</li>
    </ul>
  </body>
</html>
```

这份文档可以用图 3-2 中的模型来表示。

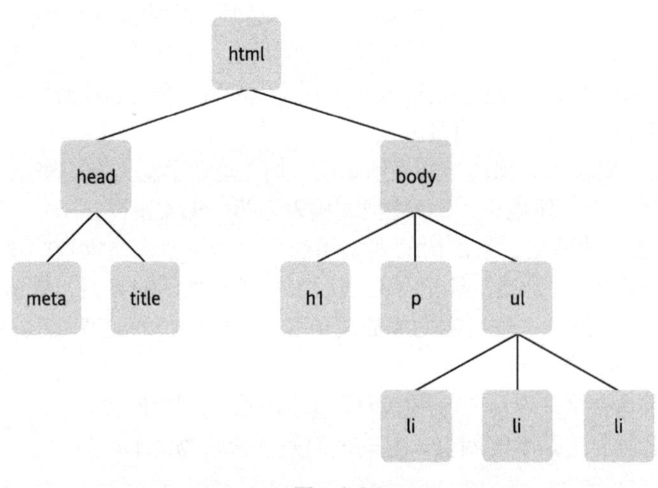

图　3-2

现在我们来分析一下这个网页的结构，了解它的构成，看看它为什么那么适合用前面提到的模型表示。DOCTYPE 之后，一个打开了的<html>标签标识整个文档的开始，这个网页里的所有其他元素都包含在这个元素里，这表示它至少是一个父亲（parent）。又因为所有其他的元素都包含在其内部，所以这个<html>标签既没有父亲，也没有兄弟。如果这是一棵真正的树，这个<html>标签就是树根。

根元素是 html。不管从哪个角度看，html 都代表整个文档。

接下来深入一层，我们发现有<head>和<body>两个分支。它们位于同一层次且互不包含，所以它们是兄弟关系。它们有着共同的父元素<html>，但又各有各的子元素，所以它们本身又是其他一些元素的父元素。

<head>元素有两个子元素：<meta>和<title>（这两个元素是兄弟关系）。<body>元素有三个子元素：<h1>、<p>和<ul>（这三个元素是兄弟关系）。继续深入下去，我们发现<ul>也是一个父元

素，它有三个子元素，它们都是<li>元素，有一些 class 属性。

利用这种简单的家谱关系记号，我们可以把各元素之间的关系简明清晰地表达出来。例如，<h1>和<ul>之间是什么关系？答案是它们是兄弟关系。那么<body>和<ul>之间又是什么关系？<body>是<ul>的父元素，<ul>是<body>的一个子元素。

如果你能把一个文档的各种元素想象成一棵家谱树，我们就可以用同样的术语描述 DOM。不过，与使用“家谱树”这个术语相比，把文档称为“节点树”更准确。

3.4 节点

节点（node）这个词是个网络术语，它表示网络中的一个连接点。一个网络就是由一些节点构成的集合。

在现实世界里，一切事物都由原子构成。原子是现实世界的节点。但原子本身还可以进一步分解为更细小的亚原子微粒。这些亚原子微粒同样也被当成是节点。

DOM 也是同样的情况。文档是由节点构成的集合，只不过此时的节点是文档树上的树枝和树叶而已。

在 DOM 里有许多不同类型的节点。就像原子包含着亚原子微粒那样，也有很多类型的 DOM 节点包含着其他类型的节点。接下来我们先看看其中的三种：元素节点、文本节点和属性节点。

3.4.1 元素节点

DOM 的原子是*元素节点*（element node）。

在描述刚才那份“购物清单”文档时，我们使用了诸如<body>、<p>和<ul>之类的元素。如果把 Web 上的文档比做一座大厦，元素就是建造这座大厦的砖块，这些元素在文档中的布局形成了文档的结构。

标签的名字就是元素的名字。文本段落元素的名字是“p”，无序清单元素的名字是“ul”，列表项元素的名字是“li”。

元素可以包含其他的元素。在我们的“购物清单”文档里，所有的列表项元素都包含在一个无序清单元素的内部。事实上，没有被包含在其他元素里的唯一元素是<html>元素，它是我们的节点树的根元素。

3.4.2 文本节点

元素节点只是节点类型的一种。如果一份文档完全由一些空白元素构成，它将有一个结构，但这份文档本身将不会包含什么内容。在内容为王的互联网上，绝大多数内容都是由文本提供的。

在“购物清单”例子里，<p>元素包含着文本“Don’t forget to buy this stuff.”。它是一个*文本节点*（text node）。

在 XHTML 文档里，文本节点总是被包含在元素节点的内部。但并非所有的元素节点都包含有文本节点。在“购物清单”文档里，<ul>元素没有直接包含任何文本节点，它包含着其他的元素节点（一些<li>元素），后者包含着文本节点。

3.4.3 属性节点

属性结点用来对元素做出更具体的描述。例如，几乎所有的元素都有一个title属性，而我们可以利用这个属性对包含在元素里的东西做出准确的描述：

```
<p title="a gentle reminder">Don't forget to buy this stuff.</p>
```

在DOM中，title="a gentle reminder"是一个属性节点（attribute node），如图3-3所示。因为属性总是被放在起始标签里，所以属性节点总是被包含在元素节点中。并非所有的元素都包含着属性，但所有的属性都被元素包含。

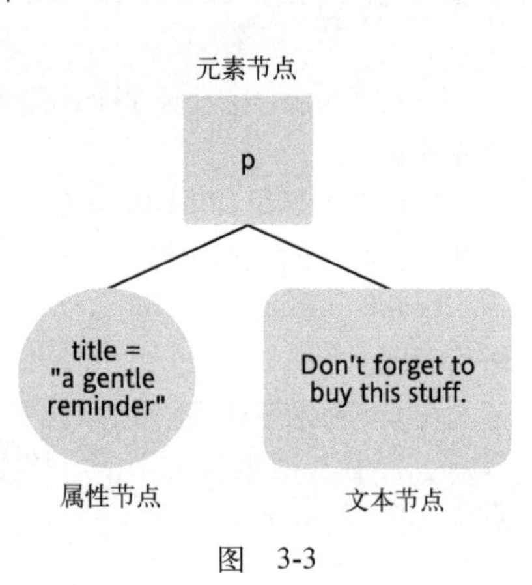

图 3-3

在前面的“购物清单”示例文档里，可以清楚地看到那个无序清单元素（<ul>）有个id属性。有些清单元素（<li>）有class属性。如果曾经用过CSS，你对id和class之类的属性应该不会感到陌生。不过，为了照顾那些对CSS还不太熟悉的读者，我们下面将简要地重温几个最基本的CSS概念。

3.4.4 CSS

DOM并不是与网页结构打交道的唯一技术。我们还可以通过CSS（层叠样式表）告诉浏览器应该如何显示一份文档的内容。

类似JavaScript脚本，对样式的声明既可以嵌在文档的<head>部分（<style>标签之间），也可以放在另外一个样式表文件里（参见第4章）。CSS声明元素样式的语法与JavaScript函数的定义语法很相似：

```
selector {
 property: value;
}
```

在样式声明里，我们可以定义浏览器在显示元素时使用的颜色、字体和字号，如下所示：

```
p {
  color: yellow;
  font-family: "arial", sans-serif;
  font-size: 1.2em;
}
```

继承（inheritance）是CSS技术中的一项强大功能。类似于DOM，CSS也把文档的内容视为一棵节点树。节点树上的各个元素将继承其父元素的样式属性。

例如，如果我们为body元素定义了一些颜色或字体，包含在body元素里的所有元素都将自动获得那些样式：

```
body {
  color: white;
  background-color: black;
}
```

这些颜色将不仅作用于那些直接包含在<body>标签里的内容，还将作用于嵌套在 body 元素内部的所有元素。

图 3-4 是把刚才定义的样式应用在“购物清单”示例文档上后得到的网页显示效果。

图 3-4

在某些场合，当把样式应用于一份文档时，我们其实只想让那些样式作用于某个特定的元素。例如，我们只想让某一段文本变成某种特殊的颜色和字体，但不想让其他段落受到影响。为了获得如此精细的控制，需要在文档里插入一些能够把这段文本与其他段落区别开来的特殊标志。

为了把某一个或某几个元素与其他元素区别开来，需要使用 class 属性或 id 属性。

1. class属性

你可以在所有的元素上任意应用 class 属性：

```
<p class="special">This paragraph has the special class</p>
<h2 class="special">So does this headline</h2>
```

在样式表里，可以像下面这样为 class 属性值相同的所有元素定义同一种样式：

```
.special {
  font-style: italic;
}
```

还可以像下面这样利用 class 属性为一种特定类型的元素定义一种特定的样式：

```
h2.special {
  text-transform: uppercase;
}
```

2. id属性

id 属性的用途是给网页里的某个元素加上一个独一无二的标识符，如下所示：

```
<ul id="purchases">
```

在样式表里，可以像下面这样为有特定 id 属性值的元素定义一种独享的样式：

```
#purchases {
  border: 1px solid white;
```

```
  background-color: #333;
  color: #ccc;
  padding: 1em;
}
```

尽管 id 本身只能使用一次，样式表还是可以利用 id 属性为包含在该特定元素里的其他元素定义样式。

```
#purchases li {
  font-weight: bold;
}
```

图 3-5 是把刚才利用 id 属性定义的样式应用在“购物清单”示例文档上而得到的网页显示效果。

图　3-5

id 属性就像是一个挂钩，它一头连着文档里的某个元素，另一头连着 CSS 样式表里的某个样式。DOM 也可以使用这种挂钩。

3.4.5　获取元素

有 3 种 DOM 方法可获取元素节点，分别是通过元素 ID、通过标签名字和通过类名字来获取。

1. getElementById

DOM 提供了一个名为 getElementById 的方法，这个方法将返回一个与那个有着给定 id 属性值的元素节点对应的对象。请注意，JavaScript 语言区分字母大小写，所以在写出“getElementById”时千万不要把大小写弄错了。如果把它错写成“GetElementById”或“getElementbyid”，你都得不到正确的结果。

它是 document 对象特有的函数。在脚本代码里，函数名的后面必须跟有一对圆括号，这对圆括号包含着函数的参数。getElementById 方法只有一个参数：你想获得的那个元素的 id 属性的值，这个 id 值必须放在单引号或双引号里。

```
document.getElementById(id)
```

下面是一个例子：

```
document.getElementById("purchases")
```

这个调用将返回一个对象，这个对象对应着document对象里的一个独一无二的元素，那个元素的HTML id属性值是purchases。你可以用typeof操作符来验证这一点。typeof操作符可以告诉我们它的操作数是一个字符串、数值、函数、布尔值还是对象。

下面是把一些JavaScript语句插入到前面给出的“购物清单”文档之后得到的一份代码清单，新增的代码(黑体字部分)出现在</body>结束标签之前。顺便说一句，我本人并不赞成把JavaScript代码直接嵌入文档，但这确实是一种简便快捷的测试手段：

```
<!DOCTYPE html>
<html lang="en">
  <head>
    <meta charset="utf-8" />
    <title>Shopping list</title>
  </head>
  <body>
    <h1>What to buy</h1>
    <p title="a gentle reminder">Don't forget to buy this stuff.</p>
    <ul id="purchases">
      <li>A tin of beans</li>
      <li class="sale">Cheese</li>
      <li class="sale important">Milk</li>
    </ul>
    <script>
      alert(typeof document.getElementById("purchases"));
    </script>
  </body>
</html>
```

把上面这些代码保存为一个XHTML文件。在Web浏览器里加载这个XHTML文件，会弹出一个如图3-6所示的alert对话框，它向你们报告document.getElementById ("purchases")的类型——它是一个对象。

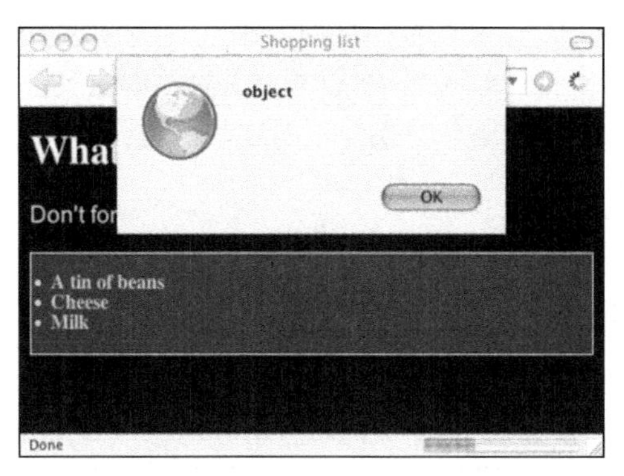

图 3-6

事实上，文档中的每一个元素都是一个对象。利用DOM提供的方法能得到任何一个对象。一般来说，用不着为文档里的每一个元素都定义一个独一无二的id值，那也太小题大做了。DOM提供了另一个方法来获取那些没有id属性的对象。

2. getElementsByTagName

getElementsByTagName方法返回一个对象数组，每个对象分别对应着文档里有着给定标签的一个元素。类似于 getElementById，这个方法也是只有一个参数的函数，它的参数是标签的名字：

```
element.getElementsByTagName(tag)
```

它与 getElementById 方法有许多相似之处，但它返回的是一个数组，你在编写脚本时千万注意不要把这两个方法弄混了。

下面是一个例子：

```
document.getElementsByTagName("li")
```

这个调用将返回一个对象数组，每个对象分别对应着 document 对象中的一个列表项元素。与任何其他的数组一样，我们可以利用 length 属性查出这个数组里的元素个数。

首先，在上一小节给出的 XHTML 示例文档里把<script>标签中的 alert 语句替换为下面这条语句：

```
alert(document.getElementsByTagName("li").length);
```

你会看到这份示例文档里的列表项元素的个数：3。这个数组里的每个元素都是一个对象。可以通过利用一个循环语句和 typeof 操作符去遍历这个数组来验证这一点。例如，你可以试试下面这个 for 循环：

```
for (var i=0; i < document.getElementsByTagName("li").length; i++) {
  alert(typeof document.getElementsByTagName("li")[i]);
}
```

请注意，即使在整个文档里这个标签只有一个元素，getElementsByTagName 也返回一个数组。此时，那个数组的长度是 1。

你或许已经开始觉得用键盘反复敲入 document.getElementsByTagName("li")是件很麻烦的事情，而这些长长的字符串会让代码变得越来越难以阅读。有个简单的办法可以减少不必要的打字量并改善代码的可读性：只要把 document.getElementsByTagName("li")赋值给一个变量即可。

请把<script>标签中的 alert 语句替换为下面这些语句：

```
var items = document.getElementsByTagName("li");
for (var i=0; i < items.length; i++) {
  alert(typeof items[i]);
}
```

现在，你将看到三个 alert 对话框，显示的消息都是“object”。

getElementsByTagName 允许把一个通配符作为它的参数，而这意味着文档里的每个元素都将在这个函数所返回的数组里占有一席之地。通配符（星号字符“*”）必须放在引号里，这是为了让通配符与乘法操作符有所区别。如果你想知道某份文档里总共有多少个元素节点，像下面这样使用通配符即可：

```
alert(document.getElementsByTagName("*").length);
```

还可以把 getElementById 和 getElementsByTagName 结合起来运用。例如，刚才给出的几个例子都是通过 document 对象调用 getElementsByTagName 的，如果只想知道 id 属性值是 purchase 的元素包含着多少个列表项，必须通过一个更具体的对象去调用这个方法，如下所示：

```
var shopping = document.getElementById("purchases");
var items = shopping.getElementsByTagName("*");
```

在这两条语句执行完毕后，items 数组将只包含 id 属性值是 purchase 的无序清单里的元素。具体到这个例子，items 数组的长度刚好与这份文档里的列表项元素的总数相等：

```
alert (items.length);
```

如果还需要更多的证据，下面这些语句将证明 items 数组里的每个值确实是一个对象：

```
for (var i=0; i < items.length; i++) {
  alert(typeof items[i]);
}
```


3. getElementsByClassName

HTML5 DOM（http://www.whatwg.org/specs/web-apps/current-work/）中新增了一个令人期待已久的方法：getElementsByClassName。这个方法让我们能够通过 class 属性中的类名来访问元素。不过，由于这个方法还比较新，某些 DOM 实现里可能还没有，因此在使用的时候要当心。下面我们先来看一看这个方法能帮我们做什么，然后再讨论怎么可靠地使用该方法。

与 getElementsByTagName 方法类似，getElementsByClassName 也只接受一个参数，就是类名：

```
getElementsByClassName(class)
```

这个方法的返回值也与 getElementsByTagName 类似，都是一个具有相同类名的元素的数组。下面这行代码返回的就是一个数组，其中包含类名为"sale"的所有元素：

```
document.getElementsByClassName("sale")
```

使用这个方法还可以查找那些带有多个类名的元素。要指定多个类名，只要在字符串参数中用空格分隔类名即可。例如，在<script>标签中添加下面这行 alert 代码：

```
alert(document.getElementsByClassName("important sale").length);
```

你会看到警告框中显示 1，表示只有一个元素匹配，因为只有一个元素同时带有"important"和"sale"类名。注意，即使在元素的 class 属性中，类名的顺序是"sale important"而非参数中指定的"important sale"，也照样会匹配该元素。不仅类名的实际顺序不重要，就算元素还带有更多类名也没有关系。

与使用 getElementsByTagName 一样，也可以组合使用 getElementsByClassName 和 getElementById。如果你想知道在 id 为"purchases"的元素中有多少类名包含"sale"列表项，可以先找到那个特定的对象，然后再调用 getElementsByClassName：

```
var shopping = document.getElementById("purchases");
var sales = shopping.getElementsByClassName("sale");
```

这样，sales 数组中包含的就只是位于"purchases"列表中的带有"sale"类的元素。运行下面这行代码，就会看到 sales 数组中包含两项：

```
alert (sales.length);
```

这个 getElementsByClassName 方法非常有用，但只有较新的浏览器才支持它。为了弥补这一不足，DOM 脚本程序员需要使用已有的 DOM 方法来实现自己的 getElementsByClassName，有点像是成人礼似的。而多数情况下，他们的实现过程都与下面这个 getElementsByClassName 大致相似，这个函数能适用于新老浏览器：

```
function getElementsByClassName(node, classname) {
  if (node.getElementsByClassName) {
    // 使用现有方法
    return node.getElementsByClassName(classname);
  } else {
    var results = new Array();
    var elems = node.getElementsByTagName("*");
    for (var i=0; i<elems.length; i++) {
      if (elems[i].className.indexOf(classname) != -1) {
        results[results.length] = elems[i];
      }
    }
    return results;
  }
}
```

这个 getElementsByClassName 函数接受两个参数。第一个 node 表示 DOM 树中的搜索起点，第二个classname就是要搜索的类名了。如果传入节点上已经存在了适当的getElementsByClassName 函数，那么这个新函数就直接返回相应的节点列表。如果 getElementsByClassName 函数不存在，这个新函数就会循环遍历所有标签，查找带有相应类名的元素。（这个例子不适用于多个类名。）如果使用这个函数来模拟前面取得购物列表的操作，就可以这样写：

```
var shopping = document.getElementById("purchases");
var sales = getElementsByClassName(shopping, "sale");
```

当然，搜索匹配的 DOM 元素的方法有很多，但真正高效的却不多，有兴趣的读者可以参考 Robert Nyman的文章 *The Ultimate getElementsByClassName*（http://robertnyman.com/2008/05/27/the-ultimate-getelementsbyclassname-anno-2008）。

第 5 章将继续讨论类似的支持性问题，以及如何解决这些问题。第 7 章将更详细地探讨 DOM 操作方法。

3.4.6 盘点知识点

你一定已经厌倦了看那么多遍显示着单词“object”的 alert 对话框。你一定已经明白：文档中的每个元素节点都是一个对象。不仅如此，这些对象中的每一个还天生具有一系列非常有用的方法，这要归功于 DOM。利用这些预先定义好的方法，我们不仅可以检索出文档里任何一个对象的信息，甚至还可以改变元素的属性。

下面是对本章此前学习内容的一个简要总结。

- 一份文档就是一棵节点树。
- 节点分为不同的类型：元素节点、属性节点和文本节点等。
- getElementById 将返回一个对象，该对象对应着文档里的一个特定的元素节点。
- getElementsByTagName 和 getElementsByClassName 将返回一个对象数组，它们分别对应着文档里的一组特定的元素节点。

❑ 每个节点都是一个对象。

接下来介绍节点对象的属性和方法。

3.5 获取和设置属性

至此，我们已经介绍了3种获取特定元素的方法：分别是getElementById，getElementsByTagName和getElementsByClassName。得到需要的元素以后，我们就可以设法获取它的各个属性。getAttribute方法就是用来做这件事的。相应地，setAttribute方法则可以更改属性节点的值。

3.5.1 getAttribute

getAttribute是一个函数。它只有一个参数——你打算查询的属性的名字：

```
object.getAttribute(attribute)
```

与此前我们介绍过的那些方法不同，getAttribute方法不属于document对象，所以不能通过document对象调用。它只能通过元素节点对象调用。例如，可以与getElementsByTagName方法合用，获取每个<p>元素的title属性，如下所示：

```
var paras = document.getElementsByTagName("p");
for (var i=0; i < paras.length; i++ ) {
  alert(paras[i].getAttribute("title"));
}
```

把上面这段代码放到前面给出的“购物清单”文件的末尾，然后在Web浏览器里重新加载这个页面，屏幕上将弹出一个显示着文本消息“a gentle reminder”的alert对话框。

在“购物清单”文件里只有一个<p>元素，并且它有title属性。假如这份文档有更多个<p>元素，并且它们没有title属性，则getAttribute("title")方法会返回null值。在JavaScript里，null的含义是“没有值”。把下面代码添加到“购物清单”文件中的现有<p>标签之后：

```
<p>This is just a test</p>
```

重新加载这个页面。这一次，你将看到两个alert对话框，而第二个对话框将是一片空白或者是只显示着单词“null”，这取决于你使用是哪种Web浏览器。

我们可以修改脚本，让它只在title属性有值时才弹出消息。我们将增加一条if语句来检查getAttribute的返回值是不是null。趁着这个机会，我们顺便增加几个变量以提高脚本的可读性。

```
var paras = document.getElementsByTagName("p");
for (var i=0; i< paras.length; i++) {
  var title_text = paras[i].getAttribute("title");
  if (title_text != null) {
    alert(title_text);
  }
}
```

现在重新加载这个页面，你会看到一个显示着“a gentle reminder”消息的alert对话框，如图3-7所示。

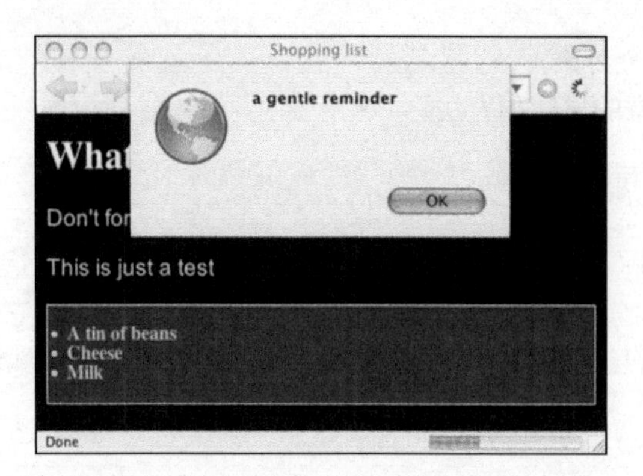

图　3-7

我们甚至可以把这段代码缩得更短一些。当检查某项数据是否是 null 值时，我们其实是在检查它是否存在。这种检查可以简化为直接把被检查的数据用作 if 语句的条件。if (something) 与 if (something != null)完全等价，但前者显然更为简明。此时，如果 something 存在，则 if 语句的条件将为真；如果 something 不存在，则 if 语句的条件将为假。

具体到这个例子，只要我们把 if (title_text != null)替换为 if (title_text)，我们就可以得到更简明的代码。此外，为了进一步增加代码的可读性，我们还可以趁此机会把 alert 语句与 if 语句写在同一行上，这可以让它们更接近于我们日常生活中的英语句子：

```
var paras = document.getElementsByTagName("p");
for (var i=0; i< paras.length; i++) {
  var title_text = paras[i].getAttribute("title");
  if (title_text) alert(title_text);
}
```

3.5.2　setAttribute

此前介绍的所有方法都是用来获取信息。setAttribute()有点不同：它允许我们对属性节点的值做出修改。与 getAttribute 一样，setAttribute 也只能用于元素节点：

```
object.setAttribute(attribute,value)
```

在下面的例子里，第一条语句得到 id 是 purchase 的元素，第二条语句把这个元素的 title 属性值设置为 a list of goods：

```
var shopping = document.getElementById("purchases");
shopping.setAttribute("title","a list of goods");
```

我们可以利用 getAttribute 来证明这个元素的 title 属性值确实发生了变化：

```
var shopping = document.getElementById("purchases");
alert(shopping.getAttribute("title"));
shopping.setAttribute("title","a list of goods");
alert(shopping.getAttribute("title"));
```

加载页面后将弹出两个 alert 对话框：第一个 alert 对话框出现在 setAttribute 被调用之前，它将是一片空白或显示单词“null”；第二个出现在设置 title 属性值之后，它将显示“a list of goods”消息。

在上例中，我们设置了一个节点的 title 属性，这个属性原先并不存在。这表明 setAttribute 实际完成了两项操作：先创建这个属性，然后设置它的值。如果 setAttribute 用在一个本身就有这个属性的元素节点上，这个属性的值就会被覆盖掉。

在“购物清单”示例文档里，<p>元素已经有了一个 title 属性，这个属性的值是 a gentle reminder。可以用 setAttribute 来改变它的值：

```
var paras = document.getElementsByTagName("p");
for (var i=0; i< paras.length; i++) {
  var title_text = paras[i].getAttribute("title");
  if (title_text) {
    paras[i].setAttribute("title","brand new title text");
    alert(paras[i].getAttribute("title"));
  }
}
```

上面这段代码将先从文档里获取全部带有 title 属性的<p>元素，然后把它们的 title 属性值都修改为 brand new title text。对“购物清单”文件来说，属性值 a gentle reminder 会被覆盖。

这里有一个非常值得关注的细节：通过 setAttribute 对文档做出修改后，在通过浏览器的 view source（查看源代码）选项去查看文档的源代码时看到的仍将是改变前的属性值，也就是说，setAttribute 做出的修改不会反映在文档本身的源代码里。这种“表里不一”的现象源自 DOM 的工作模式：先加载文档的静态内容，再动态刷新，动态刷新不影响文档的静态内容。这正是 DOM 的真正威力：对页面内容进行刷新却不需要在浏览器里刷新页面。

3.6 小结

本章介绍了 DOM 提供的五个方法：

- getElementById
- getElementsByTagName
- getElementsByClassName
- getAttribute
- setAttribute

这五个方法是将要编写的许多 DOM 脚本的基石。

DOM 还提供了许多其他的属性和方法，如 nodeName、nodeValue、childNodes、nextSibling 和 parentNode 等，这里仅举这么几个例子。在后面需要的时候我会详细介绍它们。我现在就提到它们主要是为了吊吊大家的胃口。

本章内容偏重于理论。在看过那么多的 alert 对话框之后，相信大家都迫不及待地想通过一些其他东西进一步了解和测试 DOM，而我也正想通过一个案例来进一步展示 DOM 的强大威力。在下一章中，我将带领大家利用本章介绍的 DOM 方法去创建一个基于 JavaScript 的图片库。

第4章

案例研究：JavaScript图片库

本章内容

- 编写一个优秀的标记文件。
- 编写一个 JavaScript 函数以显示用户想要查看的图片。
- 由标记触发函数调用。
- 使用几个新方法扩展这个 JavaScript 函数。

现在，是时候让 DOM 去做些事了。在这一章中，我将带领大家用 JavaScript 和 DOM 去建立一个图片库。

把图片发布到网上的办法很多。你可以简单地把所有的图片都放到一个网页里。不过，如果打算发布的图片比较多，这个页面很快就会很快变得过于庞大。要知道，虽然网页标记代码没有多大，但加上那些图片后用户要下载的数据量就相当可观了。我们必须面对这样一个现实：没有人愿意等待很长很长的时间去下载一个网页。

因此，为每张图片分别创建一个网页的解决方案值得考虑。这样你的图片库将不再是一个体积庞大、难以下载的网页，而变成了许多个尺寸合理、便于下载和浏览的页面。不过，这一解决方案并非尽善尽美。首先，为每张图片分别制作一个网页需要花费很多很多的时间；其次，每个网页上应该提供某种导航链接来给出当前图片在整个图片库里的位置，方便人们从当前图片转到其他的图片。

如果想两全其美，利用 JavaScript 来创建图片库将是最佳的选择：把整个图片库的浏览链接集中安排在图片库主页里，只在用户点击了这个主页里的某个图片链接时才把相应的图片传送给他。

4.1 标记

为了完成 JavaScript 图片库，我特意用数码相机拍摄了几张照片，并把它们修整成最适合于用浏览器来查看的尺寸，即 400 像素宽 × 300 像素高。在你自己做练习时,大可不必拘泥于这个尺寸,你可以使用任何图片。

第一项工作是为这些图片创建一个链接清单。因为我没打算让这些图片按照特定顺序排列，所以将使用一个无序清单元素（<ul>）来列出那些链接。如果你自己的图片已事先排好序，那就最好使用一个有序清单元素（<ol>）来标记这些图片链接。

下面是我的标记清单：

```
<!DOCTYPE html>
<html lang="en">
<head>
  <meta charset="utf-8" />
  <title>Image Gallery</title>
</head>
<body>
  <h1>Snapshots</h1>
  <ul>
    <li>
      <a href="images/fireworks.jpg" title="A fireworks display">Fireworks</a>
    </li>
    <li>
      <a href="images/coffee.jpg" title="A cup of black coffee">Coffee</a>
    </li>
    <li>
      <a href="images/rose.jpg" title="A red, red rose">Rose</a>
    </li>
    <li>
      <a href="images/bigben.jpg" title="The famous clock">Big Ben</a>
    </li>
  </ul>
</body>
</html>
```

我将把这些标记保存到 gallery.html 文件，并把图片集中保存在目录 images 里。我的 images 目录和 gallery.html 文件位于同一个目录下。在 gallery.html 文件里，无序清单元素中的每个链接分别指向不同的图片。在浏览器窗口里点击某个链接就可以转到相应的图片，但从图片重新返回到链接清单目前还必须借助于浏览器的 Back（后退）按钮。图 4-1 是这个基本的链接清单在浏览器窗口里的显示效果。

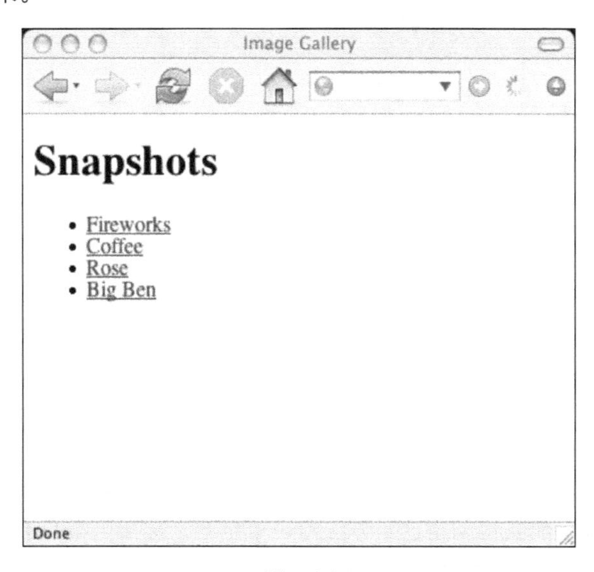

图 4-1

这是一个相当令人满意的网页，但它的默认行为还不太理想。下面是我希望改进的几个地方。

- 当点击某个链接时，我希望能留在这个网页而不是转到另一个窗口。
- 当点击某个链接时，我希望能在这个网页上同时看到那张图片以及原有的图片清单。

下面是我为了实现上述目标而需要完成的几项改进。

- 通过增加一个“占位符”图片的办法在这个主页上为图片预留一个浏览区域。
- 在点击某个链接时，拦截这个网页的默认行为。
- 在点击某个链接时，把“占位符”图片替换为与那个链接相对应的图片。

先来解决“占位符”图片的问题。我选用了一个类似于名片的图片，你可以根据个人喜好来决定选用的图片，即使选用一个空白图片也没问题。

把下面这些代码插入到图片清单的末尾：

```
<img id="placeholder" src="images/placeholder.gif" alt="my image gallery" />
```

我对这个图片的 id 属性进行了设置，这将使我可以通过一个外部的样式表对图片的显示位置和显示效果加以控制。例如，可以让这个图片出现在链接清单的旁边而不是它的下方，还可以在自己的 JavaScript 代码里使用这个 id 值。下面是这个页面在增加了“占位符”图片后的显示效果。

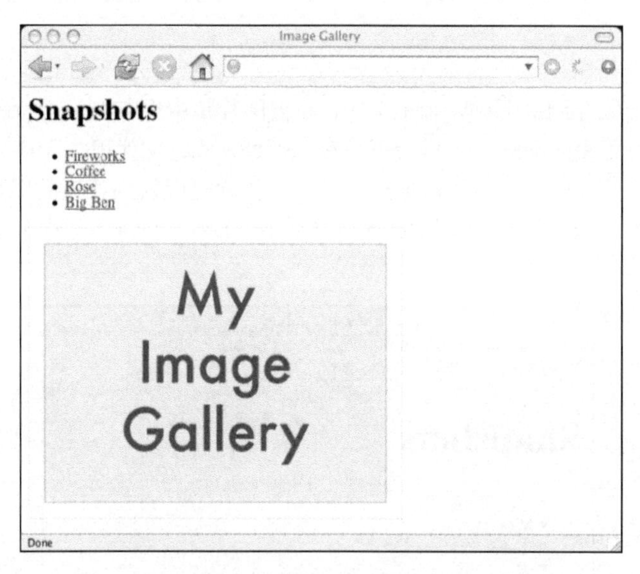

图　4-2

现在，标记文件已经准备好了，接下来的工作是编写 JavaScript 代码。

4.2　JavaScript

为了把“占位符”图片替换为想要查看的图片，需要改变它的 src 属性。setAttribute 是完成这项工作的最佳选择，而我将利用这个方法写一个函数。这个函数只有一个参数，即一个图片链接。它通过改变“占位符”图片的 src 属性的办法将其替换为参数图片。

首先，需要给函数起一个好名字，它应能描述这个函数的用途，还要简明扼要。我决定把这个函数命名为 showPic。还需要给这个函数的参数起一个名字，我决定把它命名为 whichpic：

```
function showPic(whichpic)
```

whichpic 代表着一个元素节点，具体地说，那是一个指向某个图片的<a>元素。我需要分解出图片的文件路径，这可以通过在 whichpic 元素上调用 getAttribute 得到，只要把"href"作为参数传递给 getAttribute 就行了：

```
whichpic.getAttribute("href")
```

我将把这个路径存入变量 source：

```
var source = whichpic.getAttribute("href");
```

接下来，还需要获取“占位符”图片，这对 getElementById 来说不过是小菜一碟：

```
document.getElementById("placeholder")
```

我不想重复敲入“document.getElementById("placeholder")”这么长的字符串，所以将把这个元素赋给变量 placeholder：

```
var placeholder = document.getElementById("placeholder");
```

现在，已经声明并赋值了两个变量：source 和 placeholder。它们可以让脚本简明易读。

我将使用 setAttribute 对 placeholder 元素的 src 属性进行刷新。还记得吗，这个方法有两个参数：一个是属性名，另一个是属性的值。具体到这个例子，因为我想对 src 属性进行设置，所以第一个参数是"src"；至于第二个参数，也就是 src 属性的值，我已经把它保存在 source 变量里了：

```
placeholder.setAttribute("src",source);
```

这显然要比下面这么冗长的代码更容易阅读和理解：

```
document.getElementById("placeholder").setAttribute("src",
➥ whichpic.getAttribute("href"));
```

4.2.1 非 DOM 解决方案

其实，不使用 setAttribute 方法也可以改变图片的 src 属性。

setAttribute 方法是“第 1 级 DOM”（DOM Level 1）的组成部分，它可以设置任意元素节点的任意属性。在“第 1 级 DOM”出现之前，你可以通过另外一种办法设置大部分元素的属性，这个办法到现在仍然有效。

例如，如果想改变某个 input 元素的 value 属性，可以这样：

```
element.value = "the new value"
```

这与下面这条语句的效果是等价的：

```
element.setAttribute("value","the new value");
```

类似的办法也可以用来改变图片的 src 属性。例如，在我的图片库脚本里，完全可以用下面这条语句来代替 setAttribute：

```
placeholder.src = source;
```

我个人更喜欢使用 setAttribute。起码不必费心去记忆哪些元素的哪些属性可以用 DOM 之前的哪些方法去设置。虽然用那些老办法可以毫无问题地对文档里的图片、表单和其他一些元素的属性进行设置，但 setAttribute 的优势在于它可以修改文档中的任何一个元素的任何一个属性。

"第 1 级 DOM"的另一个优势是可移植性更好。那些老方法只适用于 Web 文档，DOM 则适用于任何一种标记语言。虽然这种差异对我们这个例子没有影响，但我希望大家能够牢牢记住这一点：DOM 是一种适用于多种环境和多种程序设计语言的通用型 API。如果想把从本书学到的 DOM 技巧运用在 Web 浏览器以外的应用环境里，严格遵守"第 1 级 DOM"能够让你避免与兼容性有关的任何问题。

4.2.2　最终的函数代码清单

下面是 showPic 函数完整的代码清单：

```
function showPic(whichpic) {
  var source = whichpic.getAttribute("href");
  var placeholder = document.getElementById("placeholder");
  placeholder.setAttribute("src",source);
}
```

接下来的任务是把这个 JavaScript 函数与标记文档结合起来。

4.3　应用这个 JavaScript 函数

函数写完了，接下来就要在图片库文档里使用它。把这个函数保存在扩展名为.js 的文本文件中。在此，可以给它起个名字叫 showPic.js。

若一个站点用到多个 JavaScript 文件，为了减少对站点的请求次数（提高性能），应该把这些 .js 文件合并到一个文件中。本书为了便于说明问题，不少例子都使用了多个文件。等到了第 5 章，我们会专门讨论这个问题以及其他提升站点性能的最佳实践。

就像我刚才决定把所有的图片集中存放在 images 子目录里那样，把所有的 JavaScript 脚本文件集中存放在一个子目录里也是个好主意。我创建了一个名为 scripts 的子目录并把 showPic.js 文件保存到其中。

现在，需要在图片库文档里插入一个链接来引用这个 JavaScript 脚本文件。我将把下面这行插入到 HTML 文档的</body>标签之前：

```
<script type="text/javascript" src="scripts/showPic.js"></script>
```

这样在图片库文档里就可以使用 showPic 函数了。如果到此打住，那么 showPic 函数永远也不会被调用。我们需要给图片列表的链接添加行为，也就是事件处理函数（event handler），才能达成目标。

事件处理函数

事件处理函数的作用是，在特定事件发生时调用特定的 JavaScript 代码。例如，如果想在鼠标指针悬停在某个元素上时触发一个动作，就需要使用 onmouseover 事件处理函数；如果想在鼠标指针离开某个元素时触发一个动作，就需要使用 onmouseout 事件处理函数。在我的图片库里，我想在用户点击某个链接时触发一个动作，所以需要使用 onclick 事件处理函数。

需要注意的是 showPic()函数需要一个参数：一个带有 href 属性的元素节点参数。当我把 onclick 事件处理函数嵌入到一个链接中时，需要把这个链接本身用作 showPic 函数的参数。

有个非常简单有效的办法可以做到这一点：使用 this 关键字。这个关键字在这儿的含义是"这个对象"。具体到当前的例子， this 表示"这个<a>元素节点"：

```
showPic(this)
```

综上所述，我将使用 onclick 事件处理函数来给链接添加行为。添加事件处理函数的语法如下所示：

```
event = "JavaScript statement(s)"
```

请注意，JavaScript 代码包含在一对引号之间。我们可以把任意数量的 JavaScript 语句放在这对引号之间，只要把各条语句用分号隔开即可。

下面这样 onclick 事件就可以调用 showPic 方法了：

```
onclick = "showPic(this);"
```

不过，如果仅仅把事件处理函数放到图片列表的一个链接中，我们会遇到一个问题：点击这个链接时，不仅 showPic 函数被调用，链接被点击的默认行为也会被调用。这意味着用户还是会被带到图片查看窗口，而这是我不希望发生的。我需要阻止这个默认行为被调用。

让我们近距离了解一下事件处理函数的工作机制。在给某个元素添加了事件处理函数后，一旦事件发生，相应的 JavaScript 代码就会得到执行。被调用的 JavaScript 代码可以返回一个值，这个值将被传递给那个事件处理函数。例如，我们可以给某个链接添加一个 onclick 事件处理函数，并让这个处理函数所触发的 JavaScript 代码返回布尔值 true 或 false。这样一来，当这个链接被点击时，如果那段 JavaScript 代码返回的值是 true，onclick 事件处理函数就认为"这个链接被点击了"；反之，如果返回的值是 false，onclick 事件处理函数就认为"这个链接没有被点击"。

可以通过下面这个简单测试去验证这一结论：

```
<a href="http://www.example.com" onclick="return false;">Click me</a>
```

当点击这个链接时，因为 onclick 事件处理函数所触发的 JavaScript 代码返回给它的值是 false，所以这个链接的默认行为没有被触发。

同样道理，如果像下面这样，在 onclick 事件处理函数所触发的 JavaScript 代码里增加一条 return false 语句，就可以防止用户被带到目标链接窗口：

```
onclick = "showPic(this); return false;"
```

下面是最终完成的 onclick 事件处理函数在图片库 HTML 文档里的样子：

```
<li>
    <a href="images/fireworks.jpg" onclick="showPic(this);
➥ return false;" title="A fireworks display">Fireworks</a>
</li>
```

接下来，我要在图片列表的每个链接上添加这个事件处理函数。这当然有些麻烦，但眼下只能这么做，我们将在第6章介绍一个避免这种麻烦的办法。下面的标记文档是我一个个手动添加 onclick 事件处理函数之后的样子：

```
<li>
    <a href="images/fireworks.jpg" onclick="showPic(this);
➥ return false;" title="A fireworks display">Fireworks</a>
  </li>
  <li>
    <a href="images/coffee.jpg" onclick="showPic(this);
➥ return false;" title="A cup of black coffee">Coffee</a>
  </li>
  <li>
    <a href="images/rose.jpg" onclick="showPic(this); return false;"
➥ title="A red, red rose">Rose</a>
  </li>
  <li>
    <a href="images/bigben.jpg" onclick="showPic(this); return false;"
➥ title="The famous clock">Big Ben</a>
  </li>
```

现在，把这个页面加载到 Web 浏览器里，你将看到一个能够正常工作的“JavaScript 图片库”：如图 4-3 所示，不管点击图片列表里的哪个链接，都能在这个页面里看到相应的图片。

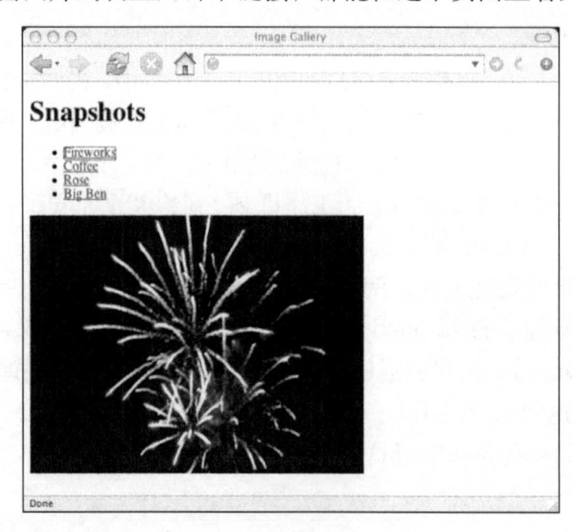

图 4-3

4.4 对这个函数进行扩展

在一个网页上切换显示不同的图片并不是什么新鲜事。早在 W3C 推出它们标准化的 DOM 和 JavaScript 语言之前，有着这类效果的网页和脚本就已经出现了，如今更是得到了广泛的流行。

在这种情形下，如果想让自己与众不同，就必须另辟蹊径。有没有想过在同一个网页上切换显示不同的文本？利用 JavaScript 语言和 DOM，确实可以做到这一点。

图片库文档里的每个图片链接都有一个 title 属性。可以把这个属性取出来并让它和相应的图片一同显示在网页上。title 属性的值可以用 getAttribute 轻而易举地得到：

```
var text = whichpic.getAttribute("title");
```

光提取 title 属性的值还不够，我们还需要把它插入到 HTML 文档中。为完成这一工作，我需要用到几个新的 DOM 属性。

4.4.1 childNodes 属性

在一棵节点树上，childNodes 属性可以用来获取任何一个元素的所有子元素，它是一个包含这个元素全部子元素的数组：

```
element.childNodes
```

假设需要把某个文档的 body 元素的全体子元素检索出来。首先，我们使用 getElementsByTagName 得到 body 元素。因为每份文档只有一个 body 元素，所以它将是 getElementsByTagName("body")方法所返回的数组中的第一个（也是唯一一个）元素：

```
var body_element = document.getElementsByTagName("body")[0];
```

现在，变量 body_element 已经指向了那个文档的 body 元素。接下来，可以用如下所示的语法获取 body 元素的全体子元素：

```
body_element.childNodes
```

这显然要比像下面这样写简明得多：

```
document.getElementsByTagName("body")[0].childNodes
```

现在，已经知道如何获取 body 元素的全体子元素了，接下来看看这些信息的用途。

首先，可以精确地查出 body 元素一共有多少个子元素。因为 childNodes 属性返回的是一个数组，所以用数组的 length 属性就可以知道它所包含的元素的个数：

```
body_element.childNodes.length;
```

现在把下面这个小函数添加到 showPic.js 文件里：

```
function countBodyChildren() {
  var body_element = document.getElementsByTagName("body")[0];
  alert (body_element.childNodes.length);
}
```

这个简单的小函数将弹出一个 alert 对话框，显示 body 元素的子元素的总个数。

我想让这个函数在页面加载时执行，而这需要使用 onload 事件处理函数。把下面这条语句添加到代码段的末尾：

```
window.onload = countBodyChildren;
```

这条语句的作用是在页面加载时调用 countBodyChildren 函数。

在 Web 浏览器里刷新 gallery.html 文件。你会看到一个 alert 对话框，其显示的内容是 body

元素的子元素的总个数。这个数字很可能会让你大吃一惊。

4.4.2 nodeType属性

根据gallery.html文件的结构，body元素应该只有3个子元素：一个h1元素、一个ul元素和一个img元素。可是，countBodyChildren()函数给出来的数字却远大于此，这是因为文档树的节点类型并非只有元素节点一种。

由childNodes属性返回的数组包含所有类型的节点，而不仅仅是元素节点。事实上，文档里几乎每一样东西都是一个节点，甚至连空格和换行符都会被解释为节点，而它们也全都包含在childNodes属性所返回的数组当中。

因此，countBodyChildren的返回结果才会这么大。

还好，每一个节点都有nodeType属性。这个属性可以让我们知道自己正在与哪一种节点打交道，差劲的一点是nodeType的值并不是英文。

用下面的语法获取节点的nodeType属性：

```
node.nodeType
```

nodeType的值是一个数字而不是像“element”或“attribute”那样的英文字符串。

为了验证这一点，把countBodyChildren中的alert语句替换为下面这条语句，这样一来，我们就可以知道body_element元素的nodeType属性了：

```
alert(body_element.nodeType);
```

在Web浏览器里刷新gallery.html文件，将看到一个显示数字“1”的alert对话框。换句话说，元素节点的nodeType属性值是1。

nodeType属性总共有12种可取值，但其中仅有3种具有实用价值。

- **元素节点**的nodeType属性值是1。
- **属性节点**的nodeType属性值是2。
- **文本节点**的nodeType属性值是3。

这就意味着，可以让函数只对特定类型的节点进行处理。例如，完全可以编写出一个只处理元素节点的函数。

4.4.3 在标记里增加一段描述

为增强我的图片库函数，我决定维护一个文本节点。我想在显示图片时，把这个文本节点的值替换成目标图片链接的title的值。

首先，需要为目标文本安排显示位置。我在gallery.html文件里增加一个新的文本段。我把它安排在<img>标签之后，为它设置一个独一无二的id值，这样就能在JavaScript函数里方便地引用它：

```
<p id="description">Choose an image.</p>
```

上面这条语句将把<p>元素的id属性设置为description（描述），这个id可以让这个元素的用途一目了然。如图 4-4 所示，包含在此元素里的文本现在是“Choose an image.”，你能看到添加了新段落。

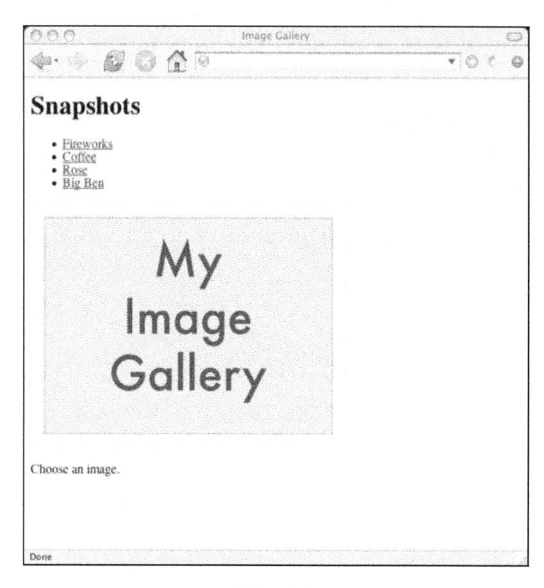

图 4-4

我想达到的效果是：在某个图片链接被点击时，不仅要把“占位符”图片替换为那个链接的 href 属性所指向的图片，还要把这段文本同时替换为那个图片链接的 title 属性值。为了实现这一效果，对 showPic 函数要做一些改进。

4.4.4 用 JavaScript 改变这段描述

在图片链接被点击时，为了能动态地用图片的 title 替换掉图片说明，我需要对 showPic 函数做一些修改。

下面是 showPic 函数现在的样子：

```
function showPic(whichpic) {
  var source = whichpic.getAttribute("href");
  var placeholder = document.getElementById("placeholder");
  placeholder.setAttribute("src",source);
}
```

首先，我需要在 showPic()函数里增加一条语句来获取 whichpic 对象的 title 属性值。我将把这个值存入 text 变量。这件事可以轻而易举地利用 getAttribute 完成：

```
var text = whichpic.getAttribute("title");
```

接下来，为了能方便地引用 id 为 description 的文本段落，我创建一个新的变量来存放它：

```
var description = document.getElementById("description");
```

下面是增加变量之后的样子：

```
function showPic(whichpic) {
  var source = whichpic.getAttribute("href");
  var placeholder = document.getElementById("placeholder");
  placeholder.setAttribute("src",source);
  var text = whichpic.getAttribute("title");
  var description = document.getElementById("description");
}
```

下一个任务是实现文本的切换。

4.4.5 nodeValue 属性

如果想改变一个文本节点的值，那就使用 DOM 提供的 nodeValue 属性，它用来得到（和设置）一个节点的值：

```
node.nodeValue
```

但这里有个大家必须注意的细节：在用 nodeValue 属性获取 description 对象的值时，得到的并不是包含在这个段落里的文本。可以用下面这条 alert 语句来验证这一点：

```
alert (description.nodeValue);
```

这个调用将返回一个 null 值。<p>元素本身的 nodeValue 属性是一个空值，而你真正需要的是<p>元素所包含的文本的值。

包含在<p>元素里的文本是另一种节点，它是<p>元素的第一个子节点。因此，你想要得到的其实是它的第一个子节点的 nodeValue 属性值。

下面这条 alert 语句可以显示你想要的内容：

```
alert(description.childNodes[0].nodeValue);
```

这个调用的返回值才是我们正在寻找的“Choose an image.”。这个值来自 childNodes 数组的第一个（下标是 0）元素。

4.4.6 firstChild 和 lastChild 属性

数组元素 childNodes[0]有个更直观易读的同义词。无论何时何地，只要需要访问 childNodes 数组的第一个元素，都可以把它写成 firstChild：

```
node.firstChild
```

这种写法与下面的写法完全等价：

```
node.childNodes[0]
```

这不仅更加简短，还更加具有可读性。

DOM 还提供了一个与之对应的 lastChild 属性：

```
node.lastChild
```

这代表着 childNodes 数组的最后一个元素。如果不想通过 lastChild 属性去访问这个节点，将不得不使用如下所示的语法：

```
node.childNodes[node.childNodes.length-1]
```

与简明易懂的 lastChild 相比，这么复杂的语法记号恐怕没人会喜欢。

4.4.7 利用 nodeValue 属性刷新这段描述

现在，我们回到 showPic 函数。我将刷新 id 等于 description 的<p>元素所包含的文本节点的 nodeValue 属性。

具体到这个 id 等于 description 的<p>元素，因为它只有一个子节点，所以选用 description.firstChild 属性和选用 description.lastChild 属性的效果是完全一样的。既然如此，我决定选用 firstChild 属性。

可以把 alert 语句改写为如下所示的样子：

```
alert(description.firstChild.nodeValue);
```

显示的效果完全一样（都将显示“Choose an image.”消息），但这里的代码显然更容易阅读和理解。

nodeValue 属性的用途并非仅限于此。它不仅可用来检索节点的值，还可以用来设置节点的值，后一种用途正是我目前最需要的。

还记得刚才在 showPic 函数里的 text 变量吗？当图片库页面上的某个图片链接被点击时，showPic 函数会把这个链接的 title 属性值传递给 text 变量。而我现在将用 text 变量去刷新 id 值等于 description 的那个<p>元素的第一个子节点的 nodeValue 属性值，如下所示：

```
description.firstChild.nodeValue = text;
```

下面是为了改进 showPic()函数而添加的三条新语句：

```
var text = whichpic.getAttribute("title");
var description = document.getElementById("description");
description.firstChild.nodeValue = text;
```

如果用日常用语来说，这三条语句的含义依次是：

- 当图片库页面上的某个图片链接被点击时，这个链接的 title 属性值将被提取并保存到 text 变量中；
- 得到 id 是"description"的<p>元素，并把它保存到变量 description 里；
- 把 description 对象的第一个子节点的 nodeValue 属性值设置为变量 text 的值。

下面是最终的代码清单：

```
function showPic(whichpic) {
  var source = whichpic.getAttribute("href");
  var placeholder = document.getElementById("placeholder");
  placeholder.setAttribute("src",source);
  var text = whichpic.getAttribute("title");
  var description = document.getElementById("description");
  description.firstChild.nodeValue = text;
}
```

把改进后的 showPic()函数存入 showPic.js 文件，然后在浏览器里刷新 gallery.html 文档，你就可以看到这个扩展功能了。现在，点击这个网页上的某个图片链接时，你将看到两种效果：“占位符”图片被替换为这个链接所指向的一张新图片，同时描述性文字也被替换为这个链接的 title

属性值，如图 4-5 所示。

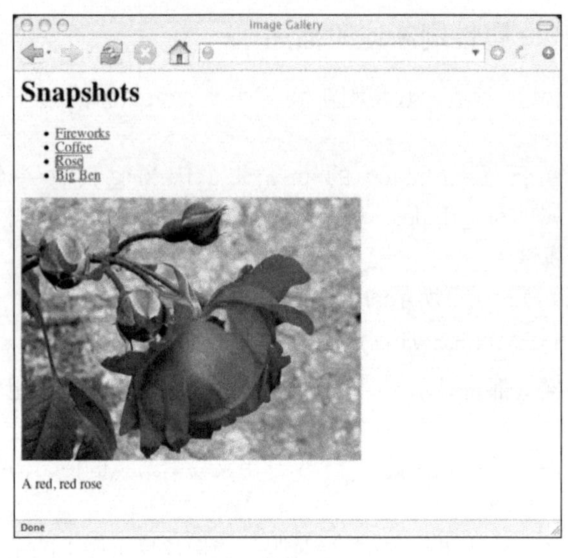

图　4-5

你可以在 http://friendsofed.com/网站上找到图片库脚本文件和标记文档。我在示例中用到的所有图片也可以在那里找到，但我建议大家找一些自己的图片来测试这个脚本，那样会更有意思。

如果想让这个图片库更美观，可以再给它增加一个像下面这样的样式表：

```
body {
  font-family: "Helvetica","Arial",serif;
  color: #333;
  background-color: #ccc;
  margin: 1em 10%;
}
h1 {
  color: #333;
  background-color: transparent;
}
a {
  color: #c60;
  background-color: transparent;
  font-weight: bold;
  text-decoration: none;
}
ul {
  padding: 0;
}
li {
  float: left;
  padding: 1em;
  list-style: none;
}
img {
  display:block;
  clear:both;
}
```

请把这些 CSS 代码存入 layout.css 文件，并把这个文件存放到 styles 子目录里。然后，在 gallery.html 文档的<head>部分用一个<link>标签来引用这个文件，如下所示：

```
<!DOCTYPE html>
<html lang="en">
<head>
  <meta charset="utf-8" />
  <title>Image Gallery</title>
  <link rel="stylesheet" href="styles/layout.css" media="screen" />
</head>
<body>
  <h1>Snapshots</h1>
  <ul>
    <li>
      <a href="images/fireworks.jpg" title="A fireworks display"
➥ onclick="showPic(this); return false;">Fireworks</a>
    </li>
    <li>
      <a href="images/coffee.jpg" title="A cup of black coffee"
➥ onclick="showPic(this); return false;">Coffee</a>
    </li>
    <li>
      <a href="images/rose.jpg" title="A red, red rose"
➥ onclick="showPic(this); return false;">Rose</a>
    </li>
    <li>
      <a href="images/bigben.jpg" title="The famous clock"
➥ onclick="showPic(this); return false;">Big Ben</a>
    </li>
  </ul>
  <img id="placeholder" src="images/placeholder.gif" alt="my image gallery" />
  <p id="description">Choose an image.</p>
  <script src="scripts/showPic.js"></script>
</body>
</html>
```

图 4-6 是图片库的显示效果。

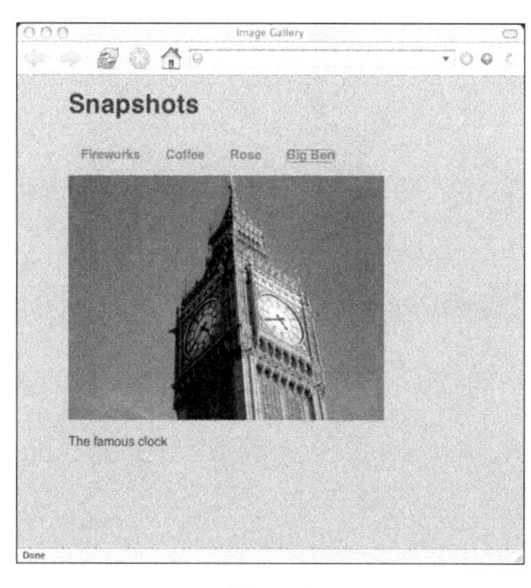

图 4-6

4.5 小结

本章介绍了一个简单的 JavaScript 应用案例，还介绍了 DOM 提供的几个新属性，它们是：

- childNodes
- nodeType
- nodeValue
- firstChild
- lastChild

本章的学习重点有两个：一是如何利用 DOM 所提供的方法去编写图片库脚本，二是如何利用事件处理函数把 JavaScript 代码与网页集成在一起。

从表面上看，我们的图片库已经大获成功，但它实际上还有许多地方值得改进，而那将是随后两章里的讨论重点。

下一章将介绍一些 JavaScript 脚本编程方面的最佳实践，你会从中领悟这样一个道理：达成目标的过程与目标本身同样重要。

第 6 章我们将把这些最佳编程实践应用到图片库脚本上。

第 5 章

最佳实践

本章内容

- 平稳退化：确保网页在没有 JavaScript 的情况下也能正常工作。
- 分离 JavaScript：把网页的结构和内容与 JavaScript 脚本的动作行为分开。
- 向后兼容性：确保老版本的浏览器不会因为你的 JavaScript 脚本而死掉。
- 性能考虑：确定脚本执行的性能最优。

JavaScript 语言和 DOM 构成了一个功能非常强大的组合，但问题的关键是你能否恰到好处地运用它们所提供的功能。本章将介绍一些最佳实践，帮助你保证编写出来的脚本不会与你的愿望背道而驰。

5.1 过去的错误

在讨论最佳实践之前，先来了解一下出问题的原因。

5.1.1 不要怪罪 JavaScript

易学易用的技术就像一把双刃剑。因为容易学习和掌握，它们往往会在很短的时间内就为人们广泛接受，但也往往意味着缺乏高水平的质量控制措施。

HTML 语言就是一个很好的例子。万维网之所以会出现爆炸性的增长，HTML 语言易学易用的特点是无可否认的一个原因。人们只需花费很短的时间就能掌握 HTML 语言的基本知识，并迅速地创建出各种各样的网页。事实上，随着“所见即所得”网页设计工具的出现和流行，有些人可能连一行 HTML 标记都没有见过就成了网页设计大军中的一员。

因此产生的一个不良后果是，绝大多数网页都编写得很糟糕，甚至不做标记合法性检查。因此，软件厂商不得不让它们的浏览器以尽可能宽松的方式去处理网页。每种浏览器都有相当一部分代码专门用来处理那些含糊不清的 HTML 标记，以及猜测网页的创作者们到底想如何呈现网页。

理论上讲，在如今的 Web 上有数十亿计的 HTML 文档；但事实上，这些文档中只有一少部分有着良好的结构。这种历史遗留问题使得 XHTML 和 CSS 等新技术在 Web 上的推广和应用遇到了很大的阻力。易学易用的HTML语言既是万维网的福音，又是它的噩梦。

与HTML语言相比，JavaScript语言的生存环境的要求要苛刻得多。如果JavaScript代码不符合语法规定，JavaScript解释器（对Web应用而言就是浏览器）将拒绝执行它们并报错；而浏览器在遇到不符合语法规定的HTML代码时，则会千方百计地将其呈现出来。尽管如此，在如今的Web上还是充斥着质量低劣的JavaScript代码。

许多网页设计者并不舍得花费时间去学习JavaScript语言，而只是把一些现成的JavaScript代码直接剪贴到HTML文档里以使网页更加丰富多彩。事实上，JavaScript语言诞生后不久，市场上就出现了许多能让人们把JavaScript代码片段嵌入或关联到HTML文档的“所见即所得”的网页设计工具。

其实，即使没有那些“所见即所得”的网页设计工具，把JavaScript代码嵌入或关联到HTML文档也不是难事。有许多网站和书刊专门提供各种现成的JavaScript函数并号称便于使用。一时间，“剪切和粘贴”成了编写JavaScript脚本的代名词。

不幸的是，这些现成的JavaScript函数里有很多对问题考虑得并不周全。从表面上看，它们都能完成自己的任务并给网页带来新颖动人的交互效果；但在实际应用中，它们当中只有很少一部分能够在JavaScript被禁用时对网页的行为做出妥善的安排。很多时候，一旦浏览器不支持或禁用了JavaScript解释功能，那些质量低劣的脚本就会导致用户无法浏览相应的网页甚至整个网站。因为这类问题频繁发生，没过多久，“JavaScript”就在许多人的脑海里成为了“网页无法访问”的同义词。

事实上，JavaScript与“网页无法访问”无任何必然的联系，网页能否访问完全取决于如何应用JavaScript。一首老歌中这样写道：不在于你做什么，只在于你怎么做。

5.1.2 Flash的遭遇

客观地讲，没有不好的技术，只有没有用好的技术。JavaScript的坎坷遭遇让我不禁想起了另一种被人们滥用的技术：Adobe公司研发的Flash。

现在，有不少人一提起Flash就会想到烦人的前导页面、超长的下载时间和随时都有可能出问题的浏览体验。这些恶劣印象其实与Flash毫不相干，它们都是由那些质量低劣的实现脚本造成的。

把Flash与超长的下载时间联系在一起很不公平，因为制作短小精悍的矢量图形和视频片段本是Flash技术的强项之一。利用Flash技术制作一些视频片段来介绍自己的网站是一个很好的创意，但当这种做法成为一种潮流时，这类视频片段的数量越来越多、体积也越来越大，网页的下载时间也不可避免地变得越来越长。此时，Flash要想洗刷掉自己身上的恶名谈何容易。

类似地，JavaScript本是一种能让网页变得易于访问的技术，然而它却也有着降低网站可用性和可访问性的坏名声。

正如物理学中的运动与惯性定律所描述的那样，如果人们在开始使用一种新技术时没有经过深思熟虑，而这种新技术又很快地成为了一种潮流，则纠正在早期阶段养成的坏习惯将会非常困难。

我敢说，之所以会有那么多的网站迫不及待地在网页上嵌入一些毫无必要的Flash视频片段，是因为“大家都有，所以我也要有”的心理而不是因为实际应用的需要。既然别人的网页上有Flash动画，那么我的网页上也要有Flash动画，有无必要的问题已无人问津了。

JavaScript也遭遇到了类似的命运：人们只关心自己的网页里有没有JavaScript代码，根本不去考虑那些现成的（尤其是那些由“所见即所得”网页设计工具生成的）JavaScript函数本身有没有漏洞，以及它们会不会给网页带来负面影响。JavaScript代码被人们剪贴来、剪贴去，结果弄得网上到处都是似是而非的JavaScript网页，却没人想到应该首先检查一下那些现成的JavaScript函数是否还需要改进。

5.1.3 质疑一切

不管你想通过JavaScript改变哪个网页的行为，都必须三思而后行。首先要确认：为这个网页增加这种额外的行为是否确有必要？

网站对JavaScript的滥用已经持续了相当长的时间，因为滥用JavaScript而给自己带来种种麻烦的网站也绝不是少数。例如，你可以用JavaScript脚本让浏览器窗口在屏幕上四处移动，甚至让浏览器窗口产生振动效果。

在所有的JavaScript特效当中，最臭名昭著的莫过于那些在人们打开网页时弹出的广告窗口。对JavaScript和DOM脚本编写者来说不幸的是，有不少用户为此干脆彻底禁用了JavaScript。浏览器厂商也在各自的产品里提供了种种内建的广告过滤机制来解决这一问题，但广告还是无孔不入。

弹出的广告窗口和内容覆盖是一个典型的滥用JavaScript的例子。从技术上讲，弹出窗口本身是一项很实用的功能，它解决了网页设计工作中的一个难题：如何向用户发送信息。但在实践中，频繁弹出的广告窗口却让用户不胜其烦。那些弹出窗口必须由用户关闭，而这往往会形成一种拉锯战——用户刚关闭了一个广告窗口，屏幕上又弹出一个。

那么，这一功能要如何使用户受益呢？

令人感到欣慰的是，这一问题正越来越受到人们的关注，那些不遵循“用户至上”原则的网站从长远看，都在自取灭亡。

如果要使用JavaScript，就要确认：这么做会对用户的浏览体验产生怎样的影响？还有个更重要的问题：如果用户的浏览器不支持JavaScript该怎么办？

5.2 平稳退化

记住，网站的访问者完全有可能使用的是不支持JavaScript的浏览器，还有一种可能是虽然浏览器支持JavaScript，但用户已经禁用它了（比如，因为讨厌看到弹出广告）。如果没有考虑到这种情况，人们在访问你们的网站时就有可能遇到各种各样的麻烦，并因此不再来访问你们的网站。

如果正确地使用了JavaScript脚本，就可以让访问者在他们的浏览器不支持JavaScript的情况下仍能顺利地浏览你的网站。这就是所谓的*平稳退化*（graceful degradation），就是说，虽然某些功能无法使用，但最基本的操作仍能顺利完成。

我们来看一个在新窗口里打开一个链接的例子。别担心：我们将要讨论的并不是在网页加载时弹出新窗口。而是在用户点击某个链接时弹出一个新窗口。这其实是一项相当实用的功能。例如，在许多电子商务网站的结算页面上都有一些指向服务条款或是邮寄费用表的链接，与其让用户在点击这些链接时被带离当前页面，不如让用户仍停留在当前页面，并用一个弹出窗口来显示相关信息。

注意　应该只在绝对必要的情况下才使用弹出窗口，因为这将牵涉到网页的可访问性问题，例如，用户使用的屏幕读取软件无法向用户说明弹出了窗口。因此，如果网页上的某个链接将弹出新窗口，最好在这个链接本身的文字中予以说明。

JavaScript使用window对象的open()方法来创建新的浏览器窗口。这个方法有三个参数：

```
window.open(url,name,features)
```

这三个参数都是可选的。

- 第一个参数是想在新窗口里打开的网页的URL地址。如果省略这个参数，屏幕上将弹出一个空白的浏览器窗口。
- 第二个参数是新窗口的名字。可以在代码里通过这个名字与新窗口进行通信。
- 最后一个参数是一个以逗号分隔的字符串，其内容是新窗口的各种属性。这些属性包括新窗口的尺寸（宽度和高度）以及新窗口被启用或禁用的各种浏览功能（工具条、菜单条、初始显示位置，等等）。对于这个参数应该掌握以下原则：新窗口的浏览功能要少而精。

open()方法是使用BOM的一个好案例，它的功能对文档的内容也无任何影响（那是DOM的地盘）。这个方法只与浏览环境（具体到这个例子，就是window对象）有关。

下面这个函数是window.open()方法的一种典型应用：

```
function popUp(winURL) {
  window.open(winURL,"popup","width=320,height=480");
}
```

这个函数将打开一个320像素宽、480像素高的新窗口"popup"。因为我在这个函数里已为新窗口命名，所以当把新的URL地址传递给此函数时，这个函数将把新窗口里的现有文档替换为新URL地址处的文档，而不是再去创建一个新窗口。

我将把这个函数存入一个外部文件。因此，当需要在某个网页里使用此函数时，只要在这个网页的<head>部分用一个<script>标签导入那个外部文件即可。函数本身不会对网页的可访问性产生任何影响，会影响到网页的只是：我将如何使用此函数。

调用popUp函数的一个办法是使用伪协议（pseudo-protocol）。

5.2.1　"javascript:"伪协议

"真"协议用来在因特网上的计算机之间传输数据包，如HTTP协议（http://）、FTP协议（ftp://）

等，伪协议则是一种非标准化的协议。“javascript:”伪协议让我们通过一个链接来调用 JavaScript 函数。

下面是通过“javascript:”伪协议调用 popUp()函数的具体做法：

```
<a href="javascript:popUp('http://www.example.com/');">Example</a>
```

这条语句在支持“javascript:”伪协议的浏览器中运行正常，较老的浏览器则会去尝试打开那个链接但失败，支持这种伪协议但禁用了 JavaScript 功能的浏览器会什么也不做。

总之，在 HTML 文档里通过“javascript:”伪协议调用 JavaScript 代码的做法非常不好。

5.2.2　内嵌的事件处理函数

我们已经在第 4 章的图片库脚本见识过事件处理函数的用途和用法了：把 onclick 事件处理函数作为属性嵌入<a>标签，该处理函数将在 onclick 事件发生时调用图片切换函数。

这个技巧同样可以用来调用 popUp 函数。但当在某个链接里用 onclick 事件处理函数去打开新窗口时，这个链接的 href 属性似乎没有什么用处——与这个链接有关的重要信息已经都包括在它的 onclick 属性里了。这也正是我们经常会看到如下所示的链接的原因：

```
<a href="#" onclick="popUp('http://www.example.com/');
➥ return false;">Example</a>
```

因为在上面这条 HTML 指令里使用了 return false 语句，这个链接不会真的被打开。“#”符号是一个仅供文档内部使用的链接记号（单就这条指令而言，“#”是未指向任何目标的内部链接）。在某些浏览器里，“#”链接指向当前文档的开头。把 href 属性的值设置为“#”只是为了创建一个空链接。实际工作全部由 onclick 属性负责完成。

很遗憾，这个技巧与用“javascript:”伪协议调用 JavaScript 代码的做法同样糟糕，因为它们都不能平稳退化。如果用户已经禁用了浏览器的 JavaScript 功能，这样的链接将毫无用处。

5.2.3　谁关心这个

或许你对我反复强调“平稳退化”有些不解：让那些不支持或禁用了 JavaScript 功能的浏览器也能顺利地访问你的网站真的那么重要吗？

请想象一下，有个访问者来到了你的网站，他总是在浏览 Web 时同时禁用图像和 JavaScript。你肯定认为如今这样的用户已非常少见，而事实也正是如此。但这个访问者非常重要。

你想象的那个用户是一个*搜索机器人*（searchbot）。搜索机器人是一种自动化的程序，它们浏览 Web 的目的是为了把各种网页添加到搜索引擎的数据库里。各大搜索引擎都有类似的程序。目前，只有极少数搜索机器人能够理解 JavaScript 代码。所以，如果你的 JavaScript 网页不能平稳退化，它们在搜索引擎上的排名就可能大受损害。

具体到 popUp()函数，为其中的 JavaScript 代码预留出退路很简单：在链接里把 href 属性设置为真实存在的 URL 地址，让它成为一个有效的链接，如下所示：

```
<a href="http://www.example.com/"
➥ onclick="popUp('http://www.example.com'); return false;">Example</a>
```

因为URL地址出现了两次，上面这些代码显得有点冗长，但我们可以利用JavaScript语言把它改写得简明一些。this可以用来代表任何一种当前元素，所以可以用this和getAttribute()方法提取出href属性的值，如下所示：

```
<a href="http://www.example.com/"
➥ onclick="popUp(this.getAttribute('href')); return false;">Example</a>
```

老实说，上面这条语句没有精简多少。当前链接的href属性还有一个更简明的引用办法——使用由DOM提供的this.href属性：

```
<a href="http://www.example.com/"
➥ onclick="popUp(this.href); return false;">Example</a>
```

不管采用哪种方法，重要的是href属性现在已经有了合法的值。与href = "javascript:..."或href = "#"相比，这几种变体的效果要好得多。

所以，在把href属性设置为真实存在的URL地址后，即使JavaScript已被禁用（或遇到了搜索机），这个链接也是可用的。虽然这个链接在功能上打了点儿折扣（因为它没有打开一个新窗口），但它并没有彻底失效。这是一个经典的“平稳退化”的例子。

在本书此前介绍的所有技巧当中，这个技巧是最有用的，但它还有改进的余地。这个技巧最明显的不足是：每当需要打开新窗口时，就不得不把一些JavaScript代码嵌入标记文档中。如果能把包括事件处理函数在内的所有JavaScript代码全都放在外部文件里，这个技巧将更加完善。

5.3　向CSS学习

此前，我曾以JavaScript和Flash为例，对技术会因为在诞生初期被人们滥用而造成恶劣后果的问题进行了讨论。我们可以从过去的失误里学到很多东西。

不过，还有一些技术是从一开始就被人们小心谨慎地使用着的。我们可以从它们那里学到更多的东西。

5.3.1　结构与样式的分离

CSS（层叠样式表）是一项了不起的技术。CSS可以让人们对网站设计工作中的各个方面做出严格细致的控制。表面上看，CSS技术并无新内容，CSS能做到的用<table>和<font>等标签也可以做到。CSS技术的最大优点是，它能够帮助你将Web文档的内容结构（标记）和版面设计（样式）分离开来。

我们经常会遇到一些几乎每个元素都带有style属性的Web文档，而这是CSS技术最缺乏效率的用法之一。真正能从CSS技术获益的方法，是把样式全部转移到外部文件中去。

与JavaScript和Flash相比，CSS的“出生”日期要晚得多。或许是已经从滥用JavaScript和Flash的后果中吸取了教训的缘故，网页设计人员一开始使用CSS时就采用了一种深思熟虑、渐进增强的态度。

把文档的结构和样式分为两部分的CSS技术给每个人都带来了方便。如果你的工作是编写文档的内容，现在只要集中精力把文档的内容正确地标记出来就行了，用不着再与充斥着<table>和<font>等标签的模板打交道，也就用不着再担心会把文档的版面设计弄得一团糟。如果你的工作是设计网页的版面，现在只要集中精力把诸如颜色、字体和位置等在一些外部文件里设置妥当就行了，而无需再接触文档，最多只需要添加些类或是 id 属性。

作为 CSS 技术的突出优点，文档结构与文档样式的分离可以确保网页都能平稳退化。具备 CSS 支持的浏览器固然可以把网页呈现得美仑美奂，不支持或禁用了 CSS 功能的浏览器同样可以把网页的内容按照正确的结构显示出来。

按这种原则使用 JavaScript 时，我们可以从 CSS 身上借鉴到很多东西。

5.3.2 渐进增强

在网页设计人员当中流传着这样一句格言："内容就是一切"。如果没有内容，创建网站还有何用？

话虽如此，也不能简单地把原始内容发布到网上，而不加任何描述。内容需要用 HTML 或 XHTML 之类的标记语言来描述。在创建网站的时候，给内容加上正确的 HTML 标记是第一个步骤，或许也是最重要的步骤。我们可以修正那句格言为"标记良好的内容就是一切"。

只有正确地使用标记语言才能对内容做出准确的描述。各种标记负责提供诸如"这是列表项"、"这是文本段落"之类的信息。如果不使用<li>、<p>之类的标签，我们就很难把它们区分开来。

在给内容加上各种标记后，就可以使用各种 CSS 指令控制内容的显示效果。CSS 指令构成了一个表示层。这个表示层就像是一张透明的彩色薄膜，可以包裹到文档的结构上，使文档的内容呈现出各种色彩。但即使去掉这个表示层，文档的内容也依然可以访问（只是缺乏色彩而已）。

所谓"渐进增强"就是用一些额外的信息层去包裹原始数据。按照"渐进增强"原则创建出来的网页几乎（如果不是"全部"的话）都符合"平稳退化"原则。

类似于 CSS，JavaScript 和 DOM 提供的所有功能也应该构成一个额外的指令层。CSS 代码负责提供关于"表示"的信息，JavaScript 代码负责提供关于"行为"的信息。行为层的应用方式与表示层一样。

要想获得最佳的"表示"效果，就应该把 CSS 代码从 HTML 文档里分离出来放在一些外部文件里。像下面这样把 CSS 代码混杂在 HTML 文档里也不是不可以，但这种做法弊大于利：

```
<p style="font-weight: bold; color: red;">
Be careful!
</p>
```

更值得推荐的办法是，先把样式信息存入一个外部文件，再在文档的 head 部分用<link>标签来调用这个文件：

```
.warning {
  font-weight: bold;
  color: red;
}
```

class 属性是样式与文档内容之间的联结纽带：

```
<p class="warning">
Be careful!
</p>
```

这显然更容易阅读和理解，而且样式信息也更容易修改了。例如，假设你在 100 个文档里使用了 warning 类来排版各种警告信息，而现在想统一改变那些警告信息的显示效果，比如把它们的颜色都从红色改为蓝色。那么，如果你已经把它们的表示层和结构分开了，就可以很容易地修改样式了。

```
.warning {
  font-weight: bold;
  color: blue;
}
```

如果把这个样式混杂在那 100 个文档里，则不得不进行大量的“搜索并替换”操作。

显然，把 CSS 代码从 HTML 文档里分离出来可以让 CSS 工作得最好。这个适用于 CSS 表示层的结论同样适用于 JavaScript 行为层。

5.4　分离 JavaScript

你此前见到的 JavaScript 代码都已经与 HTML 文档分得很开了。负责实际完成各项任务的 JavaScript 函数都已存入外部文件，问题出现在内嵌的事件处理函数中。

类似于使用 style 属性，在 HTML 文档里使用诸如 onclick 之类的属性也是一种既没有效率又容易引发问题的做法。如果我们用一个“挂钩”，就像 CSS 机制中的 class 或 id 属性那样，把 JavaScript 代码调用行为与 HTML 文档的结构和内容分离开，网页就会健壮得多。那么，可否用下面这条语句来表明“当这个链接被点击时，它将调用 popUp()函数”的意思呢？

```
<a href="http://www.example.com/" class="popup">Example</a>
```

我很高兴告诉大家：完全可以这样做。JavaScript 语言不要求事件必须在 HTML 文档里处理，我们可以在外部 JavaScript 文件里把一个事件添加到 HTML 文档中的某个元素上：

```
element.event = action...
```

关键是怎样才能把应该获得这个事件的元素确定下来。这个问题可以利用 class 或 id 属性来解决。

如果想把一个事件添加到某个带有特定 id 属性的元素上，用 getElementById 就可以解决问题：

```
getElementById(id).event = action
```

如果事情涉及多个元素，我们可以用 getElementsByTagName 和 getAttribute 把事件添加到有着特定属性的一组元素上。

具体步骤如下所示。

(1) 把文档里的所有链接全放入一个数组里。

(2) 遍历数组。

(3) 如果某个链接的 class 属性等于 popup，就表示这个链接在被点击时应该调用 popUp()函数。

于是，

A. 把这个链接的 href 属性值传递给 popUp()函数；

B. 取消这个链接的默认行为，不让这个链接把访问者带离当前窗口。

下面是实现上述步骤的 JavaScript 代码：

```
var links = document.getElementsByTagName("a");
for (var i=0; i<links.length; i++) {
  if (links[i].getAttribute("class") == "popup") {
    links[i].onclick = function() {
      popUp(this.getAttribute("href"));
      return false;
    }
  }
}
```

以上代码将把调用 popUp()函数的 onclick 事件添加到有关的链接上。只要把它们存入一个外部 JavaScript 文件，就等于是把这些操作从 HTML 文档里分离出来了。而这就是“分离 JavaScript”的含义。

还有个问题需要解决：如果把这段代码存入外部 JavaScript 文件，它们将无法正常运行。因为这段代码的第一行是：

```
var links = document.getElementsByTagName("a");
```

这条语句将在 JavaScript 文件被加载时立刻执行。如果 JavaScript 文件是从 HTML 文档的<head>部分用<script>标签调用的，它将在 HTML 文档之前加载到浏览器里。同样，如果<script>标签位于文档底部</body>之前，就不能保证哪个文件最先结束加载（浏览器可能一次加载多个）。因为脚本加载时文档可能不完整，所以模型也不完整。没有完整的 DOM，getElementsByTagName 等方法就不能正常工作。

必须让这些代码在 HTML 文档全部加载到浏览器之后马上开始执行。还好，HTML 文档全部加载完毕时将触发一个事件，这个事件有它自己的事件处理函数。

文档将被加载到一个浏览器窗口里，document 对象又是 window 对象的一个属性。当 window 对象触发 onload 事件时，document 对象已经存在。

我将把我的 JavaScript 代码打包在 prepareLinks 函数里，并把这个函数添加到 window 对象的 onload 事件上去。这样一来，DOM 就可以正常工作了：

```
window.onload = prepareLinks;
function prepareLinks() {
  var links = document.getElementsByTagName("a");
  for (var i=0; i<links.length; i++) {
    if (links[i].getAttribute("class") == "popup") {
      links[i].onclick = function() {
        popUp(this.getAttribute("href"));
        return false;
      }
    }
  }
}
```

别忘记把 popUp 函数也保存到那个外部 JavaScript 文件里去：

5

```
function popUp(winURL) {
  window.open(winURL,"popup","width=320,height=480");
}
```

这是一个非常简单的例子，但它演示了怎样才能成功地把行为与结构分离开来。在第6章，我还会介绍几种可以在文档加载时把事件添加到元素上去的巧妙办法。

5.5 向后兼容

正如前面反复强调的那样，你的网站的访问者很可能未启用JavaScript功能。此外，不同的浏览器对JavaScript的支持程度也不一样。绝大多数浏览器都能或多或少地支持JavaScript，而绝大多数现代的浏览器对DOM的支持都非常不错。但比较古老的浏览器却很可能无法理解DOM提供的方法和属性。因此，即使某位用户在访问你的网站时使用的是支持JavaScript的浏览器，某些脚本也不一定能正常工作。

5.5.1 对象检测

针对这一问题的最简单的解决方案是，检测浏览器对JavaScript的支持程度。这有点儿像游乐园里的警告牌："你必须达到这一身高才能参与这项游乐活动"。换句话说，需要在DOM脚本里表达出下面这个含义："你必须理解这么多的JavaScript语言才能执行这些语句"。

这个解决方案很容易实现：只要把某个方法打包在一个if语句里，就可以根据这条if语句的条件表达式的求值结果是true（这个方法存在）还是false（这个方法不存在）来决定应该采取怎样的行动。这种检测称为*对象检测*（object detection）。第2章介绍过，几乎所有的东西（包括各种方法在内）都可以被当做对象来对待，而这意味着我们可以容易地把不支持某个特定DOM方法的浏览器检测出来：

```
if (method) {
statements
}
```

例如，如果有一个使用了getElementById()方法的函数，就可以在调用getElementById()方法之前先检查用户所使用的浏览器是否支持这个方法。在使用对象检测时，一定要删掉方法名后面的圆括号，如果不删掉，测试的将是方法的结果，无论方法是否存在。

```
function myFunction() {
  if (document.getElementById) {
    statements using getElementById
  }
}
```

因此，如果某个浏览器不支持getElementById()方法，它就永远也不会执行使用此方法的语句。

这个解决方案的唯一不足是，如此编写出来的函数会增加一对花括号。如果需要在函数里检测多个DOM方法和/或属性是否存在，这个函数中最重要的语句就会被深埋在一层又一层的花括号里。而这样的代码往往很难阅读和理解。

把测试条件改为"如果你不理解这个方法，请离开"则更简单。

为了把测试条件从"如果你理解……"改为"如果你不理解……"，需要使用"逻辑非"操作符，这个操作符在 JavaScript 语言里表示为一个惊叹号：

```
if (!method)
```

测试条件中的“……请离开”可以用一条 return 语句来实现。因为这相当于中途退出函数，所以让它返回布尔值 false 比较贴切。用来测试 getElementById 是否存在的语句如下所示：

```
if (!document.getElementById) {
  return false;
}
```

因为花括号部分只有 return false 一条语句，我们可以把它简写成一行：

```
if (!document.getElementById) return false;
```

如果需要测试多个方法或属性是否存在，可以用“逻辑或”操作符将其合并，这个操作符在 JavaScript 语言里表示为两个竖线符号。如下所示：

```
if (!document.getElementById || !document.getElementsByTagName) return false;
```

如果这是游乐园里的一块警告牌的话，它的意思是“如果你不理解 getElementById 和 getElementsByTagName，你就不能参与这项游乐活动”。

现在，我将按照这一思路，在用来把 onclick 事件添加到链接上去的网页加载脚本里插入一条 if 语句。那个脚本里使用了 getElementsByTagName，所以需要插入一条 if 语句去检查浏览器是否理解这个方法：

```
window.onload = function() {
  if (!document.getElementsByTagName) return false;
  var lnks = document.getElementsByTagName("a");
  for (var i=0; i<lnks.length; i++) {
    if (lnks[i].getAttribute("class") == "popup") {
      lnks[i].onclick = function() {
        popUp(this.getAttribute("href"));
        return false;
      }
    }
  }
}
```

虽然只是一条简单的 if 语句，但它可以确保那些“古老的”浏览器不会因为我的脚本代码而出问题。这么做是为了让脚本有良好的向后兼容性。因为我在给网页添加各有关行为时始终遵循了“渐进增强”的原则，所以可以确切地知道我添加的那些都能平稳退化，我的网页在那些“古老的”浏览器里也能正常浏览。那些只支持一部分 JavaScript 功能但不支持 DOM 的浏览器仍可以访问我的网页的内容。

5.5.2 浏览器嗅探技术

在 JavaScript 脚本代码里，在使用某个特定的方法或属性之前，先测试它是否真实存在是确保向后兼容性最安全和最可信的办法，但它并不是唯一的办法。在浏览器市场群雄逐鹿的那个年代，一种称为浏览器嗅探（browser sniffing）的技术曾经非常流行。

“浏览器嗅探”指通过提取浏览器供应商提供的信息来解决向后兼容问题。从理论上讲，可以通过 JavaScript 代码检索关于浏览器品牌和版本的信息，这些信息可以用来改善 JavaScript 脚本代码的向后兼容性，但这是一种风险非常大的技术。

首先，浏览器有时会“撒谎”。因为历史原因，有些浏览器会把自己报告为另外一种浏览器，还有一些浏览器允许用户任意修改这些信息。

其次，为了适用于多种不同的浏览器，浏览器嗅探脚本会变得越来越复杂。如果想让浏览器嗅探脚本能够跨平台工作，就必须测试所有可能出现的供应商和版本号组合。这是一个无穷尽的任务，测试的组合情况越多，代码就越复杂和冗长。

最后，许多浏览器嗅探脚本在进行这类测试时要求浏览器的版本号必须得到精确的匹配。因此，每当市场上出现新版本时，就不得不修改这些脚本。

令人感到欣慰的是，充满着风险的浏览器嗅探技术正在被更简单也更健壮的对象检测技术所取代。

5.6　性能考虑

很多人都会忽视脚本对 Web 应用整体性能的影响。为保证应用流畅地运行，在为文档编写和应用脚本时，需要注意一些问题。

5.6.1　尽量少访问 DOM 和尽量减少标记

访问 DOM 的方式对脚本性能会产生非常大的影响。以下面代码为例：

```
if (document.getElementsByTagName("a").length > 0) {
  var links = document.getElementsByTagName("a");
  for (var i=0; i<links.length; i++) {
    // 对每个链接做点处理
  }
}
```

搞清楚这段代码要干什么，自然就会明白问题在哪里了。首先，它取得了所有<a>元素，然后检查它们的个数是不是大于 0：

```
if (document.getElementsByTagName("a").length > 0) {
```

然后，如果大于 0，它会再次取得所有<a>元素，循环遍历这些元素并应用某些操作：

```
var links = document.getElementsByTagName("a");
for (var i=0; i<links.length; i++) {
```

虽然这段代码可以运行，但它不能保持最优的性能。不管什么时候，只要是查询 DOM 中的某些元素，浏览器都会搜索整个 DOM 树，从中查找可能匹配的元素。这段代码居然使用了两次 `getElementsByTagName` 方法去执行相同的操作，浪费了一次搜索。更好的办法是把第一次搜索的结果保存在一个变量中，然后在循环里重用该结果，比如：

```
var links = document.getElementsByTagName("a");
if (links.length > 0) {
  for (var i=0; i<links.length; i++) {
    // 对每个链接做点处理
  }
}
```

这样一来，代码功能没有变，但搜索 DOM 的次数由两次降低到了一次。

前面例子中的问题还比较容易发现。要是你有多个函数重复做同一件事，恐怕就不太好发现了。比如，要是有一个函数检查每个链接中的 popup 类，而另外一个函数检查每个链接中的 hover 类，那么同样也会造成搜索浪费。在多个函数都会取得一组类似元素的情况下，可以考虑重构代码，把搜索结果保存在一个全局变量里，或者把一组元素直接以参数形式传递给函数。

另一个需要注意的地方，就是要尽量减少文档中的标记数量。过多不必要的元素只会增加 DOM 树的规模，进而增加遍历 DOM 树以查找特定元素的时间。

5.6.2 合并和放置脚本

本书中的多数示例都使用外部脚本文件，在文档中通过<script>元素把它们包含进来，如下所示：

```
<script src="script/function.js"></script>
```

包含脚本的最佳方式就是使用外部文件，因为外部文件与标记能清晰地分离开，而且浏览器也能对站点中的多个页面重用缓存过的相同脚本。不过，类似下面这种情况，最好也不要出现：

```
<script src="script/functionA.js"></script>
<script src="script/functionB.js"></script>
<script src="script/functionC.js"></script>
<script src="script/functionD.js"></script>
```

推荐的做法是把 functionA.js、functionB.js、functionC.js 和 functionD.js 合并到一个脚本文件中。这样，就可以减少加载页面时发送的请求数量。而减少请求数量通常都是在性能优化时首先要考虑的。

脚本在标记中的位置对页面的初次加载时间也有很大影响。传统上，我们都把脚本放在文档的<head>区域，这种放置方法有一个问题。位于<head>块中的脚本会导致浏览器无法并行加载其他文件（如图像或其他脚本）。一般来说，根据 HTTP 规范，浏览器每次从同一个域名中最多只能同时下载两个文件。而在下载脚本期间，浏览器不会下载其他任何文件，即使是来自不同域名的文件也不会下载，所有其他资源都要等脚本加载完毕后才能下载。

按照本章前面讨论的渐进增强和分离 JavaScript 观点，把<script>标签放到别的地方并不是问题。把所有<script>标签都放到文档的末尾，</body>标记之前，就可以让页面变得更快。即使这样，在加载脚本时，window 对象的 load 事件依然可以执行对文档进行的各种操作。

5.6.3 压缩脚本

在写完了脚本，做了优化，而且也将它放到文档中的适当位置之后，还有一件事可以加快加载速度：压缩脚本文件。

所谓压缩脚本，指的是把脚本文件中不必要的字节，如空格和注释，统统删除，从而达到“压缩”文件的目的。好在，有很多工具都可以替你来做这件事。有的精简程序甚至会重写你的部分代码，使用更短的变量名，从而减少整体文件大小。

比如，假设你有如下代码：

```
function showPic(whichpic) {
  // 取得图片的 href 属性
  var source = whichpic.getAttribute("href");
  // 取得占位符
  var placeholder = document.getElementById("placeholder");
  // 更新占位符
  placeholder.setAttribute("src",source);
  // 使用图像的 title 属性更新文本描述
  var text = whichpic.getAttribute("title");
  var description = document.getElementById("description");
  description.firstChild.nodeValue = text;
}
```

压缩之后的代码就会变成下面这样：

```
function showPic(a){var b=a.getAttribute("href");document.get
➥ElementById("placeholder").setAttribute("src",b);
➥document.getElementById("description").firstChild.nodeValue = a.getAttribute("title");}
```

精简后的代码虽然不容易看懂，却能大幅减少文件大小。多数情况下，你应该有两个版本，一个是工作副本，可以修改代码并添加注释；另一个是精简副本，用于放在站点上。通常，为了与非精简版本区分开，最好在精简副本的文件名中加上 min 字样：

```
<script src="scripts/scriptName.min.js"></script>
```

下面是推荐给读者的几个有代表性的代码压缩工具：

- Douglas Crockford 的 JSMin（http://www.crockford.com/javascript/jsmin.html）；
- 雅虎的 YUI Compressor（http://developer.yahoo.com/yui/compressor）；
- 谷歌的 Closure Compiler（http://closure-compiler.appspot.com/home）。

这些工具都有选项，可以在必要时用来最大程度地压缩文件。

5.7　小结

本章介绍了一些与 DOM 脚本编程工作有关的概念和实践，它们是：

- 平稳退化
- 分离 JavaScript
- 向后兼容
- 性能考虑

在学习和使用 Flash 和 CSS 等其他一些技术时获得的经验可以帮助我们用好 JavaScript。只有勤于思考、善于借鉴，才能编写出高品质的脚本。

第 6 章

案例研究：图片库改进版

本章内容

- 把事件处理函数移出文档
- 向后兼容
- 确保可访问

在第 4 章里，我们创建了一个 JavaScript 图片库。在第 5 章里，我介绍了一些 JavaScript 编程最佳实践，在这一章里，我将运用它们改进图片库。

“勤于思考”是每位有创新精神的网页设计人员都应该具备的特质。无论是编写 CSS 脚本还是 JavaScript 脚本，也无论是直接编写代码还是使用可视化设计工具，一名优秀的网页设计人员总是会在每个细节上问自己这样一个问题：“是否还有更好的解决办法？”

正如在上一章里看到的那样，与 DOM 脚本编程工作有关的问题不外乎平稳退化、向后兼容和分离 JavaScript 这几大类。这些问题的解决方式和解决程度影响着网页的可用性和可访问性。

6.1 快速回顾

在第 4 章里，我编写了一个用来替换“占位符”图片的 src 属性的脚本，只用一个网页就建立起了图片库。这是最终完成的函数代码清单：

```
function showPic(whichpic) {
  var source = whichpic.getAttribute("href");
  var placeholder = document.getElementById("placeholder");
  placeholder.setAttribute("src",source);
  var text = whichpic.getAttribute("title");
  var description = document.getElementById("description");
  description.firstChild.nodeValue = text;
}
```

下面是用来调用此函数的 HTML 片段：

```
<ul>
<li>
    <a href="images/fireworks.jpg" onclick="showPic(this);return false; " title="A
➥ fireworks display">Fireworks</a>
  </li>
```

```
  <li>
    <a href="images/coffee.jpg" onclick="showPic(this); return false; "title="A cup of
➥ black coffee">Coffee</a>
  </li>
  <li>
    <a href="images/rose.jpg" onclick="showPic(this); return false; "title="A red, red
➥ rose">Rose</a>
  </li>
  <li>
    <a href="images/bigben.jpg" onclick="showPic(this); return false; "title="The
➥ famous clock">Big Ben</a>
  </li>
</ul>
<p id="description">Choose an image.</p>
<img id="placeholder" src="images/placeholder.gif" alt="my image gallery" />
```

现在，为改进这个解决方案， 我们要提出几个问题。

6.2　它支持平稳退化吗

第一个问题是："如果 JavaScript 功能被禁用，会怎样？"

仔细检查过代码后，我得出的结论是我的脚本已经为此预留了退路：即使 JavaScript 功能已被禁用，用户也可以浏览图片库里的所有图片，网页里的所有链接也都可以正常工作：

```
<li>
  <a href="images/fireworks.jpg" onclick="showPic(this);return false;" title="A
➥ fireworks display">Fireworks</a>
</li>
```

在没有 JavaScript "干扰" 的情况下，浏览器将沿着 href 属性给出的链接前进，用户将看到一张新图片而不是 "该页无法显示" 之类的出错信息。虽说用户体验比用 JavaScript 的效果要略差一些，但网页的基本功能并未受到损害——页面上的所有内容都可以访问。

如果我当初选用的是 "javascript:" 伪协议，链接将如下所示：

```
<li>
  <a href="javascript:showPic('images/coffee.jpg'); return false;"title="A cup of
➥ black coffee">Coffee</a>
</li>
```

如果我把这些链接都写成上面这样，它们在不支持或禁用了 JavaScript 功能的浏览器里将毫无用处。

类似地，把这些链接写成 "#" 记号也会导致类似的问题，但令人遗憾的是，这个技巧在那些利用剪贴操作 "编写" 的 JavaScript 代码里相当常见。类似于使用 "javascript:" 伪协议时的情况，如果当初使用的是 "#" 记号，那些没有启用 JavaScript 功能的用户也将无法正常浏览我的图片库：

```
<li>
  <a href="#" onclick="showPic('images/rose.jpg'); return false;"title="A red, red
➥ rose">Rose</a>
</li>
```

把 href 属性设置为一个真实存在的值不过是举手之劳，但图片库却因此能够平稳退化。虽说没有启用 JavaScript 功能的用户需要在浏览器里点击 "后退" 按钮才能重新看到我的图片清单，但这总比根本看不到要好得多吧。

图片库通过了第一个测试。

6.3 它的 JavaScript 与 HTML 标记是分离的吗

下一个问题与在标记文档里调用 JavaScript 代码的方式有关：文档的结构与文档的行为分开了吗？换句话说，网页的行为层（JavaScript）是作用于其结构层（HTML）之上的，还是两种代码混杂在一起？

具体到图片库这个例子，答案当然是“它们混杂在一起了”。

当初我是把 onclick 事件处理函数直接插入到标记文档里的，如下所示：

```
<li>
  <a href="images/bigben.jpg" onclick="showPic(this); return false;"title="The famous
➥ clock">Big Ben</a>
</li>
```

理想情况下，应该在外部文件里完成添加 onclick 事件处理函数的工作，那样才能让标记文档没有“杂质”，就像下面这样：

```
<li>
  <a href="images/bigben.jpg" title="The famous clock">Big Ben</a>
</li>
```

把 JavaScript 代码移出 HTML 文档不是难事，但为了让浏览器知道页面里都有哪些链接有着不一样的行为，我必须找到一种“挂钩”把 JavaScript 代码与 HTML 文档中的有关标记关联起来。有多种办法可以让我达到这一目的。

6

可以像下面这样给图片清单里的每个链接分别添加一个如下所示的 class 属性：

```
<li>
  <a href="images/bigben.jpg" class="gallerypic" title="The famous clock">Big Ben</a>
</li>
```

但这种技术不够理想，这与给它们分别添加事件处理函数同样麻烦。

图片清单里的各个链接有一个共同点：它们都包含在同一个列表清单元素里。给整个清单设置一个独一无二的 ID 的办法要简单得多：

```
<ul id="imagegallery">
<li>
    <a href="images/fireworks.jpg" title="A fireworks display">Fireworks</a>
  </li>
  <li>
    <a href="images/coffee.jpg" title="A cup of black coffee">Coffee</a>
  </li>
  <li>
    <a href="images/rose.jpg" title="A red, red rose">Rose</a>
  </li>
  <li>
    <a href="images/bigben.jpg" title="The famous clock">Big Ben</a>
  </li>
</ul>
```

你将看到，虽然只有这一个“挂钩”，但对 JavaScript 来说已经足够了。

6.3.1 添加事件处理函数

现在，需要编写一个简短的函数把有关操作关联到 onclick 事件上。我将其命名为 prepareGallery。

下面是我想让这个函数完成的工作。

- 检查当前浏览器是否理解 getElementsByTagName。
- 检查当前浏览器是否理解 getElementById。
- 检查当前网页是否存在一个 id 为 imagegallery 的元素。
- 遍历 imagegallery 元素中的所有链接。
- 设置 onclick 事件，让它在有关链接被点击时完成以下操作：
  - 把这个链接作为参数传递给 showPic 函数；
  - 取消链接被点击时的默认行为，不让浏览器打开这个链接。

我将从定义 prepareGallery 函数开始。这个函数不需要参数，所以在这个函数名字后面的圆括号里用不着写出任何东西：

```
function prepareGallery() {
```

1. 检查点

我想做的第一件事是检查当前浏览器是否理解名为 getElementsByTagName 的 DOM 方法。我将在这个函数里使用这个方法，需要保证不理解这个方法的老浏览器不会执行这个函数：

```
if (!document.getElementsByTagName) return false;
```

这条 if 语句相当于这样一句话："如果 getElementsByTagName 未定义，请现在就离开。"理解这个 DOM 方法的浏览器将继续执行。

现在，对名为 getElementById 的 DOM 方法进行同样的检查，因为我的函数也会用到这个方法：

```
if (!document.getElementById) return false;
```

可以把这两项检查组合在一起："只要你不理解这两个方法中的其中一个，请立刻离开"：

```
if (!document.getElementsByTagName || !document.getElementById)return false;
```

或者

```
var supported = document.getElementsByTagName && document.getElementById;
if ( !supported ) return;
```

不过，上面这样的代码开始变得比较冗长并难以阅读。事实上，从可读性的角度看，把多项测试写在同一行上的做法不一定是最好的主意。有不少程序员喜欢像下面这样把 return 语句单独写在一行上：

```
if (!document.getElementsByTagName)
  return false;
if (!document.getElementById)
  return false;
```

如果你也喜欢这样的写法，建议最好是用花括号把 return 语句括起来，如下所示：

```
if (!document.getElementsByTagName) {
  return false;
}
if (!document.getElementById) {
  return false;
}
```

这或许是最清晰、最具有可读性的代码书写方式。

把这些测试写在同一行上还是写成好几行是你的自由，你完全可以根据自己的喜好来选择。

完成这两项具有普遍适用性的测试后，我还安排了一个更具针对性的测试。我正在编写的这个函数将处理 id 等于 imagegallery 的那个元素所包含的链接，假如这个元素并不存在，我的这个函数也就无需继续执行了。

与前面两项测试一样，我将使用“逻辑非”操作符来进行这一测试：

```
if (!document.getElementById("imagegallery")) return false;
```

出于个人偏好，你也许更喜欢下面这样的写法：

```
if (!document.getElementById("imagegallery")) {
  return false;
}
```

这项测试是一个预防性措施。现在我知道调用这个 JavaScript 函数的文档里有一个 id 属性值等于 imagegallery 的列表清单元素，但我不敢确定这在将来会不会发生变化。有了这个预防性措施，即使以后我决定从网页上删掉图片库，也用不着担心这个网页的 JavaScript 代码会突然出错。把 HTML 文档的内容与 JavaScript 代码所实现的行为分离开来的重要性由此可见一斑。作为一条原则，如果想用 JavaScript 给某个网页添加一些行为，就不应该让 JavaScript 代码对这个网页的结构有任何依赖。

6

结构化程序设计备忘

我们在学校里学过一种理论，叫结构化程序设计（structed programming）。其中有这样一条原则：函数应该只有一个入口和一个出口。

我刚才的做法已经违背了这一原则：我在 prepareGallery()函数的开头部分使用了多条 return false 语句，它们全都是这个函数的出口。根据结构化程序设计理论，应该把这些出口点减少到一个。

从理论上讲，我很赞同这项原则；但在实际工作中，过分拘泥于这项原则往往会使代码变得非常难以阅读。如果为了避免留下多个出口点而去改写那些 if 语句的话，这个函数的核心代码就会被掩埋在一层又一层的花括号里，就像下面这样：

```
function prepareGallery() {
  if (document.getElementsByTagName) {
    if (document.getElementById) {
      if (document.getElementById("imagegallery")) {
        statements go here...
      }
    }
  }
}
```

我个人认为，如果一个函数有多个出口，只要这些出口集中出现在函数的开头部分，就是可以接受的。

出于可读性的考虑，我把那些 return false 语句全部集中到 prepareGallery 的开头部分：

```
function prepareGallery() {
  if (!document.getElementsByTagName) return false;
  if (!document.getElementById) return false;
  if (!document.getElementById("imagegallery")) return false;
```

必要的测试和检查工作就绪之后，我现在开始写事件处理函数的核心功能。

2. 变量名里有什么

首先，我想把事情弄得稍微简单些：重复多次地敲入像 document.getElementById("imagegallery")这么长的一串实在很麻烦，所以我决定创建一个名为 gallery 的变量来简化它：

```
var gallery = document.getElementById("imagegallery");
```

完全可以给变量起一个另外的名字。我之所以选用“gallery”来命名，是因为它的含义就是图片库。选择一些有意义的单词来命名可以让代码更容易阅读和理解。

注意　在为变量命名时一定要谨慎从事。有些单词在 JavaScript 语言里有特殊的含义和用途，这些统称为“保留字”的单词不能用做变量名。另外，现有 JavaScript 函数或方法的名字也不能用来命名变量。不要使用诸如 alert、var 或 if 之类的单词作为变量的名字。

按照计划，需要遍历 imagegallery 元素中的所有链接，我会用到 getElementsByTagName。利用刚刚创建的 gallery 变量，可以把对 getElementsByTagName 的调用简单地写成下面这个样子：

```
gallery.getElementsByTagName("a")
```

它等价于下面这个长长的记号：

```
document.getElementById("imagegallery").getElementsByTagName("a")
```

现在，我想把事情弄得更简单些。我决定把上面这个记号所代表的数组（更准确地说，是一个节点列表）赋值给一个短变量，并将该变量命名为 links：

```
var links = gallery.getElementsByTagName("a");
```

下面是 prepareGallery 函数目前的样子：

```
function prepareGallery() {
  if (!document.getElementsByTagName) return false;
  if (!document.getElementById) return false;
  if (!document.getElementById("imagegallery")) return false;
  var gallery = document.getElementById("imagegallery");
  var links = gallery.getElementsByTagName("a");
```

准备工作已就绪。我已经安排好了必要的检查工作，还创建了几个变量。

3. 遍历

我想遍历处理 links 数组里的各个元素，可以用一个 for 循环来完成这项工作。

首先，把计数器的初始值设置为零。每处理 links 数组里的一个元素，这个计数器就增加一个 1。下面是对计数器进行初始化的语句：

```
var i = 0;
```

把充当循环计数器的变量命名为“i”是一种传统做法。字母“i”在这里的含义是“increment”（递增），许多程序设计语言里都习惯使用“i”作为递增的变量的名字。

下面是这个循环的控制条件：

```
i < links.length;
```

上面这个表达式的含义是：只要变量 i 的值小于 links 数组的 length 属性值，这个 for 循环就一直循环下去。length 的值总是等于 links 数组里的元素总个数。因此，如果 links 数组包含 4 个元素，那么只要 i 小于 4，我的 for 循环就将一直循环下去。

最后，使用下面这个记号来给循环计数器加上一个 1：

```
i++;
```

这个记号是下面这条语句的简写形式：

```
i = i+1;
```

上面这几条语句的效果是：这个 for 循环每执行一次，变量 i 的值就会加 1；一旦变量 i 的值不再小于 links.length，循环就结束。因此，如果 links 数组包含 4 个元素，这个循环将在 i 等于 4 时结束执行。这个循环将总共执行 4 次——别忘了，变量 i 是从零开始计数的。

下面是 for 循环的开头部分：

```
for ( var i=0; i < links.length; i++) {
```

4. 改变行为

具体到这个例子，我想要完成的操作是改变 links 数组中的各个元素的行为。事实上，与其说 links 是一个数组，不如说它是一个节点列表（node list）来得更准确。它是一个由 DOM 节点构成的集合，这个集合里的每个节点都有自己的属性和方法。

我最感兴趣的是它的 onclick 方法，像下面这样为它添加一个行为：

```
links[i].onclick = function() {
```

这条语句定义了一个匿名函数。这是一种在代码执行时创建函数的办法。具体到上面这条语句，它把 links[i]元素的 onclick 事件处理函数指定为这个匿名函数。这个匿名函数里的所有语句将在 links[i]元素所对应的链接被点击时执行。

links[i]元素的值会随着变量 i 的递增而变化。如果假设 links 集合里包含 4 个元素，那么第一个元素将是 links[0]，最后一个元素是 links[3]。

我传递给 showPic 函数的参数是关键字 this，它代表此时此刻与 onclick 方法相关联的那个元素。也就是说，this 在这里代表 links[i]，而 links[i]又对应着 links 节点列表里的某个特定的节点：

```
showPic(this);
```

我还需要再多做一件事，即禁用有关链接的默认行为。如果 showPic()函数执行成功，就不让浏览器执行某个链接被点击时的默认操作。和以前一样，我想取消这种默认行为，不让浏览器前进到那个链接所指向的目的地：

```
return false;
```

返回布尔值 false 相当于向浏览器传递了这样一条消息："按照这个链接没被点击的情况采取行动。"

最后，还需要用一个右花括号来结束这个匿名函数。下面是我最终完成的匿名函数：

```
links[i].onclick = function() {
  showPic(this);
  return false;
}
```

5. 完成JavaScript函数

现在，需要用一个右花括号来结束 for 循环：

```
for ( var i=0; i < links.length; i++) {
  links[i].onclick = function() {
    showPic(this);
    return false;
  }
}
```

最后，再用一个右花括号结束 prepareGallery 函数。下面是这个函数完整代码清单：

```
function prepareGallery() {
  if (!document.getElementsByTagName) return false;
  if (!document.getElementById) return false;
  if (!document.getElementById("imagegallery")) return false;
  var gallery = document.getElementById("imagegallery");
  var links = gallery.getElementsByTagName("a");
  for ( var i=0; i < links.length; i++) {
    links[i].onclick = function() {
      showPic(this);
      return false;
    }
  }
}
```

调用此函数，就会把 onclick 事件绑定到 id 等于"imagegallery"的元素内的各个链接元素上。

注意　如果想了解 JavaScript 的其他信息，可以参考 Aaron Gustafon 与我合著的 *Advanced DOM Scripting: Dynamic Web Design Techniques*（Apress，2007）。

6.3.2　共享 onload 事件

我必须执行 prepareGallery 函数才能对 onclick 事件进行绑定。

如果马上执行这个函数，它将无法完成其工作。如果在 HTML 文档完成加载之前执行脚本，此时 DOM 是不完整的。具体到 prepareGallery 函数，它的第 3 行代码将测试"imagegallery"元素是否存在，如果 DOM 不完整，这项测试的准确性就无从谈起，事态的发展就会偏离我的计划。

应该让这个函数在网页加载完毕之后立刻执行。网页加载完毕时会触发一个 onload 事件，这个事件与 window 对象相关联。为了让事态的发展不偏离计划，必须把 prepareGallery 函数绑定到这个事件上：

```
window.onload = prepareGallery;
```

它解决了我的问题，但像现在这样还不够完美。

假设我有两个函数：firstFunction 和 secondFunction。如果想让它们俩都在页面加载时得到执行，我该怎么办？如果把它们逐一绑定到 onload 事件上，它们当中将只有最后那个才会被实际执行：

```
window.onload = firstFunction;
window.onload = secondFunction;
```

secondFunction 将取代 firstFunction。你可能会想：每个事件处理函数只能绑定一条指令。

有一种办法可以让我避过这一难题：可以先创建一个匿名函数来容纳这两个函数，然后把那个匿名函数绑定到 onload 事件上，如下所示：

```
window.onload = function() {
  firstFunction();
  secondFunction();
}
```

它确实能很好地工作——在需要绑定的函数不是很多的场合，这应该是最简单的解决方案了。

这里还有一个弹性最佳的解决方案——不管你打算在页面加载完毕时执行多少个函数，它都可以应付自如。这个方案需要额外编写一些代码，但好处是一旦有了那些代码，把函数绑定到 window.onload 事件就非常易行了。

这个函数的名字是 addLoadEvent，它是由 Simon Willison（详见 http://simon.incutio.com）编写的。它只有一个参数：打算在页面加载完毕时执行的函数的名字。

下面是 addLoadEvent 函数将要完成的操作。

- 把现有的 window.onload 事件处理函数的值存入变量 oldonload。
- 如果在这个处理函数上还没有绑定任何函数，就像平时那样把新函数添加给它。
- 如果在这个处理函数上已经绑定了一些函数，就把新函数追加到现有指令的末尾。

下面是 addLoadEvent 函数的代码清单：

```
function addLoadEvent(func) {
  var oldonload = window.onload;
  if (typeof window.onload != 'function') {
    window.onload = func;
  } else {
    window.onload = function() {
      oldonload();
      func();
    }
  }
}
```

这将把那些在页面加载完毕时执行的函数创建为一个队列。如果想把刚才那两个函数添加到这个队列里去，只需写出以下代码就行了：

```
addLoadEvent(firstFunction);
addLoadEvent(secondFunction);
```

我发现这个函数非常实用，尤其是在代码变得越来越复杂的时候。无论打算在页面加载完毕时执行多少个函数，只要多写一条语句就可以安排好一切。

这个解决方案对 prepareGallery 函数来说好像有点儿大材小用，因为只有这一个函数需要在页面加载完毕时执行。可是，为以后的扩展做一些准备工作总不是件坏事。我决定把 addLoadEvent 函数收录到我的脚本里，这使我只需写出下面这行代码就可以了：

```
addLoadEvent(prepareGallery);
```

到这一步，prepareGallery 函数已经足够安全了，至少在我的能力范围内。接下来，我将怀疑的目光转向第 4 章编写的 showPic 函数。

6.4　不要做太多的假设

我在 showPic 函数里发现的第一个问题是，我没有让它进行任何测试和检查。

showPic 函数将由 prepareGallery 函数调用，而我已经在后者的开头对 getElementById 和 getElementsByTagName 等 DOM 方法是否存在进行过检查，所以我确切地知道用户的浏览器不会因为不理解这两个方法而出问题。

不过，我还是做出了太多的假设。别的先不说，我在代码里用到了 id 属性值等于 placeholder 和 description 的元素，但我并未对这些元素是否存在做任何检查：

```
function showPic(whichpic) {
  var source = whichpic.getAttribute("href");
  var placeholder = document.getElementById("placeholder");
  placeholder.setAttribute("src",source);
  var text = whichpic.getAttribute("title");
  var description = document.getElementById("description");
  description.firstChild.nodeValue = text;
}
```

需要增加一些语句来检查这些元素是否存在。

showPic 函数负责完成两件事：一是找出 id 属性值是 placeholder 的图片并修改其 src 属性；二是找出 id 属性是 description 的元素并修改其第一个子元素（firstChild）的 nodeValue 属性。第一件事是这个函数必须完成的任务，第二件事只是一项锦上添花的补充。因此，我决定把检查工作分成两个步骤以获得这样一种效果：只要 placeholder 图片存在，即使 description 元素不存在，切换显示新图片的操作也将照常进行。

正如你在 prepareGallery 函数里看到的那样，检查某个特定的元素是否存在是一件很简单的事情：

```
if (!document.getElementById("placeholder")) return false;
```

紧随其后的是用来修改 placeholder 图片的 src 属性的代码，它们的效果是切换显示一张新图片：

```
var source = whichpic.getAttribute("href");
var placeholder = document.getElementById("placeholder");
placeholder.setAttribute("src",source);
```

以上代码负责完成函数的主要任务。接下来，采用一种稍有不同的方法检查 description 元素是否存在：

```
if (document.getElementById("description")) {
```

只有通过了这项检查，负责修改图片说明文字的代码才会得到执行，如下所示：

```
  var text = whichpic.getAttribute("title");
  var description = document.getElementById("description");
  description.firstChild.nodeValue = text;
}
```

将描述部分放在 if 语句里后，description 元素将是可选的。如果它存在，它将被更新，否则会忽略。

```
return true;
```

下面是 showPic 函数在我给它增加了检查之后的代码清单：

```
function showPic(whichpic) {
  if (!document.getElementById("placeholder")) return false;
  var source = whichpic.getAttribute("href");
  var placeholder = document.getElementById("placeholder");
  placeholder.setAttribute("src",source);
  if (document.getElementById("description")) {
    var text = whichpic.getAttribute("title");
    var description = document.getElementById("description");
    description.firstChild.nodeValue = text;
  }
  return true;
}
```

改进后的 showPic() 函数不再假设有关标记文档里肯定存在着 placeholder 图片和 description 元素。即使文档里没有 placeholder 图片，也不会发生任何 JavaScript 错误。

可是，还有一个问题：如果把 placeholder 图片从标记文档里删掉并在浏览器里刷新这页面，就会出现这种情况，无论点击 imagegallery 清单里的哪一个链接，都没有任何响应。

这意味着我们的脚本不能平稳退化。此时，应该让浏览器打开那个被点击的链接，而不是让什么事情都不发生。

问题在于 prepareGallery 函数做出了这样一个假设：showPic 函数肯定会正常返回。基于这一假设，prepareGallery 函数取消了 onclick 事件的默认行为：

```
links[i].onclick = function() {
  showPic(this);
  return false;
}
```

是否要返回一个 false 值以取消 onclick 事件的默认行为，其实应该由 showPic 函数决定。showPic 应返回两个可能的值。

- 如果图片切换成功，返回 true。

- 如果图片切换不成功，返回 false。

为修正这个问题，应该在返回前验证 showPic 的返回值，以便决定是否阻止默认行为。如果 showPic 返回 true，那么更新 placeholder。在 onclick 事件处理函数中，我们可以利用“!”对 showPic 的返回值进行取反。

```
links[i].onclick = function() {
  return !showPic(this);
}
```

现在，如果 showPic 返回 true，我们就返回 false，浏览器不会打开那个链接。

如果 showPic 返回 false，那么我们认为图片没有更新，于是返回 true 以允许默认行为发生。

下面是 prepareGallery 函数现在的代码清单：

```
function prepareGallery() {
  if (!document.getElementsByTagName) return false;
  if (!document.getElementById) return false;
  if (!document.getElementById("imagegallery")) return false;
  var gallery = document.getElementById("imagegallery");
  var links = gallery.getElementsByTagName("a");
  for ( var i=0; i < links.length; i++) {
    links[i].onclick = function() {
      return !showPic(this);
    }
  }
}
```

经过一番周折，终于把最后一个已知问题解决了。如果 palceholder 图片不存在，浏览器将按用户所点击的那个链接打开一张新图片。现在可以把 palceholder 图片重新放回到标记里去了。

6.5　优化

这几个函数已经相当完善了。虽然它们的长度有所增加，但它们对标记的依赖和假设已经比原先少多了。

尽管如此，在 showPic 函数里仍存在一些需要处理的假设。

比如说，假设每个链接都有一个 title 属性：

```
var text = whichpic.getAttribute("title");
```

为了检查 title 属性是否真的存在，可以测试它是不是等于 null：

```
if (whichpic.getAttribute("title") != null)
```

如果 title 属性存在，这个 if 表达式将被求值为 true。如果 title 属性不存在，whichpic.getAttribute("title")将等于 null，而这个 if 表达式将被求值为 false。

这个 if 表达式还可以简写为：

```
if (whichpic.getAttribute("title"))
```

只要 title 属性存在，这个 if 表达式就将返回一个 true 值。

作为一种简单的视觉反馈，在 title 属性不存在时把变量 text 的值设置为空字符串：

```
if (whichpic.getAttribute("title")) {
  var text = whichpic.getAttribute("title");
} else {
  var text = "";
}
```

下面是完成同样操作的另一种办法：

```
var text = whichpic.getAttribute("title") ? whichpic.getAttribute("title") : "";
```

紧跟在 getAttribute 后面的问号是一个三元操作符（ternary operator）。这个问号的后面是变量 text 的两种可取值。如果 getAttribute("title")的返回值不是 null，text 变量将被赋值为第一个值；如果 getAttribute("title")的返回值是 null，text 变量将被赋值为第二个值：

```
variable = condition ? if true : if false;
```

如果 title 属性存在，变量 text 将被赋值为 whichpic.getAttribute("title")。如果 title 属性不存在，变量 text 将被赋值为一个空字符串（""）。

三元操作符是 if/else 语句的一种变体形式。它比较简短，但逻辑关系表达得不那么明显。如果你也这么认为，那就使用 if/else 语句好了。

现在，如果试图把 imagegallery 清单里的某个链接的 title 属性删掉并重新加载这个页面，当你再去点击那个链接的时候，description 元素将被填入一个空字符串。

如果想做到十全十美的话，可以对任何一种情况进行检查。

比如说，检查 placeholder 元素是否存在，但需要假设那是一张图片。为了验证这种情况，可以用 nodeName 属性来增加一项测试：

```
if (placeholder.nodeName != "IMG") return false;
```

请注意，nodeName 属性总是返回一个大写字母的值，即使元素在 HTML 文档里是小写字母。

我还可以引入更多的检查。比如说，假设 description 元素的第一个子元素（firstChild）是一个文本节点。我应该对此进行检查。

可以利用 nodeType 属性来进行这项检查。还记得吗，文本节点的 nodeType 属性值等于 3：

```
if (description.firstChild.nodeType == 3) {
  description.firstChild.nodeValue = text;
}
```

下面是引入了以上几项检查之后 showPic 函数的代码清单：

```
function showPic(whichpic) {
  if (!document.getElementById("placeholder")) return false;
  var source = whichpic.getAttribute("href");
  var placeholder = document.getElementById("placeholder");
  if (placeholder.nodeName != "IMG") return false;
  placeholder.setAttribute("src",source);
  if (document.getElementById("description")) {
    var text = whichpic.getAttribute("title") ?  whichpic.getAttribute("title") : "";
    var description = document.getElementById("description");
    if (description.firstChild.nodeType == 3) {
      description.firstChild.nodeValue = text;
    }
  }
  return true;
}
```

因为又增加了几项检查，showPic()函数里的代码变得更多了。在实际工作中，你要自己决定是否真的需要这些检查。它们针对的是 HTML 文档有可能不在你控制范围内的情况。理想情况下，你的脚本不应该对 HTML 文档的内容和结构做太多的假设。

这方面的决定需要根据具体情况来做出。

6.6 键盘访问

在有关 onclick 事件处理的脚本里，有一项优化工作是不能不考虑的。

下面是 prepareGallery()函数中的核心代码：

```
links[i].onclick = function() {
  if (showPic(this)) {
    return false;
  } else {
    return true;
  }
}
```

首先，为了简洁，将它改为使用三元运算符。

```
links[i].onclick = function() {
  return showPic(this) ? false : true;
}
```

这段代码本身没有任何毛病。当这个链接被点击时，showPic()函数就开始执行。不过，这作了一个假定：用户只会使用鼠标来点击这个链接。

但是，千万不要忘记并非所有的用户都使用鼠标。比如说，有视力残疾的用户往往无法看清屏幕上四处移动的鼠标指针，他们往往更喜欢使用键盘。

作为一个众所周知的事实，不使用鼠标也可以浏览 Web。键盘上的 Tab 键可以让我们从这个链接移动到另一个链接，而按下回车键将启用当前链接。

有个名叫 onkeypress 的事件处理函数是专门用来处理键盘事件的。按下键盘上任何一个按键都会触发 onkeypress 事件。

如果想让 onkeypress 事件与 onclick 事件触发同样的行为，可以简单地把有关指令复制一份：

```
links[i].onclick = function() {
  return showPic(this) ? false : true;
}
links[i].onkeypress = function() {
  return showPic(this) ? false : true;
}
```

还有一种更简单的办法可以确保 onkeypress 模仿 onclick 事件的行为：

```
links[i].onkeypress = links[i].onclick;
```

上面这条一语句把 onclick 事件的所有功能赋给 onkeypress 事件：

```
links[i].onclick = function() {
  return showPic(this) ? false : true;
}
links[i].onkeypress = links[i].onclick;
```

这就是 JavaScript 与 HTML 分离带来的方便。

如果你已经把所有的函数和事件处理函数都放在了外部文件里，就可以只在必要时修改 JavaScript 代码，而根本不用动 HTML 文件。你可以随时打开你的脚本文件，优化它们，你做出的修改将自动作用于每个引用了它的网页。

如果你仍在使用内嵌于 HTML 文档的事件处理函数，在修改 JavaScript 功能之后，你可能需要打开 HTML 文档去进行大量的修改。比如说，在图片库这个例子里，我当初曾使用过一些如下所示的内嵌事件处理函数：

```
<li>
  <a href="images/fireworks.jpg" onclick="showPic(this);return false;"title="A
➥fireworks display">Fireworks</a>
</li>
```

在对 showPic()函数返回 true 或 false 的情况做出调整之后，我不得不对 HTML 文档里的 onclick 事件处理函数做出相应的修改，如下所示：

```
<li>
  <a href="images/fireworks.jpg" onclick="return showPic(this) ? false : true;"
➥ title="A fireworks display">Fireworks</a>
</li>
```

如果图片库有大量图片的话，这种修改工作真是又累又烦。

设想一下， 如果想添加 onkeypress 事件处理函数，就不得不找出所有的链接，给它们每个增加一个内嵌事件处理函数：

```
<li>
  <a href="images/fireworks.jpg" onclick="return showPic(this) ? false : true;"
➥ onkeypress="return showPic(this) ? false : true;"
➥ title="A fireworks display">Fireworks</a>
</li>
```

这是一件苦差事（非常麻烦又非常容易出错）。而现在我只修改了很少几条语句就把一切安排妥当。

小心 onkeypress

我最后的决定是不添加 onkeypress 事件处理函数。原因是这个事件处理函数很容易出问题。用户每按下一个按键都会触发它。在某些浏览器里，甚至包括 Tab 键！这意味着如果绑定在 onkeypress 事件上的处理函数上返回的是 false，那些只使用键盘访问的用户将永远无法离开当前链接。我的图片库网页就存在这样的问题——只要图片切换成功，showPic 函数就将返回 false。

那这些只使用键盘的人可怎么办?

幸运的是，onclick 事件处理函数比我们想象得更聪明。虽然它的名字“onclick”给人一种它只与鼠标点击动作相关联的印象，但事实却并非如此：在几乎所有的浏览器里，用 Tab 键移动到某个链接然后按下回车键的动作也会触发 onclick 事件。从这一点来看，把它命名为 onactivate 也许更恰如其分。

围绕着 onclick 和 onkeypress 有许多让人困惑的东西，它们的名字是造成这些困惑的主要原因。有些可用性指南建议我们在处理 onclick 事件时也一定要处理 onkeypress 事件。事实上，这种搭配导致的问题远比它们解决的更多。

最好不要使用 onkeypress 事件处理函数。onclick 事件处理函数已经能满足需要。虽然它叫"onclick"，但它对键盘访问的支持相当完美。

下面是最终完成的 prepareGallery()和 showPic()函数的代码清单：

```
function prepareGallery() {
  if (!document.getElementsByTagName) return false;
  if (!document.getElementById) return false;
  if (!document.getElementById("imagegallery")) return false;
  var gallery = document.getElementById("imagegallery");
  var links = gallery.getElementsByTagName("a");
  for ( var i=0; i < links.length; i++) {

    links[i].onclick = function() {
      return showPic(this) ? false : true;
    }
  }
}
function showPic(whichpic) {
  if (!document.getElementById("placeholder")) return false;
  var source = whichpic.getAttribute("href");
  var placeholder = document.getElementById("placeholder");
  if (placeholder.nodeName != "IMG") return false;
  placeholder.setAttribute("src",source);
  if (document.getElementById("description")) {
    var text = whichpic.getAttribute("title") ? whichpic.getAttribute("title") : "";
    var description = document.getElementById("description");
    if (description.firstChild.nodeType == 3) {
      description.firstChild.nodeValue = text;
    }
  }
  return true;
}
```

注意　可以在 Friends of ED 网站（http://www.friendsofed.com）上找到本书的页面来下载这两个函数的最终完整版本。

6.7　把 JavaScript 与 CSS 结合起来

把 JavaScript 代码从 HTML 文档里分离出去还带来另一个好处。在把内嵌型事件处理函数移出标记文档时，我在文档里为 JavaScript 代码留下了一个"挂钩"：

```
<ul id="imagegallery">
```

这个挂钩完全可以用在 CSS 样式表里。

比如说，如果不想把图片清单显示成一个带项目符号的列表，则完全可以利用这个 imagegallery 写出一条如下所示的 CSS 语句：

```
#imagegallery {
  list-style: none;
}
```

我可以把这条 CSS 语句存入一个外部文件，比如 layout.css 文件，然后再从 gallery.html 文件的<head>部分引用它：

```
<link rel="stylesheet" href="styles/layout.css" type="text/css" media="screen" />
```

利用 CSS，甚至可以让这份清单里的列表项从按纵向显示变成按横向显示：

```
#imagegallery li {
  display: inline;
}
```

上面这两条 CSS 语句将使我的网页变成如图 6-1 所示的样子。

图　6-1

即使把图片链接换成一些缩微图而不是文字，CSS 也依然有效：

```
<ul id="imagegallery">
  <li>
    <a href="images/fireworks.jpg" title="A fireworks display">
      <img src="images/thumbnail_fireworks.jpg" alt="Fireworks" />
    </a>
  </li>
  <li>
    <a href="images/coffee.jpg" title="A cup of black coffee" >
      <img src="images/thumbnail_coffee.jpg" alt="Coffee" />
    </a>
  </li>
  <li>
    <a href="images/rose.jpg" title="A red, red rose">
      <img src="images/thumbnail_rose.jpg" alt="Rose" />
```

```
      </a>
    </li>
    <li>
      <a href="images/bigben.jpg" title="The famous clock">
        <img src="images/thumbnail_bigben.jpg" alt="Big Ben" />
      </a>
    </li>
  </ul>
```

图 6-2 是这个网页的新形象，图片链接都显示为缩略图而不是文本。

图 6-2

下面是 layout.css 文件的完整清单：

```
body {
  font-family: "Helvetica","Arial",serif;
  color: #333;
  background-color: #ccc;
  margin: 1em 10%;
}
h1 {
  color: #333;
  background-color: transparent;
}
a {
  color: #c60;
  background-color: transparent;
  font-weight: bold;
  text-decoration: none;
}
ul {
  padding: 0;
}
li {
```

```
  float: left;
  padding: 1em;
  list-style: none;
}
#imagegallery {
  list-style: none;
}
#imagegallery li {
  display: inline;
}
#imagegallery li a img {
  border: 0;
}
```

这份样式表将把我的图片库页面装点得既美观又大方，如图 6-3 所示。

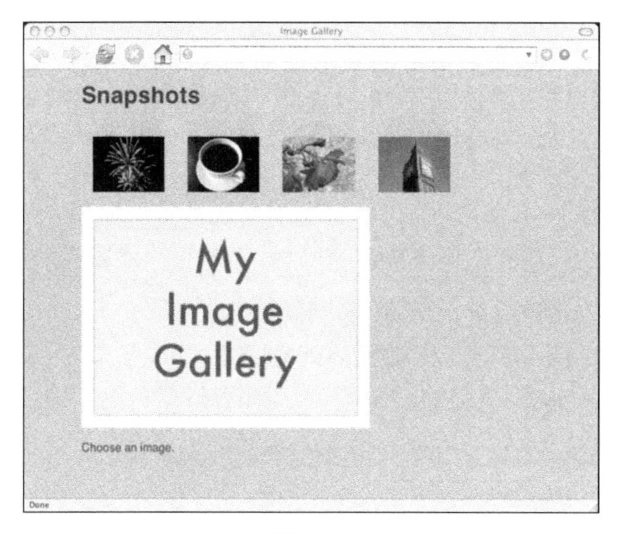

图 6-3

6.8 DOM Core 和 HTML-DOM

至此，我在编写 JavaScript 代码时只用到了以下几个 DOM 方法：

- getElementById
- getElementsByTagName
- getAttribute
- setAttribute

这些方法都是 DOM Core 的组成部分。它们并不专属于 JavaScript，支持 DOM 的任何一种程序设计语言都可以使用它们。它们的用途也并非仅限于处理网页，它们可以用来处理用任何一种标记语言（比如 XML）编写出来的文档。

在使用 JavaScript 语言和 DOM 为 HTML 文件编写脚本时，还有许多属性可供选用。例如，我已经使用了一个属性 onclick，用于图片库中的事件管理。这些属性属于 HTML-DOM，它们在 DOM Core 出现之前很久就已经为人们所熟悉了。

比如说，HTML-DOM 提供了一个 forms 对象。这个对象可以把下面这样的语句：

```
document.getElementsByTagName("form")
```

简化为：

```
document.forms
```

类似地，HTML-DOM 还提供了许多描述各种 HTML 元素的属性。比如说，HTML-DOM 为图片提供的 src 属性可以把下面这样的语句：

```
element.getAttribute("src")
```

简化为：

```
element.src
```

这些方法和属性可以相互替换。同样的操作既可以只使用 DOM Core 来实现，也可以使用 HTML-DOM 来实现。正如大家看到的那样，HTML-DOM 代码通常会更短，必须提醒一下，它们只能用来处理 Web 文档。如果你打算用 DOM 处理其他类型的文档，请千万注意这一点。

如果使用 HTML-DOM 的话，就可以把 showPic 写得简短一些。

下面这条语句使用了 DOM Core 来得到 whichpic 元素的 href 属性并赋给变量 source：

```
var source = whichpic.getAttribute("href");
```

下面是使用 HTML-DOM 达到同样目的的语句：

```
var source = whichpic.href;
```

下面是使用 DOM Core 的另一个例子，这次把 placeholder 元素的 src 属性设置为变量 source 的值：

```
placeholder.setAttribute("src",source);
```

下面是使用 HTML-DOM 达到同样目的的语句：

```
placeholder.src = source;
```

即使你决定只使用 DOM Core 方法，也应该了解 HTML-DOM。在阅读别人编写的脚本时难免会遇到各种 HTML-DOM 记号，你至少应该知道都是干什么用的。

在本书的绝大多数章节里，我只使用 DOM Core 来编写代码。虽然代码会因此而变得有点儿冗长，但我认为 DOM Core 方法更容易使用。当然，你不必和我一样，完全可以根据个人喜好和具体情况来做出选择。我会尽可能地告诉你，在哪些地方可以用 HTML-DOM 来简化代码。

6.9　小结

在本章里，我对图片库进行了多项优化，我的 HTML 标记变得更加整齐。我还为我的图片库网页提供了一个基本的 CSS。当然，最重要的是改进了 JavaScript 代码。下面是我在本章完成的几项主要工作。

- 尽量让我的 JavaScript 代码不再依赖于那些没有保证的假设，为此我引入了许多项测试和检查。这些测试和检查使我的 JavaScript 代码能够平稳退化。
- 没有使用 onkeypress 事件处理函数，这使我的 JavaScript 代码的可访问性得到了保证。
- 最重要的是把事件处理函数从标记文档分离到了一个外部的 JavaScript 文件。这使我的 JavaScript 代码不再依赖于 HTML 文档的内容和结构。

图 6-4 是图片库在经过本章的种种优化之后的样子。

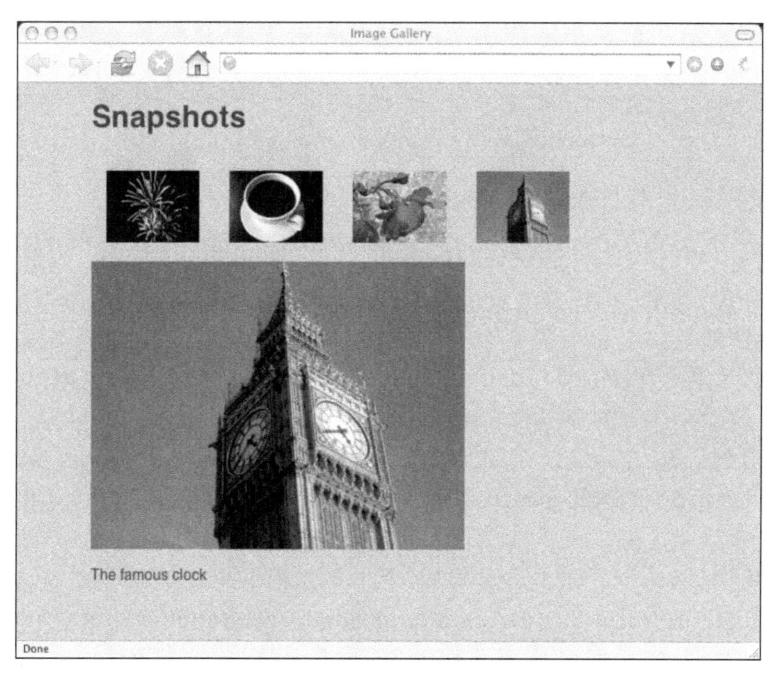

图 6-4

我认为，结构与行为的分离程度越大越好。

在图片库的标记文档部分还有一些内容让我感到不太满意。比如说，placeholder 和 description 元素是单纯为了 showPic 函数而存在的，但不支持或禁用了 JavaScript 功能的浏览器也会把它们呈现出来，这就难免会给访问者带来不便甚至是困扰。

理想的情况是，让这两个元素只在遇到那些支持 DOM 的浏览器时才出现在 HTML 文档里。在下一章里，你将会看到如何利用 DOM 提供的方法和属性去创建 HTML 元素，并把它们插入 HTML 文档的。

6

第 7 章

动态创建标记

本章内容

- 传统技术：document.write 和 innerHTML。
- 深入剖析 DOM 方法：createElement、createTextNode、appendChild 和 insertBefore。

此前见过的绝大多数 DOM 方法只能用来查找元素。getElementById 和 getElementsByTagName 都可以方便快捷地找到文档中的某个或某些特定的元素节点，这些元素随后可以用诸如 setAttribute（改变某个属性的值）和 nodeValue（改变某个元素节点所包含的文本）之类的方法和属性来处理。我的图片库就是这样实现的。showPic 函数先找出 id 属性值是 placeholder 和 description 的两个元素，然后刷新它们的内容。placeholder 元素的 src 属性是用 setAttribute 修改的，description 元素所包含的文本是用 nodeValue 属性修改的。在这两种情况里，都是对已经存在的元素做出修改。

这是绝大多数 JavaScript 函数的工作原理。网页的结构由标记负责创建，JavaScript 函数只用来改变某些细节而不改变其底层结构。JavaScript 也可以用来改变网页的结构和内容。本章中，你将学习一些 DOM 方法，通过创建新元素和修改现有元素来改变网页结构。

7.1 一些传统方法

在学习利用 DOM 方法在 Web 浏览器中往文档添加标记时，先回顾两个过去使用的技术，即 document.write 和 innerHTML。

7.1.1 document.write

document 对象的 write()方法可以方便快捷地把字符串插入到文档里。

请把以下标记代码保存为一个文件，文件名就用 test.html 好了。

```
<!DOCTYPE html>
<html lang="en">
<head>
  <meta charset="utf-8" />
  <title>Test</title>
</head>
<body>
  <script>
    document.write("<p>This is inserted.</p>");
```

```
  </script>
</body>
</html>
```

如果把 test.html 文件加载到 Web 浏览器里，你将看到内容为“This is inserted.”的文本段落，如图 7-1 所示。

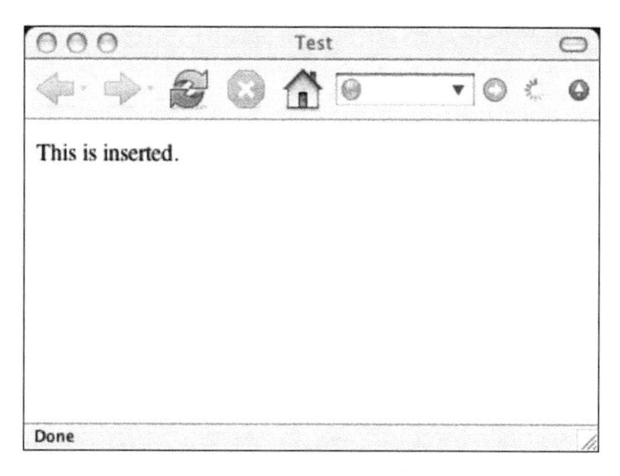

图　7-1

document.write 的最大缺点是它违背了“行为应该与表现分离”的原则。即使把 document.write 语句挪到外部函数里，也还是需要在标记的<body>部分使用<script>标签才能调用那个函数。

下面这个函数以一个字符串为参数，它将把一个<p>标签、字符串和一个</p>标签拼接在一起。拼接后的字符串被保存到变量 str，然后用 document.write()方法写出来：

```
function insertParagraph(text) {
  var str = "<p>";
  str += text;
  str += "</p>";
  document.write(str);
}
```

可以把这个函数保存在外部文件 example.js 里。为了调用这个函数，必须在标记里插入<script>标签：

```
<!DOCTYPE html>
<html lang="en">
<head>
  <meta charset="utf-8" />
  <title>Test</title>
  <script src="example.js">
  </script>
</head>
<body>
  <script>
    insertParagraph("This is inserted.");
  </script>
</body>
</html>
```

像上面这样把 JavaScript 和 HTML 代码混杂在一起是一种很不好的做法。这样的标记既不容易阅读和编辑，也无法享受到把行为与结构分离开来的好处。

这样的文档还很容易导致验证错误。比如说，在第一个例子里，<script>标签后面的“<p>”很容易被误认为是<p>标签，而在<script>标签的后面打开<p>标签是非法的。事实上，那个“<p>”和“</p>”只不过是一个将被插入文档的字符串的组成部分而已。

还有，MIME类型application/xhtml+xml与document.write不兼容，浏览器在呈现这种XHTML文档时根本不会执行document.write方法。

从某种意义上讲，使用document.write方法有点儿像使用<font>标签去设定字体和颜色。虽然这两种技术在HTML文档里都工作得不错，但它们都不够优雅。

把结构、行为和样式分开永远都是一个好主意。只要有可能，就应该用外部CSS文件代替<font>标签去设定和管理网页的样式信息，最好用外部JavaScript文件去控制网页的行为。应该避免在<body>部分乱用<script>标签，避免使用document.write方法。

7.1.2　innerHTML属性

现如今的浏览器几乎都支持属性innerHTML，这个属性并不是W3C DOM标准的组成部分，但现已经包含到HTML5规范中。它始见于微软公司的IE 4浏览器，并从那时起逐渐被其他的浏览器接受。

innerHTML属性可以用来读、写某给定元素里的HTML内容。要了解它如何工作，请把下面这段代码插入test.html文档的<body>部分：

```
<div id="testdiv">
<p>This is <em>my</em> content.</p>
</div>
```

用DOM的眼睛看testdiv内的标记，是如图7-2所示的结构。

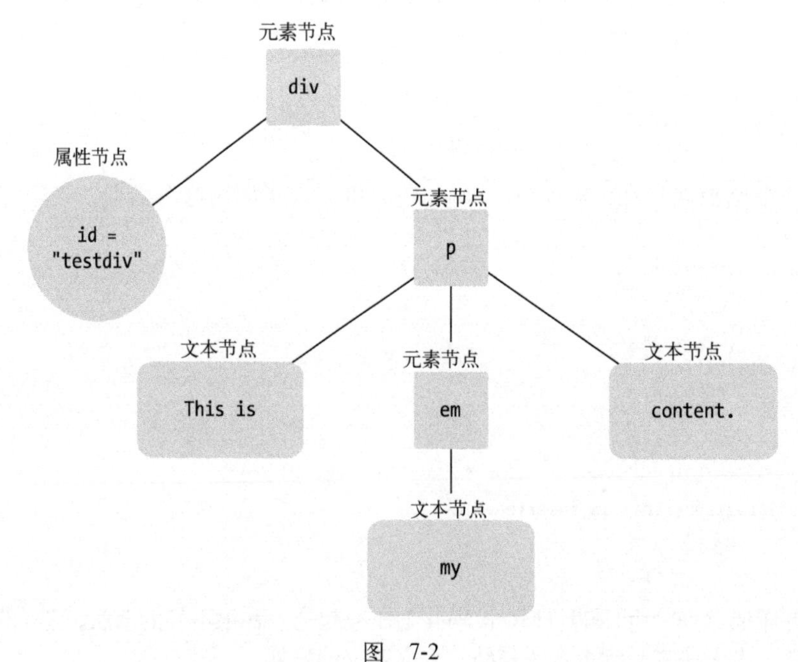

图　7-2

div 元素的 id 是 testdiv。它包含一个元素节点（p 元素）。这个 p 元素又有一些子节点。其中有两个文本节点，值分别是 This is 和 content。还有一个元素节点（em 元素），em 元素本身包含一个文本节点，这个文本节点的值是 my。

DOM 提供了关于这个标记的非常详细的一幅图画。使用 DOM 提供的方法和属性可以对任何一个节点进行单独的访问。这个标记从 innerHTML 属性的角度来看则简单得多，如图 7-3 所示，就 innerHTML 属性看来，id 为 testdiv 的标记里面只有一个值为<p>This is <em>my</em> content.</p>的 HTML 字符串。

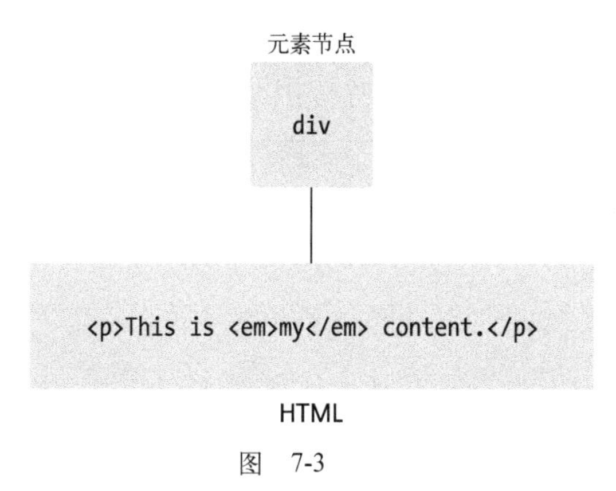

图　7-3

用下面这个新函数更新 example.js 文件。

```
window.onload = function() {
  var testdiv = document.getElementById("testdiv");
  alert(testdiv.innerHTML);
}
```

然后在 Web 浏览器里刷新 test.html 页面，div 元素(它的 id 属性值等于 testdiv)的 innerHTML 属性值将显示在一个 alert 对话框里，如图 7-4 所示。

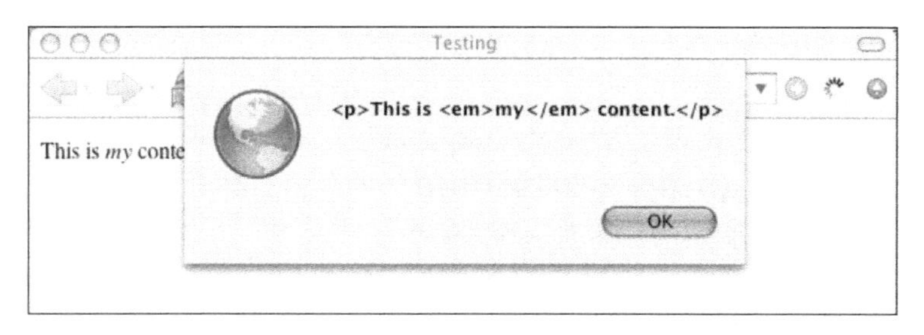

图　7-4

很明显，innerHTML 属性无细节可言。要想获得细节，就必须使用 DOM 方法和属性。标准化的 DOM 像手术刀一样精细，innerHTML 属性就像一把大锤那样粗放。

大锤有大锤的用武之地。在你需要把一大段 HTML 内容插入网页时，innerHTML 属性更适用。它既支持读取，又支持写入，你不仅可以用它来读出元素的 HTML 内容，还可以用它把 HTML

内容写入元素。

编辑test.html文件，让id属性值等于testdiv的元素变成空白：

```
<div id="testdiv">
</div>
```

把下面这段JavaScript代码放入example.js文件，就可以把一段HTML内容插入这个<div>标签：

```
window.onload = function() {
  var testdiv = document.getElementById("testdiv");
  testdiv.innerHTML = "<p>I inserted <em>this</em> content.</p>";
}
```

在Web浏览器里刷新test.html文件，你就可以看到如图7-5所示的结果。

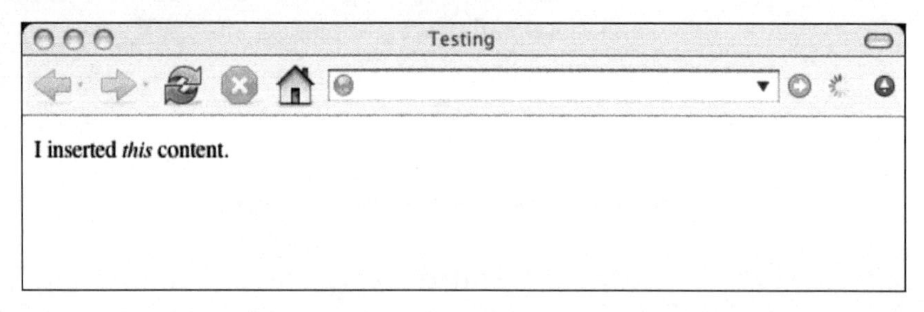

图 7-5

利用这个技术无法区分“插入一段HTML内容”和“替换一段HTML内容”。testdiv元素里有没有HTML内容无关紧要：一旦你使用了innerHTML属性，它的全部内容都将被替换。

在test.html文件里，把id属性值等于testdiv的元素的内容修改回它原来的样子：

```
<div id="testdiv">
<p>This is <em>my</em> content.</p>
</div>
```

example.js文件保持不变。如果你在Web浏览器里刷新test.html文件，结果将和刚才一样。包含在testdiv元素里HTML内容被innerHTML属性完全改变了，原来的HTML内容未留下任何痕迹。

在需要把一大段HTML内容插入一份文档时，innerHTML属性可以让你又快又简单地完成这一任务。不过，innerHTML属性不会返回任何对刚插入的内容的引用。如果想对刚插入的内容进行处理，则需要使用DOM提供的那些精确的方法和属性。

innerHTML属性要比document.write()方法更值得推荐。使用innerHTML属性，你就可以把JavaScript代码从标记中分离出来。用不着再在标记的<body>部分插入<script>标签。

类似于document.write方法，innerHTML属性也是HTML专有属性，不能用于任何其他标记语言文档。浏览器在呈现正宗的XHTML文档(即MIME类型是application/xhtml+xml的XHTML文档）时会直接忽略掉innerHTML属性。

在任何时候，标准的DOM都可以用来替代innerHTML。虽说这往往需要多编写一些代码才能获得同样的效果，但DOM同时也提供了更高的精确性和更强大的功能。

7.2　DOM 方法

getElementById 和 getElementsByTagName 等方法可以把关于文档结构和内容的信息检索出来，它们非常有用。

DOM 是文档的表示。DOM 所包含的信息与文档里的信息一一对应。你只要学会问正确的问题（使用正确的方法），就可以获取 DOM 节点树上任何一个节点的细节。

DOM 是一条双向车道。不仅可以获取文档的内容，还可以更新文档的内容。如果你改变了 DOM 节点树，文档在浏览器里的呈现效果就会发生变化。你已经见识过 setAttribute 方法的神奇之处了。用这个方法可以改变 DOM 节点树上的某个属性节点，相关文档在浏览器里的呈现就会发生相应的变化。不过，setAttribute 方法并未改变文档的物理内容，如果用文本编辑器而不是浏览器去打开这个文档，我们将看不到任何变化。只有在用浏览器打开那份文档时才能看到文档呈现效果的变化。这是因为浏览器实际显示的是那棵 DOM 节点树。在浏览器看来，DOM 节点树才是文档。

一旦明白了这个道理，以动态方式实时创建标记就不那么难以理解了。你并不是在创建标记，而是在改变 DOM 节点树。做到这一点的关键是一定要从 DOM 的角度去思考问题。

在 DOM 看来，一个文档就是一棵节点树。如果你想在节点树上添加内容，就必须插入新的节点。如果你想添加一些标记到文档，就必须插入元素节点。

7.2.1　createElement 方法

编辑 test.html 文件，让 id 等于 testdiv 的那个<div>标签的内容变成空白：

```
<div id="testdiv">
</div>
```

我想把一段文本插入 testdiv 元素。用 DOM 的语言来说，就是想添加一个 p 元素节点，并把这个节点作为 div 元素节点的一个子节点。（div 元素节点已经有了一个子节点，那是一个 id 属性节点，值是 testdiv）。

这项任务需要分两个步骤完成：

(1) 创建一个新的元素；

(2) 把这个新元素插入节点树。

第一个步骤要用 DOM 方法 createElement 来完成。下面是使用这个方法的语法：

```
document.createElement(nodeName)
```

下面这条语句将创建一个 p 元素：

```
document.createElement("p");
```

这个方法本身并不能影响页面表现，还需要把这个新创建出来的元素插入到文档中去。为此，你需要有个东西来引用这个新创建出来的节点。不论何时何地，只要你使用了 createElement 方法，就应该把新创建出来的元素赋给一个变量就总是个好主意：

```
var para = document.createElement("p");
```

变量 para 现在包含着一个指向刚创建出来的那个 p 元素的引用。现在，虽然这个新创建出来的 p 元素已经存在了，但它还不是任何一棵 DOM 节点树的组成部分，它只是游荡在 JavaScript 世界里的一个孤儿。它这种情况称为文档碎片(document fragment)，还无法显示在浏览器的窗口画面里。不过，它已经像任何其他的节点那样有了自己的 DOM 属性。

这个无家可归的 p 元素现在已经有一个 nodeType 和一个 nodeName 值，如图 7-6 所示。这一事实可以用下面这段代码来验证（把以下代码放入 example.js 文件并在浏览器里刷新 test.html 文档）。

```
window.onload = function() {
  var para = document.createElement("p");
  var info = "nodeName: ";
  info+= para.nodeName;
  info+= " nodeType: ";
  info+= para.nodeType;
  alert(info);
}
```

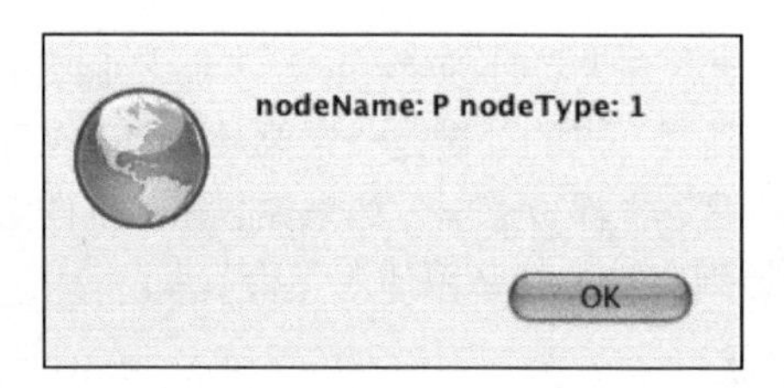

图 7-6

新节点确实已经存在，它有一个取值为 P 的 nodeName 属性。它还有一个取值为 1 的 nodeType 属性，而这意味着它是一个元素节点。不过，这个节点现在还未被连接到 test.html 文档的节点树上。

7.2.2 appendChild 方法

把新创建的节点插入某个文档的节点树的最简单的办法是，让它成为这个文档某个现有节点的一个子节点。

具体到这个例子，是要把一段新文本插入到 test.html 文档中 id 是 testdiv 的元素节点。换句话说，我想让新创建的 p 元素成为 testdiv 元素的一个子节点。你可以用 appendChild 方法来完成这一任务。下面是 appendChild 方法的语法：

```
parent.appendChild(child)
```

具体到 test.html 文档这个例子，上面这个语法中的 child 就是刚才用 createElement 方法创建出来的，parent 就是 id 是 testdiv 的元素节点。我需要用一个 DOM 方法得到“testdiv”节点，最简单的办法是使用 getElementById 方法。

像往常一样，你把这个元素赋给一个变量，这可以让你的代码简明易读：

```
var testdiv = document.getElementById("testdiv");
```

变量 testdiv 现在包含着一个指向那个 id 等于 testdiv 的元素的引用。

在上一小节我创建了一个 para 变量，它包含一个指向刚创建的那个 p 元素的引用：

```
var para = document.createElement("p");
```

有了这些，就可以像下面这样用 appendChild 方法把变量 para 插入变量 testdiv 了：

```
testdiv.appendChild(para);
```

新创建的 p 元素现在成为了 testdiv 元素的一个子节点。它不再是 JavaScript 世界里的一个孤儿，它已经被插入到 test.html 文档的节点树里了。

在使用 appendChild 方法时，不必非得使用一些变量来引用父节点和子节点。事实上，完全可以把上面这条语句写成下面这样：

```
document.getElementById("testdiv").appendChild( document.createElement("p"));
```

可以看到，上面这样的代码很难阅读和理解。像下面这样多写几行，从长远来看是值得的：

```
var para = document.createElement("p");
var testdiv = document.getElementById("testdiv");
testdiv.appendChild(para);
```

7.2.3 createTextNode 方法

你现在已经创建出了一个元素节点并把它插入了文档的节点树，这个节点是一个空白的 p 元素。你想把一些文本放入这个 p 元素，但 createElement 方法帮不上忙，它只能创建元素节点。你需要创建一个文本节点，你可以用 createTextNode 方法来实现它。

7

注意 千万不要被这些方法的名字弄糊涂。如果这些方法叫做 createElementNode 和 createTextNode，或者叫做 createElement 和 createText，都会非常清楚。遗憾的是，它们的名字叫做 createElement 和 createTextNode。

---

createTextNode 的语法与 createElement 很相似：

```
document.createTextNode(text)
```

下面这条语句将创建出一个内容为“Hello world”的文本节点：

```
document.createTextNode("Hello world");
```

和刚才一样，把这个新创建的节点也赋给一个变量：

```
var txt = document.createTextNode("Hello world");
```

变量 txt 现在包含指向新创建的那个文本节点的引用。这个节点现在也是 JavaScript 世界里的一个孤儿，因为它还未被插入任何一个文档的节点树。

可以用 appendChild 方法把这个文本节点插入为某个现有元素的子节点。我将把这个文本节点插入到我在上一小节创建的 p 元素。因为在上一小节里我已经把那个 p 元素存入了变量 para，现在又把新创建的文本节点存入了变量 txt，所以现在可以用下面这条语句来达到我的目的：

```
para.appendChild(txt);
```

内容为“Hello world”的文本节点就成为那个 p 元素的一个子节点了。

现在，试着把下面这段代码写入 example.js 文件：

```
window.onload = function() {
  var para = document.createElement("p");
  var testdiv = document.getElementById("testdiv");
  testdiv.appendChild(para);
  var txt = document.createTextNode("Hello world");
  para.appendChild(txt);
}
```

然后在浏览器里重新加载 test.html 文件，你会从浏览器窗口里看到文本“Hello world”，如图 7-7 所示。

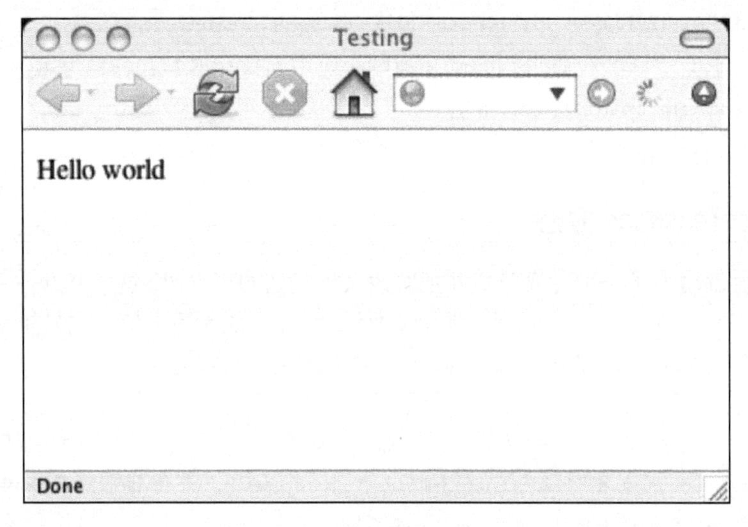

图 7-7

这个例子是按照以下顺序来创建和插入节点的：

(1) 创建一个 p 元素节点。

(2) 把这个 p 元素节点追加到 test.html 文档中的一个元素节点上。

(3) 创建一个文本节点。

(4) 把这个文本节点追加到刚才创建的那个 p 元素节点上。

appendChild 方法还可以用来连接那些尚未成为文档树一部分的节点。也就是说，以下步骤顺序同样可以达到目的。

(1) 创建一个 p 元素节点。

(2) 创建一个文本节点。

(3) 把这个文本节点追加到第 1 步创建的 p 元素节点上。

(4) 把这个 p 元素节点追加到 test.html 文档中的一个元素节点上。

下面是按照新步骤编写出来的函数：

```
window.onload = function() {
  var para = document.createElement("p");
  var txt = document.createTextNode("Hello world");
  para.appendChild(txt);
  var testdiv = document.getElementById("testdiv");
  testdiv.appendChild(para);
}
```

最终的结果是一样的。把上面这些代码写入 example.js 文件，并在浏览器里重新加载 test.html 文件。你会看到文本“Hello world”，就像刚才一样。

7.2.4 一个更复杂的组合

刚才介绍 innerHTML 属性时，我使用了如下所示的 HTML 内容：

```
<p>This is <em>my</em> content.</p>
```

与创建一个包含着一些文本的 p 元素相比，这个步骤要复杂不少。为了把这些标记插入 test.html 文档，先把它转换为一棵节点树。

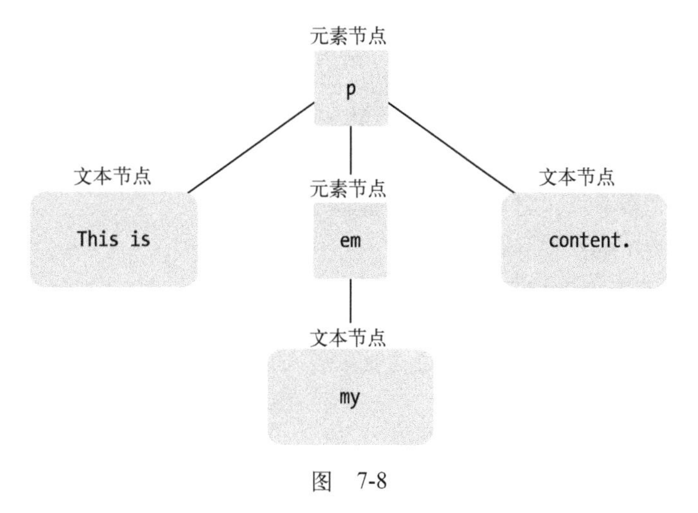

图 7-8

如图 7-8 所示，这些 HTML 内容对应着一个 p 元素节点，它本身又包含着以下子节点。

- 一个文本节点，其内容是“This is”
- 一个元素节点 “em”，这个元素节点本身还包含着一个文本节点，其内容是“my”
- 一个文本节点，其内容是“content.”

把需要创建哪些节点的问题弄清楚后，我们能制定出一个妥善的行动计划。

(1) 创建一个 p 元素节点并把它赋给变量 para。

(2) 创建一个文本节点并把它赋给变量 txt1。

(3) 把 txt1 追加到 para 上。

(4) 创建一个 em 元素节点并把它赋给变量 emphasis。

(5) 创建一个文本节点并把它赋值给变量 txt2。

(6) 把 txt2 追加到 emphasis 上。

(7) 把 emphasis 追加到 para 上。

(8) 创建一个文本节点并把它赋值给变量 txt3。

(9) 把 txt3 追加到 para 上。

(10) 把 para 追加到 test.html 文档中的 testdiv 元素上。

下面是根据上述步骤编写出来的 JavaScript 代码：

```
window.onload = function() {
  var para = document.createElement("p");
  var txt1 = document.createTextNode("This is ");
  para.appendChild(txt1);
  var emphasis = document.createElement("em");
  var txt2 = document.createTextNode("my");
  emphasis.appendChild(txt2);
  para.appendChild(emphasis);
  var txt3 = document.createTextNode(" content.");
  para.appendChild(txt3);
  var testdiv = document.getElementById("testdiv");
  testdiv.appendChild(para);
}
```

把上面这些代码写入 example.js 文件，然后在浏览器里重新加载 test.html 文档。

如果你愿意，可以采用一种不同的方案。可以先把所有的节点都创建出来，然后再把它们连接在一起。下面是按照这一思路制定出来的行动计划。

(1) 创建一个 p 元素节点并把它赋值给变量 para。

(2) 创建一个文本节点并把它赋值给变量 txt1。

(3) 创建一个 em 元素节点并把它赋值给变量 emphasis。

(4) 创建一个文本节点并把它赋值给变量 txt2。

(5) 创建一个文本节点并把它赋值给变量 txt3。

(6) 把 txt1 追加到 para 上。

(7) 把 txt2 追加到 emphasis 上。

(8) 把 emphasis 追加到 para 上。

(9) 把 txt3 追加到 para 上。

(10) 把 para 追加到 test.html 文档中的 testdiv 元素上。

下面是根据上述步骤编写出来的 JavaScript 代码：

```
window.onload = function() {
  var para = document.createElement("p");
  var txt1 = document.createTextNode("This is ");
  var emphasis = document.createElement("em");
  var txt2 = document.createTextNode("my");
  var txt3 = document.createTextNode(" content.");
  para.appendChild(txt1);
  emphasis.appendChild(txt2);
  para.appendChild(emphasis);
  para.appendChild(txt3);
  var testdiv = document.getElementById("testdiv");
  testdiv.appendChild(para);
}
```

如果把上面这些代码写入 example.js 文件，然后在浏览器里重新加载 test.html 文档，将看到与前面一模一样的结果。

可以看到，把新节点插入某个文档的节点树的办法并非只有一种。即使决定永远也不使用 document.write 方法或 innerHTML 属性，在使用 DOM 方法去创建和插入新节点时你也可以灵活地做出多种选择。

7.3 重回图片库

现在，我将向你展示一个动态创建 HTML 内容的实用案例。在上一章里，我们对图片库脚本做了许多改进。我们做到了让 JavaScript 代码与 HTML 分离，并针对各种情况做到了平稳退化，我们还做了一些访问性有关的改进。

不过，还有一些内容让我感到不太满意。看一下 gallery.html 文件中的标记：

```
<!DOCTYPE html>
<html lang="en">
<head>
  <meta charset="utf-8" />
  <title>Image Gallery</title>
  <link rel="stylesheet" href="styles/layout.css" media="screen" />
</head>
<body>
  <h1>Snapshots</h1>
  <ul id="imagegallery">
    <li>
      <a href="images/fireworks.jpg" title="A fireworks display">
        <img src="images/thumbnail_fireworks.jpg" alt="Fireworks" />
      </a>
    </li>
    <li>
      <a href="images/coffee.jpg" title="A cup of black coffee" >
        <img src="images/thumbnail_coffee.jpg" alt="Coffee" />
      </a>
    </li>
    <li>
      <a href="images/rose.jpg" title="A red, red rose">
        <img src="images/thumbnail_rose.jpg" alt="Rose" />
      </a>
    </li>
    <li>
      <a href="images/bigben.jpg" title="The famous clock">
        <img src="images/thumbnail_bigben.jpg" alt="Big Ben" />
      </a>
    </li>
  </ul>
  <img id="placeholder" src="images/placeholder.gif" alt="my image gallery" />
  <p id="description">Choose an image.</p>
  <script src="scripts/showPic.js"></script>
</body>
</html>
```

这个 XHTML 文件中有一个图片和一段文字仅仅是为 showPic 脚本服务的。若能把结构和行为彻底分开那最好不过了。既然这些元素的存在只是为了让 DOM 方法处理它们，那么用 DOM 方法来创建它们才是最合适的选择。

第一步非常简单：把这些元素从 gallery.html 文档里删掉。接下来，我们编写一些 JavaScript

代码把它们动态地创建出来。

我们先编写一个函数 preparePlaceholder 并把它放进 showPic.js 文件，然后在文档加载时调用这个函数。下面是这个函数要完成的任务。

(1) 创建一个 img 元素节点。

(2) 设置这个节点的 id 属性。

(3) 设置这个节点的 src 属性。

(4) 设置这个节点的 alt 属性。

(5) 创建一个 p 元素节点。

(6) 设置这个节点的 id 属性。

(7) 创建一个文本节点。

(8) 把这个文本节点追加到 p 元素上。

(9) 把 p 元素和 img 元素插入到 gallery.html 文档。

创建这些元素和设置各有关属性的工作比较明确。我们在这里组合使用了 createElement()、createTextNode()和 setAttribute()方法：

```
var placeholder = document.createElement("img");
placeholder.setAttribute("id","placeholder");
placeholder.setAttribute("src","images/placeholder.gif");
placeholder.setAttribute("alt","my image gallery");
var description = document.createElement("p");
description.setAttribute("id","description");
var desctext = document.createTextNode("Choose an image");
```

接下来，我们用 appendChild()方法把新创建的文本节点插入 p 元素：

```
description.appendChild(desctext);
```

最后一步是把新创建的元素插入文档。很凑巧，因为图片清单（<ul> ... </ul>）刚好是文档中的最后一个元素，所以如果把 placeholder 和 description 元素追加到 body 元素节点上，它们就会出现在图片清单的后面。我们可以通过标签名“body”引用 body 标签（作为第一个也是唯一一个 body 元素的引用）。

```
document.getElementsByTagName("body")[0].appendChild(placeholder);
document.getElementsByTagName("body")[0].appendChild(description);
```

当然，也可以使用 HTML-DOM 提供的属性 body：

```
document.body.appendChild(placeholder);
document.body.appendChild(description);
```

这两组语句都会把 placeholder 和 description 元素插入到位于文档末尾的</body>标签之前。

以上代码工作得很好，但这一切都依赖于一个细节：图片清单刚好是<body>部分的最后一个元素。如果在这个图片清单的后面还有一些其他的内容该怎么办？我们的真实想法是，让新创建的元素紧跟在图片清单的后面，而不管这个清单出现在文档中的什么地方。

7.3.1　在已有元素前插入一个新元素

DOM 提供了名为 insertBefore()方法，这个方法将把一个新元素插入到一个现有元素的前面。在调用此方法时，你必须告诉它三件事。

(1) 新元素：你想插入的元素（*newElement*）。

(2) 目标元素：你想把这个新元素插入到哪个元素（*targetElement*）之前。

(3) 父元素：目标元素的父元素（*parentElement*）。

下面是这个方法的调用语法：

```
parentElement.insertBefore(newElement,targetElement)
```

我们不必搞清楚父元素到底是哪个，因为 targetElement 元素的 parentNode 属性值就是它。在 DOM 里，元素节点的父元素必须是另一个元素节点（属性节点和文本节点的子元素不允许是元素节点）。

比如说，下面这条语句可以把 placeholder 和 description 元素插入到图片清单的前面（还记得吗，图片清单的 id 是 imagegallery）：

```
var gallery = document.getElementById("imagegallery");
gallery.parentNode.insertBefore(placeholder,gallery);
```

此时，变量 gallery 的 parentNode 属性值是 body 元素，所以 placeholder 元素将被插入为 body 元素的新子元素，它被插入到它的兄弟元素 gallery 的前面。

还可以把 description 元素也插入到 gallery 元素之前，成为它的一个兄弟元素：

```
gallery.parentNode.insertBefore(description,gallery);
```

在 gallery 清单的前面插入 placeholder 图片和 description 文本段的效果如图 7-9 所示。

图 7-9

这种效果其实也不错，但我们刚才说的是把新创建的元素插入到图片清单的后面，而不是前面。

7.3.2 在现有元素后插入一个新元素

你可能会想：既然有一个 insertBefore 方法，是不是也有一个相应的 insertAfter()方法。很可惜，DOM 没有提供这个方法。

1. 编写insertAfter函数

虽然 DOM 本身没有提供 insertAfter 方法，但它确实提供了把一个节点插入到另一个节点之后所需的所有工具。我们完全可以利用已有的 DOM 方法和属性编写一个 insertAfter 函数：

```
function insertAfter(newElement,targetElement) {
  var parent = targetElement.parentNode;
  if (parent.lastChild == targetElement) {
    parent.appendChild(newElement);
  } else {
    parent.insertBefore(newElement,targetElement.nextSibling);
  }
}
```

这个函数用到了以下 DOM 方法和属性：

- parentNode 属性
- lastChild 属性
- appendChild 方法
- insertBefore 方法
- nextSibling 属性

下面，请看看这个函数是如何一步一步地完成工作的。

(1) 首先，这个函数有两个参数：一个是将被插入的新元素，另一个是目标元素。这两个参数通过变量 newElement 和 targetElement 被传递到这个函数：

```
function insertAfter(newElement,targetElement)
```

(2) 把目标元素的 parentNode 属性值保存到变量 parent 里：

```
var parent = targetElement.parentNode
```

(3) 接下来，检查目标元素是不是 parent 的最后一个子元素，即比较 parent 元素的 lastChild 属性值与目标元素是否存在“等于”关系：

```
if (parent.lastChild == targetElement)
```

(4) 如果是，就用 appendChild 方法把新元素追加到 parent 元素上，这样新元素就恰好被插入到目标元素之后：

```
parent.appendChild(newElement)
```

(5) 如果不是，就把新元素插入到目标元素和目标元素的下一个兄弟元素之间。目标元素的下一个兄弟元素即目标元素的 nextSibling 属性。用 insertBefore 方法把新元素插入到目标元素的下一个兄弟元素之前：

```
parent.insertBefore(newElement,targetElement.nextSibling)
```

表面上看，这是一个相当复杂的函数，但只要把它分成几个小部分来理解，就很容易搞清楚。即使你现在还不能完全明白也不要紧。等你对 insertAfter 函数所用到的 DOM 方法和属性更加熟悉时，你自然就能完全理解它。

类似于第 6 章出现的 addLoadEvent 函数，insertAfter 函数也非常实用，应该把它们都收录到你的脚本里。

2. 使用insertAfter函数

我们将 insertAfter 函数用在我的 preparePlaceholder 函数中。首先，得到图片清单：

```
var gallery = document.getElementById("imagegallery");
```

接下来，把 placeholder（这个变量对应着新创建出来的 img 元素）插入到 gallery 的后面：

```
insertAfter(placeholder,gallery);
```

placeholder 图片现在成了 gallery.html 文档的节点树的组成部分，而我们希望把 description 文本段插入到它的后面。我们已经把这个节点保存在变量 description 里了。再次使用 insertAfter() 方法，但这次是把 description 插入到 placeholder 的后面：

```
insertAfter(description, placeholder);
```

增加了上面这几条语句之后，preparePlaceholder 函数变成了如下的样子：

```
function preparePlaceholder() {
  var placeholder = document.createElement("img");
  placeholder.setAttribute("id","placeholder");
  placeholder.setAttribute("src","images/placeholder.gif");
  placeholder.setAttribute("alt","my image gallery");
  var description = document.createElement("p");
  description.setAttribute("id","description");
  var desctext = document.createTextNode("Choose an image");
  description.appendChild(desctext);
  var gallery = document.getElementById("imagegallery");
  insertAfter(placeholder,gallery);
  insertAfter(description,placeholder);
}
```

事情还未结束，这个函数还有最后一个问题没有解决：我在新增加的那几条语句里使用了一些新的 DOM 方法，但没有测试浏览器是否支持它们。为了确保这个函数有足够的退路，还需要再增加几条语句：

```
function preparePlaceholder() {
  if (!document.createElement) return false;
  if (!document.createTextNode) return false;
  if (!document.getElementById) return false;
  if (!document.getElementById("imagegallery")) return false;
  var placeholder = document.createElement("img");
  placeholder.setAttribute("id","placeholder");
  placeholder.setAttribute("src","images/placeholder.gif");
  placeholder.setAttribute("alt","my image gallery");
  var description = document.createElement("p");
  description.setAttribute("id","description");
  var desctext = document.createTextNode("Choose an image");
  description.appendChild(desctext);
  var gallery = document.getElementById("imagegallery");
  insertAfter(placeholder,gallery);
  insertAfter(description,placeholder);
}
```

7.3.3 图片库二次改进版

现在 showPic.js 文件包含 5 个不同的函数，它们是：

- addLoadEvent 函数
- insertAfter 函数
- preparePlaceholder 函数
- prepareGallery 函数
- showPic 函数

addLoadEvent 和 insertAfter 属于通用型函数，它们在许多场合都能派上用场。

preparePlaceholder 函数负责创建一个 img 元素和一个 p 元素。这个函数将把这些新创建的元素插入到节点树里图片库清单的后面。prepareGallery 函数负责处理事件。这个函数将遍历处理图片库清单里的每个链接。当用户点击这些链接中的某一个时，就会调用 showPic 函数。

showPic 函数负责把“占位符”图片切换为目标图片。

为了启用这些功能，用 addLoadEvent 函数调用 preparePlaceholder 和 prepareGallery 函数。

```
addLoadEvent(preparePlaceholder);
addLoadEvent(prepareGallery);
```

下面是最终完成的 showPic.js 文件：

```
function addLoadEvent(func) {
  var oldonload = window.onload;
  if (typeof window.onload != 'function') {
    window.onload = func;
  } else {
    window.onload = function() {
      oldonload();
      func();
    }
  }
}

function insertAfter(newElement,targetElement) {
  var parent = targetElement.parentNode;
  if (parent.lastChild == targetElement) {
    parent.appendChild(newElement);
  } else {
    parent.insertBefore(newElement,targetElement.nextSibling);
  }
}

function preparePlaceholder() {
  if (!document.createElement) return false;
  if (!document.createTextNode) return false;
  if (!document.getElementById) return false;
  if (!document.getElementById("imagegallery")) return false;
  var placeholder = document.createElement("img");
  placeholder.setAttribute("id","placeholder");
  placeholder.setAttribute("src","images/placeholder.gif");
  placeholder.setAttribute("alt","my image gallery");
  var description = document.createElement("p");
  description.setAttribute("id","description");
  var desctext = document.createTextNode("Choose an image");
  description.appendChild(desctext);
  var gallery = document.getElementById("imagegallery");
  insertAfter(placeholder,gallery);
```

```
  insertAfter(description,placeholder);
}

function prepareGallery() {
  if (!document.getElementsByTagName) return false;
  if (!document.getElementById) return false;
  if (!document.getElementById("imagegallery")) return false;
  var gallery = document.getElementById("imagegallery");
  var links = gallery.getElementsByTagName("a");
  for ( var i=0; i < links.length; i++) {
    links[i].onclick = function() {
      return showPic(this);
  }
    links[i].onkeypress = links[i].onclick;
  }
}

function showPic(whichpic) {
  if (!document.getElementById("placeholder")) return false;
  var source = whichpic.getAttribute("href");
  var placeholder = document.getElementById("placeholder");
  placeholder.setAttribute("src",source);
  if (!document.getElementById("description")) return false;
  if (whichpic.getAttribute("title")) {
    var text = whichpic.getAttribute("title");
  } else {
    var text = "";
  }
  var description = document.getElementById("description");
  if (description.firstChild.nodeType == 3) {
    description.firstChild.nodeValue = text;
  }
  return false;
}
addLoadEvent(preparePlaceholder);
addLoadEvent(prepareGallery);
```


JavaScript 代码增加了，但标记相应的减少了。gallery.html 文件现在只包含一个由 JavaScript 脚本和 CSS 样式表共用的“挂钩”。这个“挂钩”就是图片清单的 id 属性。

```
<!DOCTYPE html>
<html>
<head>
  <meta http-equiv="content-type" content="text/html; charset=utf-8" />
  <title>Image Gallery</title>
  <link rel="stylesheet" href="styles/layout.css" media="screen" />
</head>
<body>
  <h1>Snapshots</h1>
  <ul id="imagegallery">
    <li>
      <a href="images/fireworks.jpg" title="A fireworks display">
  <img src="images/thumbnail_fireworks.jpg" alt="Fireworks" />
      </a>
    </li>
    <li>
      <a href="images/coffee.jpg" title="A cup of black coffee" >
        <img src="images/thumbnail_coffee.jpg" alt="Coffee" />
      </a>
    </li>
    <li>
```

```
      <a href="images/rose.jpg" title="A red, red rose">
        <img src="images/thumbnail_rose.jpg" alt="Rose" />
      </a>
    </li>
    <li>
      <a href="images/bigben.jpg" title="The famous clock">
        <img src="images/thumbnail_bigben.jpg" alt="Big Ben" />
      </a>
    </li>
  </ul>
  <script src="scripts/showPic.js"></script>
</body>
</html>
```

现在，图片库的结构、样式和行为已经彻底分离了。

把 gallery.html 文件加载到 Web 浏览器里。如图 7-10 所示，你将看到 placeholder 图片和 description 文本段，它们已被插入到 imagegallery 清单后面。

我们用 JavaScript 动态地创建了标记并把它们添加到了文档里。JavaScript 还对图片清单里的所有链接进行了预处理。你可以点击任何一个缩略图去体验一下这个图片库，如图 7-11 所示。

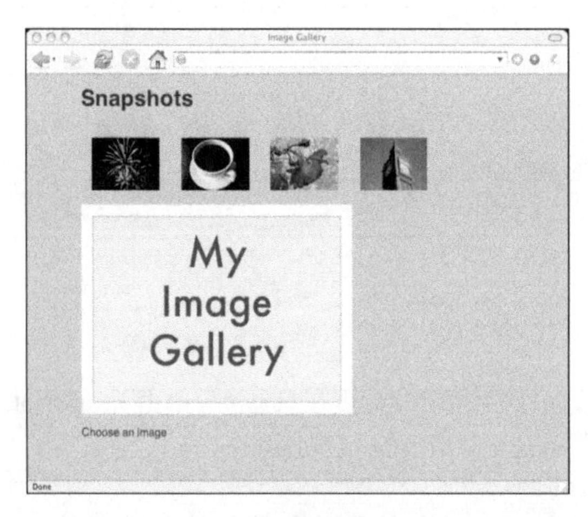

图　7-10

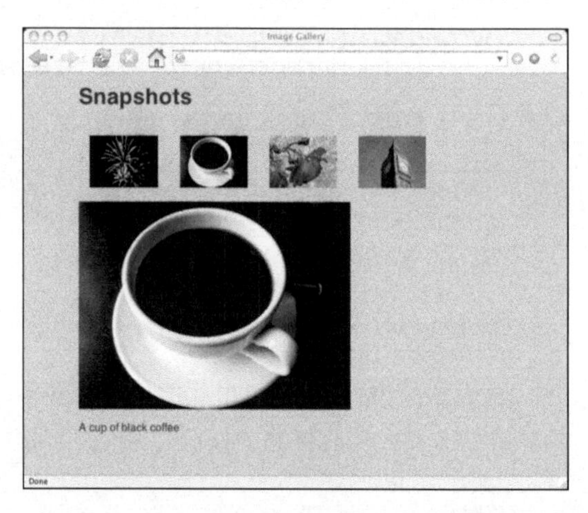

图　7-11

到目前为止，我们创建的这些新内容对这个页面来说并不算是新的。比如，页面加载后，标记中就已经存在 title 属性了。而通过 createElement 添加的新段落也是基于嵌入在脚本中的标记添加的。实际上，我们创建的所有一切都包含在了初始的页面当中。只不过我们通过脚本对它们进行了一番重排而已。怎么才能真正得到原来并不存在于初始页面中的内容呢？下面我们就给出一种解决方案。

7.4　Ajax

2005 年，Adaptive Path 公司的 Jesse James Garrett 发明了 Ajax 这个词，用于概括异步加载页面内容的技术。以前，Web 应用都要涉及大量的页面刷新：用户点击了某个链接，请求发送回服务器，然后服务器根据用户的操作再返回新页面。即便用户看到的只是页面中的一小部分有变化，也要刷新和重新加载整个页面，包括公司标志、导航、头部区域、脚部区域等。

使用 Ajax 就可以做到只更新页面中的一小部分。其他内容——标志、导航、头部、脚部，都不用重新加载。用户仍然像往常一样点击链接，但这一次，已经加载的页面中只有一小部分区域会更新，而不必再次加载整个页面了。

Ajax 的主要优势就是对页面的请求以异步方式发送到服务器。而服务器不会用整个页面来响应请求，它会在后台处理请求，与此同时用户还能继续浏览页面并与页面交互。你的脚本则可以按需加载和创建页面内容，而不会打断用户的浏览体验。利用 Ajax，Web 应用可以呈现出功能丰富、交互敏捷、类似桌面应用般的体验，就像你使用谷歌地图时的感觉一样。

和任何新技术一样，Ajax 有它自己的适用范围。它依赖 JavaScript，所以可能会有浏览器不支持它，而搜索引擎的蜘蛛程序也不会抓取到有关内容。

7.4.1 XMLHttpRequest 对象

Ajax 技术的核心就是 XMLHttpRequest 对象。这个对象充当着浏览器中的脚本（客户端）与服务器之间的中间人的角色。以往的请求都由浏览器发出，而 JavaScript 通过这个对象可以自己发送请求，同时也自己处理响应。

虽然有关 XMLHttpRequest 对象的标准还比较新（参见 HTML5），但这个对象的历史可谓久远，因而得到了几乎所有现代浏览器的支持。但问题是，不同浏览器实现 XMLHttpRequest 对象的方式不太一样。为了保证跨浏览器，你不得不为同样的事情写不同的代码分支。

下面我们举一个例子，把以下代码保存为 ajax.html：

```
<!DOCTYPE html>
<html lang="en">
<head>
<meta charset="utf-8" />
  <title>Ajax</title>
</head>
<body>

  <div id="new"></div>

  <script src="scripts/addLoadEvent.js"></script>
  <script src="scripts/getHTTPObject.js"></script>
  <script src="scripts/getNewContent.js"></script>
</body>
</html>
```

这个 HTML 文件包含的 addLoadEvent.js 文件位于 scripts 文件夹中，该文件夹里还有另外两个新脚本：getHTTPObject.js 和 getNewContent.js。

为了模拟服务器的响应，在 ajax.html 文件的旁边创建一个 example.txt 文件，包含如下内容：

```
This was loaded asynchronously!
```

这个文件将充当服务器端脚本的输出。多数情况下，服务器端脚本在接到请求后，还会做一番处理再输出结果。但这里我们只是为了演示说明，就不搞那么复杂了。接下来我们就编写 getHTTPObject.js 和 getNewContent.js 这两个脚本。

微软最早在 IE5 中以 ActiveX 对象的形式实现了一个名叫 XMLHTTP 的对象。在 IE 中创建新的对象要使用下列代码：

```
var request = new ActiveXObject("Msxml2.XMLHTTP.3.0");
```

其他浏览器则基于 XMLHttpRequest 来创建新对象：

```
var request = new XMLHttpRequest();
```

更麻烦的是，不同 IE 版本中使用的 XMLHTTP 对象也不完全相同。为了兼容所有浏览器，getHTTPObject.js 文件中的 getHTTPObject 函数要这样来写：

```
function getHTTPObject() {
  if (typeof XMLHttpRequest == "undefined")
    XMLHttpRequest = function () {
      try { return new ActiveXObject("Msxml2.XMLHTTP.6.0"); }
        catch (e) {}
      try { return new ActiveXObject("Msxml2.XMLHTTP.3.0"); }
        catch (e) {}
      try { return new ActiveXObject("Msxml2.XMLHTTP"); }
        catch (e) {}
      return false;
  }
  return new XMLHttpRequest();
}
```

getHTTPObject 通过对象检测技术检测了 XMLHttpRequest。如果失败，则继续检测其他方法，最终返回 false 或一个新的 XMLHttpRequest（或 XMLHTTP）对象。

这样，在你的脚本中要使用 XMLHttpRequest 对象时，可以将这个新对象直接赋值给一个变量：

```
var request = getHTTPObject();
```

XMLHttpRequest 对象有许多的方法。其中最有用的是 open 方法，它用来指定服务器上将要访问的文件，指定请求类型：GET、POST 或 SEND。这个方法的第三个参数用于指定请求是否以异步方式发送和处理。

在 getNewContent.js 文件中添加下列代码：

```
function getNewContent() {
  var request = getHTTPObject();
  if (request) {
    request.open( "GET", "example.txt", true );
    request.onreadystatechange = function() {
      if (request.readyState == 4) {
      var para = document.createElement("p");
      var txt = document.createTextNode(request.responseText);
      para.appendChild(txt);
      document.getElementById('new').appendChild(para);
      }
    };
    request.send(null);
  } else {
    alert('Sorry, your browser doesn\'t support XMLHttpRequest');
  }
}
addLoadEvent(getNewContent);
```

当页面加载完成后，以上代码会发起一个 GET 请求，请求与 ajax.html 文件位于同一目录的

example.txt 文件。

```
request.open( "GET", "example.txt", true );
```

代码中的 onreadystatechange 是一个事件处理函数，它会在服务器给 XMLHttpRequest 对象送回响应的时候被触发执行。在这个处理函数中，可以根据服务器的具体响应做相应的处理。

在此，我们给它指定了一个处理函数：

```
request.onreadystatechange = function() {
  // 处理响应
};
```

当然，也可以引用一个函数。下面的代码就会在 onreadystatechange 被触发时执行名为 doSomething 的函数：

注意 在为 onreadystatechange 指定函数引用时，不要在函数名后面加括号。因为加括号表示立即调用函数，而我们在此只想把函数自身的引用（而不是函数结果）赋值给 onreadystate-change 属性。

```
request.onreadystatechange = doSomething;
```

在指定了请求的目标，也明确了如何处理响应之后，就可以用 send 方法来发送请求了：

```
request.send(null);
```

如果浏览器不支持 XMLHttpRequest 对象，getHTTPObject 函数会返回 false，因此你还要处理好这种情况。

服务器在向 XMLHttpRequest 对象发回响应时，该对象有许多属性可用，浏览器会在不同阶段更新 readyState 属性的值，它有 5 个可能的值：

- 0 表示未初始化
- 1 表示正在加载
- 2 表示加载完毕
- 3 表示正在交互
- 4 表示完成

只要 readyState 属性的值变成了 4，就可以访问服务器发送回来的数据了。

访问服务器发送回来的数据要通过两个属性完成。一个是 responseText 属性，这个属性用于保存文本字符串形式的数据。另一个属性是 responseXML 属性，用于保存 Content-Type 头部中指定为"text/xml"的数据，其实是一个 DocumentFragment 对象。你可使用各种 DOM 方法来处理这个对象。而这也正是 XMLHttpRequest 这个名称里有 XML 的原因。

在这个例子中，onreadystatechange 事件处理函数在等到 readyState 值变成 4 之后，就会从 responseText 属性里取得文本数据，然后把数据放到一个段落中，再将新段落添加到 DOM 里：

```
request.onreadystatechange = function() {
  if (request.readyState == 4) {
    var para = document.createElement("p");
    var txt = document.createTextNode(request.responseText);
```

```
      para.appendChild(txt);
      document.getElementById('new').appendChild(para);
    }
  }
```

此时，example.txt 文件中的文本内容就会出现在 id 为 new 的 div 元素中，如图 7-12 所示。

图　7-12

注意　在使用 Ajax 时，千万要注意同源策略。使用 XMLHttpRequest 对象发送的请求只能访问与其所在的 HTML 处于同一个域中的数据，不能向其他域发送请求。此外，有些浏览器还会限制 Ajax 请求使用的协议。比如在 Chrome 中，如果你使用 file://协议从自己的硬盘里加载 example.txt 文件，就会看到“Cross origin requests are only supported for HTTP”（跨域请求只支持 HTTP 协议）的错误消息。

异步请求有一个容易被忽略的问题是异步性，就是脚本在发送 XMLHttpRequest 请求之后，仍然会继续执行，不会等待响应返回。为了证明这一点，可以在 request.onreadystatechange 处理函数中和 getNewContent 函数的最后各添加一个警告框：

```
function getNewContent() {
  var request = getHTTPObject();
  if (request) {
    request.open( "GET", "example.txt", true );
    request.onreadystatechange = function() {
      if (request.readyState == 4) {
      alert("Response Received");
      var para = document.createElement("p");
      var txt = document.createTextNode(request.responseText);
      para.appendChild(txt);
      document.getElementById('new').appendChild(para);
      }
```

```
    };
    request.send(null);
  } else {
    alert('Sorry, your browser doesn\'t support XMLHttpRequest');
  }
  alert("Function Done");
}
addLoadEvent(getNewContent);
```

现在加载一下页面试试，很可能显示“Function Done”的警告框会先于“Response Received”的警告框出现。这就证明了脚本不会等待send的响应，而是会继续执行。之所以说“很可能”，是因为有时候服务器的响应也会非常快。如果你是从本地硬盘上加载文件，请求和响应几乎会同时发生。而如果是从手机浏览器中加载页面，那么在收到响应之前恐怕就要等很长时间。

为此，如果其他脚本依赖于服务器的响应，那么就得把相应的代码都转移到指定给onreadystatechange属性的那个函数中。上面例子中添加DOM元素的代码就是一个例子。

XMLHttpRequest 对象实际上是非常简单的，也没有什么值得大书特书的地方。不过，只要发挥一点想象力，你就可以通过它达成令人炫目的效果。

Ajax 之挑战

总的来说，Ajax 技术还是给我们带了很多好处。利用它，可以增强站点的可用性，用户无须刷新页面，从而可以很快地得到响应。但与此同时，这个新技术也给我们提出了一些挑战。

Ajax 应用的一个特色就是减少重复加载页面的次数。但这种缺少状态记录的技术会与浏览器的一些使用惯例产生冲突，导致用户无法使用后退按钮或者无法为特定状态下的页面添加书签。

只更新部分页面区域的特性也会影响到用户的预期。理想情况，用户的每一次操作都应该得到一个清晰明确的结果。为此，Web 设计人员必须在向服务器发出请求和服务器返回响应时，给用户明确的提示。

要构建成功的 Ajax 应用，关键在于将 Ajax 功能看做一般的 JavaScript 增强功能，在平稳退化的基础上求得渐进增强。

7.4.2 渐进增强与 Ajax

由于 Ajax 应用能够让用户感觉到响应迅速而透明，很多人都认为它更像传统的桌面应用，而不是网站。虽然这种说法在某种意义上是正确的，但却很容易误导人，很容易让人觉得可以毫无顾忌地使用 Ajax，而不必像在创建网站那样考虑可用性和可访问性。

很多站点使用了 Ajax 技术并明确要求必须启用 JavaScript 才能正常访问网站的内容。有一种观点为此辩护，今天站点提供的功能是如此丰富，根本不可能做到平稳退化。

我不赞同这种观点。实际上，我认为能够通过 Ajax 实现的应用一定也可以通过其他非 Ajax 技术来实现。归根结底，要看你怎么用 Ajax。

如果你从一开始设计就以 Ajax 为起点，那么以后确实很难把它从成品站点中剥离出来，再额外提供一个不使用 Ajax 的版本。但是，如果一开始你的应用就是基于老式的页面刷新机制构建的，那么就可以在既有框架基础上，用 Ajax 拦住发送到服务器的请求，并将请求转交给 XMLHttpRequest 对象处理。这种情况下，Ajax 功能就扮演了一个位于常规站点之上的层。

这种说法听起来有点耳熟，是吗？这跟我们第 5 章讨论的渐进增强理念没有什么区别。从一开始就依赖 Ajax 构建核心应用，无异于从一开始就使用 javascript:伪协议去处理点击链接的操作（同样也在第 5 章讨论过）。对于后者，更好的方式当然是只使用常规的链接，然后通过 JavaScript 去拦截默认动作。同样的道理，构建 Ajax 网站的最好方法，也是先构建一个常规的网站，然后 Hijax 它。

7.4.3 Hijax

如果说 Ajax 的成功要归功于它的这个简短好记的名字，让人提到它的时候不用再说"XMLHttpRequest 和 DOM 脚本编程、CSS，以及(X)HTML"，而只要说"Ajax"就可以了。那么，你只要说"Hijax"[①]，别人也就明白它指的是"渐进增强地使用 Ajax"。

Ajax 应用主要依赖后台服务器，实际上是服务器端的脚本语言完成了绝大部分工作。XMLHttpRequest 对象作为浏览器与服务器之间的"中间人"，它只是负责传递请求和响应。如果把这个中间人请开，浏览器与服务器之间的请求和响应应该继续完成（而不是中断），只不过花的时间可能会长一点点。

想一想登录表单，构建它最简单的办法就是按照老传统，让表单把整个页面都提交到服务器，然后服务器再发回来一个包含反馈的新页面。所有处理操作都在服务器上完成，而用户在表单中输入的数据则由服务器负责取得并与保存在数据库里的数据进行比较，看是不是真的存在这么个用户。

然后，为了给这个登录表单添加 Ajax 功能，就需要拦截提交表单的请求（Hijax 嘛），让 XMLHttpRequest 请求来代为发送。提交表单触发的是 submit 事件，因此只要通过 onsubmit 事件处理函数捕获该事件，就可以取消它的默认操作（提交整个页面），然后代之以一个新的操作：通过 XMLHttpRequest 对象向服务器发送数据。

拦截了登录表单的提交请求之后，登录过程就可以让用户感觉更方便。响应时间加快了，不必刷新整个页面了。可是，万一用户的浏览器没有启动 JavaScript 呢？没关系，登录表单照样能让用户正常登录。只不过所花时间要长一点，用户体验没有那么流畅罢了。毕竟，处理登录验证的操作都在服务器上啊，有什么理由让没有 JavaScript 的用户不能登录呢！

请大家记住这个事实，Ajax 应用主要依赖于服务器端处理，而非客户端处理。既然如此，它就没有理由不能做到平稳退化。不可否认，有些应用如果没有了 Ajax 而只依靠页面刷新，用户的每一次操作可能都要等很长时间。但慢一点的退化的体验，是不是仍然要比完全没有体验更好呢？

第 12 章在构建一个完整的网站示例时，将详细介绍如何利用 Hijax 技术。

---

① Jeremy Keith 借用了 hijack（劫持）一词的发音和含义，意思就是拦截用户操作触发的请求。——译者注

7.5 小结

在本章里，我们介绍了几种不同的向浏览器里的文档动态添加标记的办法。我们还简要地回顾了两种“传统的”技术：

- document.write 方法
- innerHTML 属性

之后你看到了一些有一定深度的利用 DOM 方法来动态创建标记的例子。

- createElement 方法
- createTextNode 方法
- appendChild 方法
- insertBefore 方法

使用这些方法的关键是将 Web 文档视为节点树。请记住，你用 createElement 或 createTextNode 方法刚刚创建出来的节点只是 JavaScript 世界里的孤儿。利用 appendChild 或 insertBefore 方法，可以把这些 DocumentFragment 对象插入某个文档的节点树，让它们呈现在浏览器窗口里。

在这一章里，你还看到了如何对图片库做进一步改进。你还看到了一个非常实用的 insertAfter 函数的构建过程。在需要把一些标记添加到文档时，这个函数往往能帮上大忙。

本章还简要讨论了 Ajax 和异步请求，这些内容将在第 12 章更详细地介绍。

在下一章里，你将会看到更多向文档添加标记的例子，学会动态创建一些很有用的信息块来增强你的文档。

第 8 章

充实文档的内容

本章内容

- 一个为文档创建“缩略语列表”的函数
- 一个为文档创建“文献来源链接”的函数
- 一个为文档创建“快捷键清单”的函数

上一章你已经学会利用 DOM 方法和属性来动态创建标记。在这一章里你将继续在实践中应用这些技术。你会通过 DOM 创建一些标记片段并随后把它们添加到网页。从 friends of ED 网站（http://friendsofed.com/）本书的下载页面你可以找到这些函数的完整版本。

8.1 不应该做什么

理论上，你可以用 JavaScript 把一些重要的内容添加到网页上。事实上这是一个坏主意，因为这样一来 JavaScript 就没有任何空间去平稳退化。那些缺乏必要的 JavaScript 支持的访问者就会永远也看不到你的重要内容。至少到现在为止，各大搜索引擎网站的搜索机器人（searchbot）还几乎不支持 JavaScript。

如果你觉察到自己正在使用 DOM 技术把一些重要的内容添加到网页上，则应该立刻停下来去检讨你的计划和思路。你很可能会发现自己正在滥用 DOM!

第 5 章我们讨论过，下面这两项原则要牢记在心。

- 渐进增强（progressive enhancement）。渐进增强原则基于这样一种思想：你应该总是从最核心的部分，也就是从内容开始。应该根据内容使用标记实现良好的结构；然后再逐步加强这些内容。这些增强工作既可以是通过 CSS 改进呈现效果，也可以是通过 DOM 添加各种行为。如果你正在使用 DOM 添加核心内容，那么你添加的时机未免太迟了，内容应该在刚开始编写文档时就成为文档的组成部分。
- 平稳退化。渐进增强的实现必然支持平稳退化。如果你按照渐进增强的原则去充实内容，你为内容添加的样式和行为就自然支持平稳退化，那些缺乏必要的 CSS 和 DOM 支持的访问者仍可以访问到你的核心内容。如果你用 JavaScript 去添加这些重要内容，它就没法支持平稳退化，不支持 JavaScript，就看不到内容。这好像是一种限制，其实不是，利用 DOM 去生成内容有着广泛的用途。

8.2 把“不可见”变成“可见”

现如今的 Web 设计人员能够从许多方面对网页的显示效果加以控制。在对包含在 HTML 标记内的内容设置样式时，CSS 提供了非常强大的功能。这种技术早已超越了对网页内容的字体和颜色进行简单调整的初级阶段。利用 CSS，我们可以把原本纵向排列的元素显示成一行。第 6 章 JavaScript 图片库页面上由缩略图构成的图片清单就是一个很好的例子。包含在`<li>`标签里的列表项在通常情况下各占一行，但在我把每个列表项的 `display` 属性设置为 `inline` 之后，那些列表项在浏览器窗口里从纵向排列变成了横向排列。

反过来也是可以的。对于通常是横向排列的元素，只需把它的 `display` 属性设置为 `block`，就可以让这个元素独占一行。如果把某个元素的 `display` 属性设置为 `none`，甚至可以让它根本不出现在浏览器窗口里，这个元素仍是 DOM 节点树的组成部分，只是浏览器不显示它们而已。

除了标签之间的内容以外，标签内的属性中也包含语义信息。在对内容进行标记时，正确地设置标记属性也是工作的重要组成部分。

绝大多数属性的内容（即属性值）在 Web 浏览器里都是不显示的，只有极少数属性例外，但不同的浏览器在呈现这些例外的属性时却常常千姿百态。比如说，有些浏览器会把 `title` 属性的内容显示为弹出式的提示框，另一些浏览器则会把它们显示在状态栏里。有些浏览器会把 `alt` 属性的内容显示为弹出式的提示框，这导致了对 `alt` 属性的广泛滥用。这个属性原本的用途是：在图片不可用（无法显示）时用一段描述文字来解释这个位置的图片。

在显示属性这个问题上，你只能听任浏览器摆布。其实只需要一点点 DOM 编程，我们就能够把这种控制权重新掌握在自己的手里。

本章我们着眼于使用 DOM 技术为网页添加一些实用的小部件。

- 得到隐藏在属性里的信息。
- 创建标记封装这些信息。
- 把这些标记插入到文档。

这与简单地利用 DOM 去新建一些内容有所区别。在本章的例子里，这些内容已经存在于标记之中，你要利用 JavaScript 和 DOM 复制这些内容并以另外一种结构呈现它们。

8.3 内容

和往常一样，任何网页都以内容为出发点。现在拿下面这段文字作为你的出发点：

```
What is the Document Object Model?
The W3C defines the DOM as:
A platform- and language-neutral interface that will allow programs
and scripts to dynamically access and update the
content, structure  and style of documents.
It is an API that can be used to navigate HTML and XML documents.
```

给这段文字加上适当的标记：

```
<h1>What is the Document Object Model?</h1>
<p>
The <abbr title="World Wide Web Consortium">W3C</abbr> defines
➥the <abbr title="Document Object Model">DOM</abbr> as:
</p>
<blockquote cite="http://www.w3.org/DOM/">
  <p>
A platform- and language-neutral interface that will allow programs
➥and scripts to dynamically access and update the
➥content, structure and style of documents.
  </p>
</blockquote>
<p>
It is an <abbr title="Application Programming Interface">API</abbr>
➥that can be used to navigate <abbr title="HyperText Markup Language">
➥HTML</abbr> and <abbr title="eXtensible Markup Language">XML
➥</abbr> documents.
</p>
```

这段文本包含大量的缩略语，上面已经都用<abbr>标签把它们都标识出来了。

注意　<abbr>标签与<acronym>这两个标签之间的区别一直纠缠不清。<abbr>标签的含义是“缩略语”（源自英文单词 abbreviation），它是对单词或短语的简写形式的统称。<acronym>标签的含义是被当成一个单词来读的“首字母缩写词”（源自英文单词 acronym）。如果你把DOM念成一个单词dom，它就是一个首字母缩写词；如果你把它念成三个字母D-O-M，它就是一个缩略语。所有的首字母缩略词都是缩略语，但不是所有的缩略语都是首字母缩略词。为避免混乱持续下去，在HTML5中<acronym>标签已被<abbr>标签代替。

现在已经把那段文本改写成一个标记片段，你需要把它扩展为一个完整的网页。具体地说，要先把这段内容放入<body>标签，再把这个body元素以及相应的head元素放入<html>标签。

8.3.1　选用 HTML、XHTML 还是 HTML5

对于标记而言，选用HTML还是XHTML是你的自由。重要的是不管选用的哪种文档类型，你使用的标记必须与你选用的DOCTYPE声明保持一致。

就个人而言，我更喜欢使用XHTML规则，使用一个DOCTYPE让浏览器采用更严格的呈现方案。它对允许使用的标记有着更严格的要求，而这可以督促我写出更严谨清晰的文档。比如说，在写标签和属性时，HTML既允许使用大写字母（比如<P>），也允许使用小写字母（比如<p>）；XHTML却要求所有的标签名和属性名都必须使用小写字母。

HTML在某些情况下会允许省略结束标签，比如说，你可以省略</p>和</li>标签。表面上看它提供了一种弹性，但事实上一旦文档在浏览器里的呈现效果与你的预期不符，追查问题的根源将变得十分困难。在XHTML的世界里，所有的标签都必须闭合——对诸如<img>和
之类的孤立元素也不例外：在书写时它们必须有一个反斜线字符表示标签结束：即<img/>和
这样。注意，为了与早期的浏览器保持兼容，应该在反斜杠字符的前面保留一个空格。使用严格的DOCTYPE对验证工具跟踪错误会有很大的帮助。

若要使用XHTML DOCTYPE，应将下列内容写在文档开头：

```
<!DOCTYPE html
  PUBLIC "-//W3C//DTD XHTML 1.0 Strict//EN"
  "http://www.w3.org/TR/xhtml1/DTD/xhtml1-strict.dtd">
```

另一个方案你可能会更喜欢，那就是使用HTML5的文档类型声明，它非常简单：

```
<!DOCTYPE html>
```

总共才15个字符。简短好记，并且容易输入。而且这个文档声明同样也支持HTML和XHTML标记。要详细了解HTML5，请看第11章。

注意 某些浏览器要根据DOCTYPE来决定使用标准模式，还是使用兼容模式来呈现页面。兼容模式意味着浏览器要模仿某些早期浏览器的"怪异行为"，并容许那些不规范的页面在新浏览器也能正常工作。一般来说，我们都应该坚持使用标准模式，避免触发兼容模式。谢天谢地，HTML5 DOCTYPE默认对应的就是标准模式。

XHTML5

假如真想较真，可以走XHTML5的路线，让Web服务器以application/xhtml+xml的MIME类型来响应页面，但必须预先警告。

XHTML5本质上是使用严格的XML规则编写的HTML5。从技术角度说，Web浏览器应该将任何XHTML5文档都视为XML文档，而不是HTML文档。而在现实中，你还得在文档的头部发送正确的MIME类型，即application/xhtml+xml。有些浏览器不认识这个MIME类型，因而一般要在服务器端对浏览器进行探查后再发送。否则最坏的情况，页面很可能根本不会在浏览器中呈现。因此，绝大多数XHTML页面仍然是以HTML类型发送的。

如果使用了XHTML5，而且MIME类型也正确，那么你的页面除了在某些浏览器中可能无法呈现之外，有些HTML DOM属性，如document.write也将无法使用。当然，核心DOM方法总是能正常使用的。不仅在XHTML5中，在任何有效的XML文档中，核心DOM方法都畅行无阻。

下面是按照HTML5规范完成的最终标记文件explanation.html：

```
<!DOCTYPE html>
<html lang="en">
  <head>
    <meta charset="utf-8" />
    <title>Explaining the Document Object Model</title>
  </head>
  <body>
    <h1>What is the Document Object Model?</h1>
    <p>
The <abbr title="World Wide Web Consortium">W3C</abbr> defines the <abbr title="Document
```

```
Object Model">DOM</abbr> as:
    </p>
    <blockquote cite="http://www.w3.org/DOM/">
      <p>
A platform- and language-neutral interface that will allow programs
➥and scripts to dynamically access and update the
➥content, structure and style of documents.
      </p>
    </blockquote>
    <p>
It is an <abbr title="Application Programming Interface">API</abbr>
➥that can be used to navigate <abbr title="HyperText Markup Language">
➥HTML</abbr> and <abbr title="eXtensible Markup Language">XML
➥</abbr> documents.
    </p>
  </body>
</html>
```

如果你在 Web 浏览器里加载这个页面，就可以看到浏览器是如何显示那些标记内容的，如图 8-1 所示。有些浏览器会把文档中的缩略语（<abbr>标签）显示为带有下划线或下划点的文本，另一些浏览器则会把缩略语显示为斜体字。

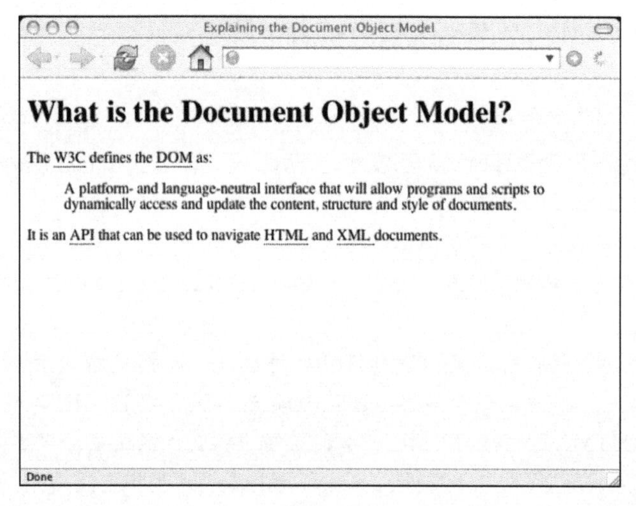

图　8-1

8.3.2　CSS

虽然我还未给 explanation.html 文档配上任何样式表，但样式显然已经在起作用了。这是因为每种浏览器都有一些自己的默认样式。

我们可以用自己的样式表来取代浏览器的默认样式。请看下面这个例子：

```
body {
  font-family: "Helvetica","Arial",sans-serif;
  font-size: 10pt;
}
abbr {
  text-decoration: none;
```

```
  border: 0;
  font-style: normal;
}
```

把这个样式表保存为 typography.css 文件，并将其放到子目录 styles 里去。

在 explanation.html 文档的<head>部分增加一条语句：

```
<link rel="stylesheet" media="screen" href="styles/typography.css" />
```

现在你把 explanation.html 文档加载到一个 Web 浏览器里，可以看到一些差别。这份文档的字体变了，其中的缩略语已看不出有特别之处，如图 8-2 所示。

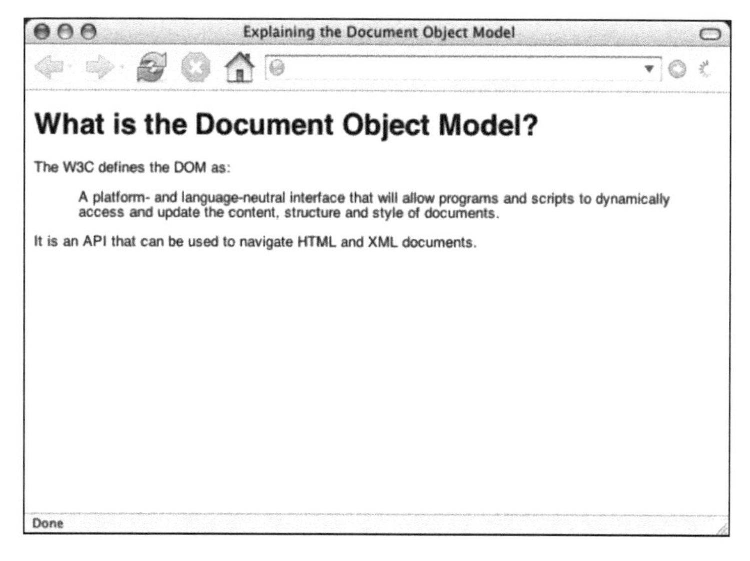

图 8-2

8.3.3 JavaScript

缩略语（<abbr>标签）的 title 属性在浏览器里是隐藏的。有些浏览器会在你把鼠标指针悬停在缩略语上时，将它的 title 属性显示为一个弹出式的提示消息。就像浏览器所使用的默认样式一样，浏览器对缩略语的默认呈现行为也是各有各的做法。

就像我们可以用自己的 CSS 样式表去取代浏览器所使用的默认样式那样，你也可以用 DOM 去改变浏览器的默认行为。

8.4 显示“缩略语列表”

要能把这些<abbr>标签中的 title 属性集中起来显示在一个页面该多好！用一个定义列表元素来显示这些<abbr>标签包含的文本和 title 属性最合适不过了。下面是我希望得到的定义列表：

```
<dl>
  <dt>W3C</dt>
  <dd>World Wide Web Consortium</dd>
  <dt>DOM</dt>
  <dd>Document Object Model</dd>
  <dt>API</dt>
  <dd>Application Programming Interface</dd>
  <dt>HTML</dt>
  <dd>HyperText Markup Language</dd>
  <dt>XML</dt>
  <dd>eXtensible Markup Language</dd>
</dl>
```

你可以使用 DOM 来创建这个定义列表，具体步骤如下。

(1) 遍历这份文档中的所有 abbr 元素。

(2) 保存每个 abbr 元素的 title 属性。

(3) 保存每个 abbr 元素包含的文本。

(4) 创建一个“定义列表”元素（即 dl 元素）。

(5) 遍历刚才保存的 title 属性和 abbr 元素的文本。

(6) 创建一个“定义标题”元素（即 dt 元素）。

(7) 把 abbr 元素的文本插入到这个 dt 元素。

(8) 创建一个“定义描述”元素（即 dd 元素）。

(9) 把 title 属性插入到这个 dd 元素。

(10) 把 dt 元素追加到第 4 步创建的 dl 元素上。

(11) 把 dd 元素追加到第 4 步创建的 dl 元素上。

(12) 把 dl 元素追加到 explanation.html 文档的 body 元素上。

我们编写一个函数来做上面这些事。

8.4.1　编写 displayAbbreviations 函数

我们把这个函数命名为 displayAbbreviations()。创建一个名为 displayAbbreviations.js 的文件并将其存放到子目录 scripts。

第一步是定义这个函数。因为它不需要任何参数，所以函数名后面的圆括号将是空的：

```
function displayAbbreviations() {
```

开始遍历这份文档里的所有 abbr 元素之前，我们必须先把它们找出来。这可以用 getElementsByTagName 方法轻松完成：只需把 abbr 作为参数传递给这个方法，它就会返回一个包含这个文档里的所有 abbr 元素的节点集合。（前面提到过，节点集合就是一个由节点构成的数组）。我把这个数组保存到变量 abbreviations 里：

```
var abbreviations = document.getElementsByTagName("abbr");
```

现在，我们可以开始遍历 abbreviations 数组了，但在遍历之前先进行一些测试。我们知道在这份文档里有一些缩略语，但并非所有的文档都这样。如果想让这个函数还能适用于其他文档，就应该先去检查一下当前文档是不是包含有缩略语， 再决定要不要走下一步。

查询一下 abbreviations 数组的 length 属性，我们就能知道这个文档里有多少个缩略语。如果 abbreviations.length 小于 1，就说明这个文档里没有缩略语。如果真是这样，这个函数就应该立刻停止执行并返回一个布尔值 false：

```
if (abbreviations.length < 1) return false;
```

如果文档里没有 abbr 元素，这个函数将就此结束。

下一步是获取并保存每个 abbr 元素提供的信息。我们需要得到每个<abbr>标签包含的文本及其 title 属性的值。当你需要把像这样的一系列数据保存起来时，数组是理想的存储媒介。定义一个名为 defs 的新数组：

```
var defs = new Array();
```

现在开始遍历 abbreviations 数组：

```
for (var i=0; i<abbreviations.length; i++) {
```

为了得到当前缩略语的解释文字，用 getAttribute()方法得到 title 属性的值，并把值保存到变量 definition 里：

```
var definition = abbreviations[i].getAttribute("title");
```

要得到<abbr>标签包含的缩略语文本需要 nodeValue 属性。实际上是需要拿到 abbr 元素里的文本节点的值。在 explanation.html 文档中的每个 abbr 元素里，文本节点都是这个元素内部的第一个（也是仅有的一个）节点。换句话说，这个文本节点是 abbr 元素节点的第一个子节点，也是最后一个子节点：

```
abbreviations[i].lastChild
```

下面这条语句得到这个文本节点的 nodeValue 属性并把它赋值给变量 key：

```
var key = abbreviations[i].lastChild.nodeValue;
```

现在有两个变量了：definition 和 key。这两个变量的值就是我想保存到 defs 数组里的内容。我们通过把其中之一用作数组元素的下标（键），另一个用作数组元素的值的方式来同时保存这两个值：

```
defs[key] = definition;
```

defs 数组中的第一个元素的下标是 W3C，值是 World Wide Web Consortium；defs 数组中的第二个元素的下标是 DOM，值是 Document Object Model，依次类推。

下面是这个 for 循环的完整代码：

```
for (var i=0; i<abbreviations.length; i++) {
  var definition = abbreviations[i].getAttribute("title");
  var key = abbreviations[i].lastChild.nodeValue;
  defs[key] = definition;
}
```

为提高这个循环的可读性，建议你把 abbreviations[i]的值——你在本次循环里正在被遍历的那个 abbreviations 数组元素——赋给一个名为 current_abbr 的变量：

```
for (var i=0; i<abbreviations.length; i++) {
  var current_abbr = abbreviations[i];
  var definition = current_abbr.getAttribute("title");
  var key = current_abbr.lastChild.nodeValue;
  defs[key] = definition;
}
```

如果你觉得 current_abbr 变量可以帮助你更好地理解这段代码，那就把它留在那里好了。额外增加一条这样的语句只是一个非常小的开销。

从理论上讲，你完全可以把整个循环体写成一条语句，但那会让代码非常难以阅读：

```
for (var i=0; i<abbreviations.length; i++) {
  defs[abbreviations[i].lastChild.nodeValue] = abbreviations[i].getAttribute("title");
 }
```

在编写 JavaScript 代码时，许多操作都有多种实现办法。就拿上面这个 for 循环来说，你已经看到了三种不同的写法。选出一种最适合你的写法用在你的脚本里。如果在编写某些代码时你就觉得它们不容易理解，等日后再去阅读它们的时候就会更加困难。

现在，我已经把那些缩略语及其解释保存到了 defs 数组里。接下来我们要创建标记以便把这些内容显示在页面上。

8.4.2　创建标记

定义列表是表现缩略语及其解释的理想结构。定义列表（<dl>）由一系列“定义标题”（<dt>）和相应的“定义描述”（<dd>）构成：

```
<dl>
  <dt>Title 1</dt>
  <dd>Description 1</dd>
  <dt>Title 2</dt>
  <dd>Description 2</dd>
</dl>
```

用 createElement 方法创建这个定义列表，并把这个新创建的元素赋值给变量 dlist：

```
var dlist = document.createElement("dl");
```

由上面这条语句创建出来的 dl 元素只是 JavaScript 世界里的一个孤儿。稍后我们将通过它的引用，也就是 dlist 变量，把它添加到 explanation.html 文档中。

现在需要再编写一个循环，对刚刚创建的 defs 数组进行遍历。这次我们还是使用 for 循环，不过这次与前面编写的那个 for 循环有点儿不一样。你可以利用一个 for/in 循环把某个数组的下标（键）临时赋值给一个变量：

```
for (variable in array)
```

在进入第一次循环时，变量 variable 将被赋值为数组 array 的第一个元素的下标值；在进入第二次循环时，变量 variable 将被赋值为数组 array 的第二个元素的下标值；依次类推，直到遍历完数组 array 里的所有元素为止。这就是我们遍历关联数组 defs 的方式：

```
for (key in defs) {
```

上面这行代码的含义是“对于 defs 关联数组里的每个键，把它的值赋给变量 key”。在接下来的循环体部分，变量 key 可以像其他变量那样使用。具体到这个例子，因为变量 key 的值是当前正在处理的数组元素的键，所以可以利用它得到相应的数组元素的值：

```
var definition = defs[key];
```

在这个 for/in 循环的第一次循环里，变量 key 的值是 W3C，变量 definition 的值是 World Wide Web Consortium；在第二次循环里，变量 key 的值是 DOM，变量 definition 的值是 Document Object Model。

每次循环都需要创建一个 dt 元素和一个 dd 元素。我们还需要创建相应的文本节点并把它们分别添加到新创建的 dt 和 dd 元素。

先创建 dt 元素：

```
var dtitle = document.createElement("dt");
```

然后用变量 key 的值去创建一个文本节点：

```
var dtitle_text = document.createTextNode(key);
```

我们已经创建了两个节点。新创建的元素节点被赋值给变量 dtitle。把新创建的文本节点赋值给变量 dtitle_text。使用 appendChild()方法把 dtitle_text 文本节点添加到 dtitle 元素节点：

```
dtitle.appendChild(dtitle_text);
```

重复这个过程创建 dd 元素：

```
var ddesc = document.createElement("dd");
```

这次用变量 definition 的值创建一个文本节点：

```
var ddesc_text = document.createTextNode(definition);
```

再一次把文本节点添加到元素节点：

```
ddesc.appendChild(ddesc_text);
```

现在，我们有了两个元素节点：dtitle 和 ddesc。这两个元素节点分别包含文本节点 dtitle_text 和 ddesc_text。

在结束循环之前，接着把新创建的 dt 和 dd 元素追加到稍早创建的 dl 元素上。——这个 dl 元素已经被赋给了变量 dlist：

```
dlist.appendChild(dtitle);
dlist.appendChild(ddesc);
```

下面是这个 for/in 循环的完整代码：

```
for (key in defs) {
  var definition = defs[key];
  var dtitle = document.createElement("dt");
  var dtitle_text = document.createTextNode(key);
  dtitle.appendChild(dtitle_text);
```

8

```
    var ddesc = document.createElement("dd");
    var ddesc_text = document.createTextNode(definition);
    ddesc.appendChild(ddesc_text);
    dlist.appendChild(dtitle);
    dlist.appendChild(ddesc);
  }
```

到了这个阶段，我们的定义列表就完成了。它作为一个 DocumentFragment 对象已经存在于JavaScript上下文里。接下来的工作是把它插入到文档中去。

1. 插入这个定义列表

与其把这个定义列表突兀地插入文档，不如给它加上一个描述性标题，这样应该会有更好的效果。

先创建一个 h2 元素节点：

```
var header = document.createElement("h2");
```

再创建一个内容为 Abbreviations 的文本节点：

```
var header_text = document.createTextNode("Abbreviations");
```

然后把文本节点添加到 h2 元素节点：

```
header.appendChild(header_text);
```

对于结构比较复杂的文档，或许还需要借助于特定的 id 才能把新创建的元素插入到文档里的特定位置。因为 explanations.html 文档的结构并不复杂，所以只要把新创建的元素追加到 body 标签上即可。

引用 body 标签的具体做法有两种。第一种是使用 DOM Core，即引用某给定文档的第一个（也是仅有的一个）body 标签：

```
document.getElementsByTagName("body")[0]
```

第二种做法是使用 HTML-DOM，即引用某给定文档的 body 属性：

```
document.body
```

首先，插入"缩略语表"的标题：

```
document.body.appendChild(header);
```

然后，插入"缩略语表"本身：

```
document.body.appendChild(dlist);
```

displayAbbreviations()函数终于全部完成：

```
function displayAbbreviations() {
  var abbreviations = document.getElementsByTagName("abbr");
  if (abbreviations.length < 1) return false;
  var defs = new Array();
  for (var i=0; i<abbreviations.length; i++) {
    var current_abbr = abbreviations[i];
    var definition = current_abbr.getAttribute("title");
    var key = current_abbr.lastChild.nodeValue;
    defs[key] = definition;
  }
  var dlist = document.createElement("dl");
  for (key in defs) {
```

```
      var definition = defs[key];
      var dtitle = document.createElement("dt");
      var dtitle_text = document.createTextNode(key);
      dtitle.appendChild(dtitle_text);
      var ddesc = document.createElement("dd");
      var ddesc_text = document.createTextNode(definition);
      ddesc.appendChild(ddesc_text);
      dlist.appendChild(dtitle);
      dlist.appendChild(ddesc);
    }
    var header = document.createElement("h2");
    var header_text = document.createTextNode("Abbreviations");
    header.appendChild(header_text);
    document.body.appendChild(header);
    document.body.appendChild(dlist);
  }
```

和往常一样，这个函数还有不少需要改进的余地。

2. 检查兼容性

在这个函数的开头部分，应该安排一些检查以确保浏览器能够理解你这个函数里用到的那些DOM方法，这个函数用到了 getElementsByTagName、createElement 和 createTextNode。你可以分别检查这几个方法是否存在：

```
if (!document.getElementsByTagName) return false;
if (!document.createElement) return false;
if (!document.createTextNode) return false;
```

当然，也可以把这几项测试合并为一条语句：

```
if (!document.getElementsByTagName || !document.createElement
➥|| !document.createTextNode) return false;
```

这两种做法并无区别，你可以根据自己的个人习惯选择一种使用。

displayAbbreviations 函数有点长，应该在它的代码里加上一些注释。

```
function displayAbbreviations() {
 if (!document.getElementsByTagName || !document.createElement
 || !document.createTextNode) return false;
// 取得所有缩略词
  var abbreviations = document.getElementsByTagName("abbr");
  if (abbreviations.length < 1) return false;
  var defs = new Array();
// 遍历这些缩略词
  for (var i=0; i<abbreviations.length; i++) {
    var current_abbr = abbreviations[i];
    var definition = current_abbr.getAttribute("title");
    var key = current_abbr.lastChild.nodeValue;
    defs[key] = definition;
  }
// 创建定义列表
  var dlist = document.createElement("dl");
// 遍历定义
  for (key in defs) {
    var definition = defs[key];
// 创建定义标题
    var dtitle = document.createElement("dt");
    var dtitle_text = document.createTextNode(key);
    dtitle.appendChild(dtitle_text);
// 创建定义描述
```

8

```
      var ddesc = document.createElement("dd");
      var ddesc_text = document.createTextNode(definition);
      ddesc.appendChild(ddesc_text);
  // 把它们添加到定义列表
      dlist.appendChild(dtitle);
      dlist.appendChild(ddesc);
    }
  // 创建标题
    var header = document.createElement("h2");
    var header_text = document.createTextNode("Abbreviations");
    header.appendChild(header_text);
  // 把标题添加到页面主体
    document.body.appendChild(header);
  // 把定义列表添加到页面主体
    document.body.appendChild(dlist);
  }
```

这个函数应该在页面加载时被调用。你可以通过 window.onload 事件来做到这一点：

```
window.onload = displayAbbreviations;
```

为了日后能够方便地把多个事件添加到 window.onload 处理函数上，最好使用 addLoadEvent 函数来完成这一工作。首先，编写 addLoadEvent 函数并把它保存为一个新的 JavaScript 脚本文件，将新文件命名为 addLoadEvent.js 并把它存入 scripts 文件夹：

```
function addLoadEvent(func) {
  var oldonload = window.onload;
  if (typeof window.onload != 'function') {
    window.onload = func;
  } else {
    window.onload = function() {
      oldonload();
      func();
    }
  }
}
```

然后，把下面这条语句添加到 displayAbbreviations.js 文件里：

```
addLoadEvent(displayAbbreviations);
```

现在，JavaScript 脚本文件都已经准备好了。接下来，为了调用这两个 JavaScript 脚本文件，我们需要在 explanation.html 文件的<head>部分添加一些<script>标签，如下所示：

```
<script src="scripts/addLoadEvent.js"></script>
<script src="scripts/displayAbbreviations.js"></script>
```

注意　请确保先包含 addLoadEvent.js，因为 displayAbbreviations.js 依赖于它。在真实项目中，你通常还需要压缩脚本，并把它们合并成一个文件（如第 5 章所示）。对我们的例子来说，保持多个 JavaScript 文件和较多的冗余空白有助于大家理解和试验。

---

3. 最终的标记

下面是最终完成的 explanation.html 文件：

```
<!DOCTYPE html>
<html lang="en">
  <head>
```

```
        <meta charset="utf-8" />
        <title>Explaining the Document Object Model</title>
        <link rel="stylesheet" media="screen"
    ➥href="styles/typography.css" />
    </head>
    <body>
        <h1>What is the Document Object Model?</h1>
        <p>
    The <abbr title="World Wide Web Consortium">W3C</abbr> defines
    ➥the <abbr title="Document Object Model">DOM</abbr> as:
        </p>
        <blockquote cite="http://www.w3.org/DOM/">
          <p>
    A platform- and language-neutral interface that will allow programs
    ➥and scripts to dynamically access and update the
    ➥content, structure and style of documents.
          </p>
        </blockquote>
        <p>
    It is an <abbr title="Application Programming Interface">API</abbr>
    ➥that can be used to navigate <abbr title="HyperText Markup Language">
    ➥HTML</abbr> and <abbr title="eXtensible Markup Language">XML
    </abbr> documents.
        </p>
        <script src="scripts/addLoadEvent.js"></script>
        <script src="scripts/displayAbbreviations.js"></script>
      </body>
    </html>
```

现在，把 explanation.html 文件加载到 Web 浏览器里就可以看到 displayAbbreviations 函数的效果了，如图 8-3 所示。

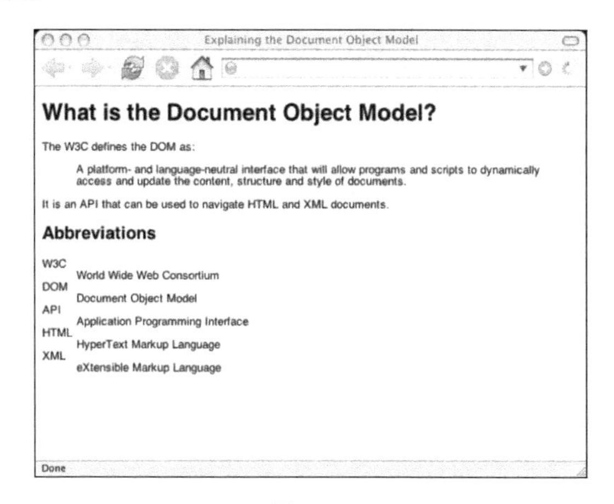

图 8-3

8.4.3 一个浏览器“地雷”

在此以前，我一直避免提到任何特定的浏览器。只要使用的浏览器支持 DOM，则此前见到过的脚本就都可以正常工作。可是，这个 displayAbbreviations 函数却是一个例外。

displayAbbreviations 函数工作得确实不错，除非你使用的浏览器是 IE6 或更早的 Windows

版本。如果把 explanation.html 文件加载到 IE 浏览器里，不仅不会看到一个“缩略语列表”，还极有可能会看到一条 JavaScript 出错消息。

你肯定会对这种行为感到不解：我们已经在 displayAbbreviations 函数的开头部分加上了对象探测语句，以确保只有支持 DOM 的浏览器才会去执行 DOM 代码，IE 浏览器对 getElementsByTagName 和 getElementById 方法的支持也毋庸置疑，为什么还会出现这样的问题呢？

事情还要从本书第1章里提到的浏览器大战说起。在那场大战中，网景公司和微软公司曾把 <abbr>和<acronym>标签当做它们的武器之一。在竞争最激烈时，微软决定不在自己的浏览器里实现 abbr 元素。

那场浏览器大战早已烟消云散，最终的结果是微软打败了网景，但微软的 IE 浏览器直到 IE7 才支持 abbr 元素。displayAbbreviations 函数在早期版本中失败，是因为它试图从一些 abbr 元素节点那里提取属性节点和文本节点，而 IE 浏览器却拒绝承认那些 abbr 节点的“元素”地位。

我们意外地踏上了一颗在一场早已结束的战争中埋藏下来的“地雷”！

可供选择的解决方案有三种。

- 把 abbr 元素统一替换为 acronym 元素。我对这种解决方案不感兴趣，因为我不想为了迁就一种顽固不化的浏览器而“牺牲”一大批语义正确的标记。
- 在元素中使用 html 命名空间（<html:abbr>abbr</html:abbr>），这样 IE 就可以认出这些元素。这个方案涉及修改标记，如果要在其他的文档中使用 displayAbbreviations 函数，问题仍得不到解决。
- 保证 displayAbbreviations 函数在 IE 中能够平稳退化。这个方案实现起来最简单，也最容易被人接受。只要多写几行代码，IE（或其他不能识别 abbr 元素的浏览器）就可以提前退出。

所以，我们选用第三种。

首先，在负责从 abbr 元素提取 title 属性值和文本值的 for 循环里添加一条语句：

```
for (var i=0; i<abbreviations.length; i++) {
  var current_abbr = abbreviations[i];
  if (current_abbr.childNodes.length < 1) continue;
  var definition = current_abbr.getAttribute("title");
  var key = current_abbr.lastChild.nodeValue;
  defs[key] = definition;
}
```

这条新增语句的含义是：“如果当前元素没有子节点，就立刻开始下一次循环”。因为 IE 浏览器在统计 abbr 元素的子节点个数时总是会返回一个错误的值——零，所以这条新语句会让 IE 浏览器不再继续执行这个循环中的后续代码。

当 IE 浏览器执行到 displayAbbreviations 函数中负责创建“缩略语列表”的那个 for 循环时，因为 defs 数组是空的，所以它将不会创建出任何 dt 和 dd 元素。我们在那个 for 循环的后面添加这样一条语句：如果对应于“缩略语列表”的那个 dl 元素没有任何子节点，则立刻退出 displayAbbreviations 函数：

```
// 创建定义列表
var dlist = document.createElement("dl");
```

```
// 遍历所有定义
for (key in defs) {
  var definition = defs[key];
// 创建定义标题
  var dtitle = document.createElement("dt");
  var dtitle_text = document.createTextNode(key);
  dtitle.appendChild(dtitle_text);
// 创建定义描述
  var ddesc = document.createElement("dd");
  var ddesc_text = document.createTextNode(definition);
  ddesc.appendChild(ddesc_text);
// 把它们添加到定义列表
  dlist.appendChild(dtitle);
  dlist.appendChild(ddesc);
}
if (dlist.childNodes.length < 1) return false;
```

请注意，新添加的这条 if 语句又一次违背了结构化程序设计原则（一个函数应该只有一个入口和一个出口）——它等于是在函数的中间增加了一个出口点。但这应该是既可以解决 IE 浏览器的问题，又不需要对现有的函数代码大动干戈的最简单的办法了。

下面是改进函数之后的代码清单：

```
function displayAbbreviations() {
  if (!document.getElementsByTagName || !document.createElement
➥|| !document.createTextNode) return false;
// 取得所有缩略词
  var abbreviations = document.getElementsByTagName("abbr");
  if (abbreviations.length < 1) return false;
  var defs = new Array();
// 遍历所有缩略词
  for (var i=0; i<abbreviations.length; i++) {
    var current_abbr = abbreviations[i];
    if (current_abbr.childNodes.length < 1) continue;
    var definition = current_abbr.getAttribute("title");
    var key = current_abbr.lastChild.nodeValue;
    defs[key] = definition;
  }
// 创建定义列表
  var dlist = document.createElement("dl");
// loop through the definitions
  for (key in defs) {
    var definition = defs[key];
// 创建定义标题
    var dtitle = document.createElement("dt");
    var dtitle_text = document.createTextNode(key);
    dtitle.appendChild(dtitle_text);
// 创建定义描述
    var ddesc = document.createElement("dd");
    var ddesc_text = document.createTextNode(definition);
    ddesc.appendChild(ddesc_text);
// 把它们添加到定义列表
    dlist.appendChild(dtitle);
    dlist.appendChild(ddesc);
  }
  if (dlist.childNodes.length < 1) return false;
// 创建标题
  var header = document.createElement("h2");
  var header_text = document.createTextNode("Abbreviations");
  header.appendChild(header_text);
// 把标题添加到页面主体
```

8

```
  document.body.appendChild(header);
// 把定义列表添加到页面主体
  document.body.appendChild(dlist);
}
```

这两条新语句将确保 explanation.html 文档就算遇到那些不理解 abbr 元素的浏览器也不会出问题。它们就像是一条保险绳，其作用与脚本开头部分的对象探测语句很相似。

注意 即使某种特定的浏览器会引起问题，也没有必要使用浏览器嗅探代码。对浏览器的名称和版本号进行嗅探的办法很难做到面面俱到，而且往往会导致非常复杂难解的代码。

我们已经成功地排除了一颗在过去的浏览器大战中遗留下来的“地雷”。如果有什么教训的话，那就是它可以让我们深刻地体会到标准的重要性。仅仅因为 IE 浏览器不支持 abbr 元素，就使得一大批用户没有机会看到一个自动生成的“缩略语列表”，这个事实让我感到很遗憾，但这些用户仍能看到页面上的核心内容。缩略语列表是一种很好的增强补充，它还算不上是页面必不可少的组成部分。如果它真的必不可少，从一开始就应该把它包括在标记里。

8.5　显示“文献来源链接表”

displayAbbreviations 函数是一个充实文档内容的好例子（至少对那些不是 IE 的浏览器来说是如此）。它从文档结构提取出了一些内容并以一种清晰的方式显示出来。那些原本包含在 abbr 标签的 title 属性里的信息现在直接呈现在了浏览器窗口里。现在，我们来看另一个增强文档的例子。请大家仔细看 explanation.html 文档中的这段标记：

```
<blockquote cite="http://www.w3.org/DOM/">
  <p>
A platform- and language-neutral interface that will allow programs
➥and scripts to dynamically access and update the
➥content, structure and style of documents.
  </p>
</blockquote>
```

blockquote 元素包含一个属性 cite。这是一个可选属性，你可以给它一个 URL 地址，告诉人们 blockquote 元素的内容引自哪里。从理论上讲，这是一个把文献资料与相关网页链接起来的好办法；但在实践中，浏览器会完全忽视 cite 属性的存在。虽然信息就在那里，但用户却无法看到它们。利用 JavaScript 语言和 DOM，我们完全可以把那些信息收集起来，并以一种更有意义的方式把它们显示在网页上。

我们计划按照以下步骤将文献以链接形式显示出来。

(1) 遍历这个文档里所有 blockquote 元素。

(2) 从 blockquote 元素提取出 cite 属性的值。

(3) 创建一个标识文本是 source 的链接。

(4) 把这个链接赋值为 blockquote 元素的 cite 属性值。

(5) 把这个链接插入到文献节选的末尾。

和显示缩略语列表一样，我们将根据上述步骤编写一个 JavaScript 函数。

编写 displayCitations 函数

我们将新函数命名为 displayCitations，将它保存在 displayCitations.js 文件中。

首先，因为它不需要任何参数，所以函数名后面的圆括号将是空的：

```
function displayCitations() {
```

第一步是把文档里的所有 blockquote 元素找出来。使用 getElementsByTagName 方法完成这项查找工作，并把找到的节点集合保存为变量 quotes：

```
var quotes = document.getElementsByTagName("blockquote");
```

接下来遍历这个集合：

```
for (var i=0; i<quotes.length; i ++) {
```

在这个循环里，我们只对有 cite 属性的文献节选感兴趣。我们用一个简单的测试检查本次循环中的当前文献节选有没有这个属性。

用 getAttribute 方法测试节点集合 quotes 中的当前元素（即 quotes[i]），如果 getAttribute("cite")的结果为真，就说明这个节点有 cite 属性；如果!getAttribute("cite")的结果为真，就说明这个节点没有 cite 属性。如果是后一种情况，使用 continue 立刻跳到下一次循环，不再继续执行本次循环中的后续语句：

```
if (!quotes[i].getAttribute("cite")) {
   continue;
}
```

也可以把这条语句写成下面这样：

```
if (!quotes[i].getAttribute("cite")) continue;
```

接下来的语句将只有当前 blockquote 元素有 cite 属性的情况下才会执行。

首先，得到当前 blockquote 元素的 cite 属性值并把它存入变量 url：

```
var url = quotes[i].getAttribute("cite");
```

下一步是确定应该把“文献来源链接”放到何处。这似乎是一项非常简单的任务。

1. 查找你的元素

一个 blockquote 元素必定包含块级元素，如文本段落， 以容纳被引用的大段文本。我们想把“文献来源链接”放在 blockquote 元素所包含的最后一个子元素节点之后。显然我们应该先找到当前 blockquote 元素的 lastChild 属性：

```
quotes[i].lastChild
```

可是，这样我们就会遇到一个问题。请大家再仔细看看这段标记：

```
<blockquote cite="http://www.w3.org/DOM/">
  <p>
A platform- and language-neutral interface that will allow programs
➥and scripts to dynamically access and update the
```

```
➥content, structure and style of documents.
  </p>
</blockquote>
```

乍看起来，blockquote 元素的最后一个子节点应该是那个 p 元素，而这意味着 lastChild 属性的返回值将是一个 p 元素节点。可是，事实却并不一定如此。

那个 p 节点的确是 blockquote 元素的最后一个元素节点。但在</p>标签和</blockquote>标签之间还存在着一个换行符。有些浏览器会把这个换行符解释为一个文本节点。这样一来，blockquote 元素节点的 lastChild 属性就将是一个文本节点而不是那个 p 元素节点。

注意　在编写 DOM 脚本时，你会想当然地认为某个节点肯定是一个元素节点，这是一种相当常见的错误。如果没有百分之百的把握，就一定要去检查 nodeType 属性值。有很多 DOM 方法只能用于元素节点，如果用在了文本节点身上，就会出错。

DOM 已经提供了一个非常有用的 lastChild 属性，如果它能再为我们提供一个 lastChildElement 属性就更好了。但令人遗憾的是它没有。还好，你可以利用已有的 DOM 方法和属性编写一些语句，完成这项任务。

你可以把包含在当前 blockquote 元素里的所有元素节点找出来。如果把通配符“*”作为参数传递给 getElementsByTagName 方法，它就会把所有的元素，不管标签名是什么，一一返回给我们：

```
var quoteElements = quotes[i].getElementsByTagName("*");
```

变量 quoteElements 是一个数组，它包含当前 blockquote 元素（即 quotes[i]）所包含的全体元素节点。

现在，blockquote 元素所包含的最后一个元素节点将对应着 quoteElements 数组中的最后一个元素。数组中的最后一个元素的下标等于数组的长度减去 1，因为数组的下标从零开始。记住，数组中的最后一个元素的下标不等于数组的长度，而是数组的长度减去 1：

```
var elem = quoteElements[quoteElements.length - 1];
```

现在，变量 elem 对应 blockquote 元素所包含的最后一个元素节点。

回到我们正在 displayCitations 函数里编写的那个循环，下面是已经写出来的代码：

```
for (var i=0; i<quotes.length; i++) {
  if (!quotes[i].getAttribute("cite")) continue;
  var url = quotes[i].getAttribute("cite");
  var quoteChildren = quotes[i].getElementsByTagName('*');
  var elem = quoteChildren[quoteChildren.length - 1];
```

与其假设 quoteChildren 变量肯定返回一个元素节点数组，不如增加一项测试来检查它的长度是否小于 1。如果是，就用关键字 continue 立刻退出本次循环：

```
for (var i=0; i<quotes.length; i++) {
  if (!quotes[i].getAttribute("cite")) continue;
  var url = quotes[i].getAttribute("cite");
  var quoteChildren = quotes[i].getElementsByTagName('*');
```

```
  if (quoteChildren.length < 1) continue;
var elem = quoteChildren[quoteChildren.length - 1];
```

我们已经把创建一个链接所需要的东西全准备好了。变量 url 包含着将成为那个链接的 href 属性值的字符串，elem 变量包含着将成为那个链接在文档中的插入位置的节点。

2. 创建链接

用 createElement 方法创建一个“链接”元素：

```
var link = document.createElement("a");
```

接下来，为那个新链接创建一条标识文本。用 createTextNode 方法创建一个内容为 source 的文本节点：

```
var link_text = document.createTextNode("source");
```

现在，变量 link 包含新创建的 a 元素，变量 link_text 包含着新创建的文本节点。

用 appendChild 方法把新的文本节点插入新链接：

```
link.appendChild(link_text);
```

把 href 属性添加给新链接。用 setAttribute 方法把它设置为变量 url 的值：

```
link.setAttribute("href",url);
```

新链接已经创建好了，可以插入文档中了。

3. 插入链接

你可以就这样把它插入文档，也可以先用另一个元素，比如 sup 元素，包装它，使它在浏览器里呈现出上标的效果。

创建一个 sup 元素节点并把它存入变量 superscript：

```
var superscript = document.createElement("sup");
```

把新链接放入这个 sup 元素：

```
superscript.appendChild(link);
```

现在，有了一个存在于 JavaScript 上下文中的 DocumentFragment 对象，它此时尚未被插入任何文档：

```
<sup><a href="http://www.w3.org/DOM/">source</a></sup>
```

为了把这个标记插入文档，你要把变量 superscript 追加为变量 elem 的最后一个子节点。因为变量 elem 对应着 blockquote 元素目前所包含的最后一个元素节点，这个上标形式的新链接将出现在文献节选的后面：

```
elem.appendChild(superscript);
```

最后，先用一个右花括号结束这个 for 循环，再用一个右花括号结束整个函数。

下面是 displayCitations 函数到目前为止的代码清单：

```
function displayCitations() {
  var quotes = document.getElementsByTagName("blockquote");
  for (var i=0; i<quotes.length; i++) {
    if (!quotes[i].getAttribute("cite")) continue;
```

8

```
      var url = quotes[i].getAttribute("cite");
      var quoteChildren = quotes[i].getElementsByTagName('*');
      if (quoteChildren.length < 1) continue;
      var elem = quoteChildren[quoteChildren.length - 1];
      var link = document.createElement("a");
      var link_text = document.createTextNode("source");
      link.appendChild(link_text);
      link.setAttribute("href",url);
      var superscript = document.createElement("sup");
      superscript.appendChild(link);
      elem.appendChild(superscript);
    }
  }
```

4. 改进脚本

依照惯例，总是会有需要改进的地方。在这个函数的开头部分增加一些测试，以确保浏览器能够理解这个函数里用到的 DOM 方法。为了让代码更易于理解，你还应该加上一些注释：

```
function displayCitations() {
  if (!document.getElementsByTagName || !document.createElement
➥|| !document.createTextNode) return false;
// 取得所有引用
  var quotes = document.getElementsByTagName("blockquote");
// 遍历引用
  for (var i=0; i<quotes.length; i++) {
// 如果没有 cite 属性，继续循环
    if (!quotes[i].getAttribute("cite")) continue;
// 保存 cite 属性
    var url = quotes[i].getAttribute("cite");
// 取得引用中的所有元素节点
    var quoteChildren = quotes[i].getElementsByTagName('*');
// 如果没有元素节点，继续循环
    if (quoteChildren.length < 1) continue;
// 取得引用中的最后一个元素节点
    var elem = quoteChildren[quoteChildren.length - 1];
// 创建标记
    var link = document.createElement("a");
    var link_text = document.createTextNode("source");
    link.appendChild(link_text);
    link.setAttribute("href",url);
    var superscript = document.createElement("sup");
    superscript.appendChild(link);
// 把标记添加到引用中的最后一个元素节点
    elem.appendChild(superscript);
  }
}
```

用 addLoadEvent 函数调用 displayCitations 函数：

```
addLoadEvent(displayCitations);
```

5. 最终的标记

为了调用 displayCitations.js 文件，还需要在文档末尾添加一组<script>标签：

```
<!DOCTYPE html>
<html lang="en">
  <head>
    <meta charset="utf-8" />
    <title>Explaining the Document Object Model</title>
```

```
    <link rel="stylesheet" media="screen"
➥href="styles/typography.css" />
</head>
<body>
    <h1>What is the Document Object Model?</h1>
    <p>
The <abbr title="World Wide Web Consortium">W3C</abbr> defines
➥the <abbr title="Document Object Model">DOM</abbr> as:
    </p>
    <blockquote cite="http://www.w3.org/DOM/">
<p>
A platform- and language-neutral interface that will allow programs
➥and scripts to dynamically access and update the
➥content, structure and style of documents.
      </p>
    </blockquote>
    <p>
It is an <abbr title="Application Programming Interface">API</abbr>
➥that can be used to navigate <abbr title="HyperText Markup Language">
➥HTML</abbr> and <abbr title="eXtensible Markup Language">XML
➥</abbr> documents.
    </p>
    <script src="scripts/addLoadEvent.js"></script>
    <script src="scripts/displayAbbreviations.js"></script>
    <script src="scripts/displayCitations.js"></script>
  </body>
</html>
```

现在，把 explanation.html 文件加载到一个 Web 浏览器里就可以看到效果了，如图 8-4 所示。

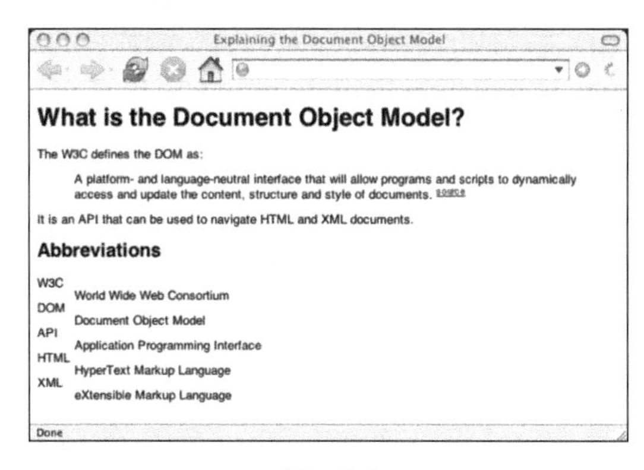

图 8-4

8.6 显示“快捷键清单”

此前编写的 displayAbbreviations 和 displayCitations 函数有许多共同之处：从创建一个由特定元素（abbr 元素或 blockquote 元素）构成的节点集合开始，用一个循环去遍历这个节点集合并在每次循环里创建出一些标记，最后把新创建的标记插入到文档里。

让我们沿着这一思路再看一个例子。我们编写一个函数、把文档里能用到的所有快捷键显示在页面里。

accesskey 属性可以把一个元素（如链接）与键盘上的某个特定按键关联在一起。这对那些不能或不喜欢使用鼠标来浏览网页的人们很有用。对于有视力障碍的人士，键盘快捷方式肯定会带来许多方便。

一般来说，在适用于 Windows 系统的浏览器里，快捷键的用法是在键盘上同时按下 Alt 键和特定按键；在适用于 Mac 系统的浏览器里，快捷键的用法是同时按下 Ctrl 键和特定按键。

下面是 accesskey 属性是一个例子：

```
<a href="index.html" accesskey="1">Home</a>
```

注意　设置太多的快捷键往往会适得其反——它们或许会与浏览器内建的键盘快捷方式发生冲突。

支持 accesskey 属性的浏览器有很多，但是否以及如何把快捷键的分配情况显示在页面上却需要由身为网页设计人员的你们来决定。有许多网站都会在一个快捷键清单（accessibility statement）页面上列明该网站都支持哪些快捷键。

一些基本的快捷键都有约定俗成的设置办法，对此感兴趣的读者可以浏览 http://www.clagnut.com/blog/193/。

- accesskey="1"对应着一个“返回到本网站主页”的链接；
- accesskey="2"对应着一个“后退到前一页面”的链接；
- accesskey="4"对应着一个“打开本网站的搜索表单/页面”的链接；
- accesskey="9"对应着一个“本网站联系办法”的链接；
- accesskey="0"对应着一个“查看本网站的快捷键清单”的链接。

下面是一个网站导航清单的例子，使用了快捷键：

```
<ul id="navigation">
  <li><a href="index.html" accesskey="1">Home</a></li>
  <li><a href="search.html" accesskey="4">Search</a></li>
  <li><a href="contact.html" accesskey="0">Contact</a></li>
</ul>
```

把这段标记添加到 explanation.html 文档的<body>开标签的后面。

现在，如果把 explanation.html 文档加载到一个浏览器里，你就会看到这份清单里的链接，但看不到任何能表明这些链接都有 accesskey 属性的东西。

利用 DOM 技术，可以动态地创建一份快捷键清单。下面是具体的步骤。

(1) 把文档里的所有链接全部提取到一个节点集合里。

(2) 遍历这个节点集合里的所有链接。

(3) 如果某个链接带有 accesskey 属性，就把它的值保存起来。

(4) 把这个链接在浏览器窗口里的屏显标识文字也保存起来。

(5) 创建一个清单。

(6) 为拥有快捷键的各个链接分别创建一个列表项（li 元素）。

(7) 把列表项添加到“快捷键清单”里。

(8) 把“快捷键清单”添加到文档里。

和前面的例子一样，按照以上步骤编写函数。

把这个函数命名为 displayAccessKeys 并存入 displayAccessKeys.js 文件。

这个函数的工作原理与 displayAbbreviations 函数很相似：先把 accesskey 属性值和相关链接的屏显标识文本提取出来并存入一个关联数组，然后用一个 for/in 循环来遍历这个数组以创建各个列表项。

不再逐行讲解，下面是最终完成的函数代码清单。代码中的注释语句可以把各个步骤解释清楚。

```
function displayAccesskeys() {
  if (!document.getElementsByTagName || !document.createElement ||
➥!document.createTextNode) return false;
// 取得文档中的所有链接
  var links = document.getElementsByTagName("a");
// 创建一个数组，保存访问键
  var akeys = new Array();
// 遍历链接
  for (var i=0; i<links.length; i++) {
    var current_link = links[i];
// 如果没有 accesskey 属性，继续循环
    if (!current_link.getAttribute("accesskey")) continue;
// 取得 accesskey 的值
    var key = current_link.getAttribute("accesskey");
// 取得链接文本
    var text = current_link.lastChild.nodeValue;
// 添加到数组
    akeys[key] = text;
  }
// 创建列表
  var list = document.createElement("ul");
// 遍历访问键
  for (key in akeys) {
    var text = akeys[key];
// 创建放到列表项中的字符串
    var str = key + ": "+text;
// 创建列表项
    var item = document.createElement("li");
    var item_text = document.createTextNode(str);
    item.appendChild(item_text);
// 把列表项添加到列表中
    list.appendChild(item);
  }
// 创建标题
  var header = document.createElement("h3");
  var header_text = document.createTextNode("Accesskeys");
  header.appendChild(header_text);
// 把标题添加到页面主体
  document.body.appendChild(header);
// 把列表添加到页面主体
  document.body.appendChild(list);
}
addLoadEvent(displayAccesskeys);
```

为了调用 displayAccessKeys.js 文件，还需要在 explanation.html 文件的<head>部分添加一组<script>标签：

```
<script src="scripts/displayAccesskeys.js"></script>
```

现在，如果把 explanation.html 文档加载到一个浏览器里，就可以看到动态创建的“快捷键清单”，如图 8-5 所示。

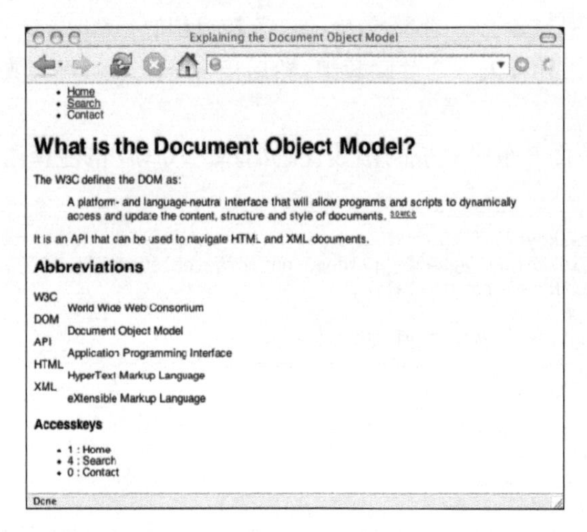

图　8-5

8.7　检索和添加信息

本章编写了几个很有用的脚本，你可以把这几个脚本用到任何一个网页里。虽然它们用途不一，但基本思路是相同的：用 JavaScript 函数先把文档结构里的一些现有信息提取出来，再把那些信息以一种清晰和有意义的方式重新插入到文档里去。

这些函数可以让网页变得更有条理、更容易浏览。

- 把文档里的缩略语显示为一个“缩略语列表”。
- 为文档里引用的每段文献节选生成一个“文献来源链接”。
- 把文档所支持的快捷键显示为一份“快捷键清单”。

你可以根据具体情况对这些脚本做进一步改进。比如说，我们这里是把“文献来源链接”直接显示在每个 blockquote 元素的后面，而你可以把这些链接集中放在文档末尾的一个清单里——就像脚注那样。再比如说，我们这里生成了一份“快捷键清单”，而你可以把各个快捷键分别追加在相关链接的末尾。

当然可以利用本章介绍的技术去编写一些全新的脚本。例如，可以为文档生成一份目录：把文档里的 h1 和 h2 元素提取出来放入一份清单，再将其插入到文档的开头。甚至可以把这份清单里的列表项增强为一些可以让用户快速到达各有关标题的内部链接。

只需要少量 DOM 方法和属性，就可以创建这些有用的脚本。如果你想通过 DOM 脚本去充实网页的内容，制作一份结构良好的标记文档将是最重要的前提条件。

在需要对文档里的现有信息进行检索时，以下 DOM 方法最有用：

- getElementById
- getElementsByTagName
- getAttribute

在需要把信息添加到文档里去时，以下 DOM 方法最有用：

- createElement
- createTextNode
- appendChild
- insertBefore
- setAttribute

以上 DOM 方法的组合可以让我们编写出功能非常强大的 DOM 脚本来。

希望大家始终记住：JavaScript 脚本只应该用来充实文档的内容，要避免使用 DOM 技术来创建核心内容。

8.8 小结

至此，我们一直在使用 JavaScript 语言和 DOM 去维护和创建标记。在下一章里，你将看到 DOM 的一种全新应用，它将展示如何运用 DOM 去处理诸如颜色、字体等样式信息。DOM 技术不仅可以用来改变网页的结构，还可以用来更新 HTML 页面元素的 CSS 样式。

第 9 章

CSS-DOM

本章内容

- style 属性
- 如何检索样式
- 如何改变样式

在本章里，Web 文档的表示层和行为层将正面接触。我将展示如何利用 DOM 技术去获取（读）和设置（写）CSS 信息。

9.1 三位一体的网页

我们在浏览器里看到的网页其实是由以下三层信息构成的一个共同体：

- 结构层
- 表示层
- 行为层

9.1.1 结构层

网页的结构层（structural layer）由 HTML 或 XHTML 之类的标记语言负责创建。标签（tag），也就是那些出现在尖括号里的单词，对网页内容的语义含义做出了描述，例如，<p>标签表达了这样一种语义："这是一个文本段。"（如图 9-1 所示。）但这些标签并不包含任何关于内容如何显示的信息。

```
<p>An example of a paragraph</p>
```

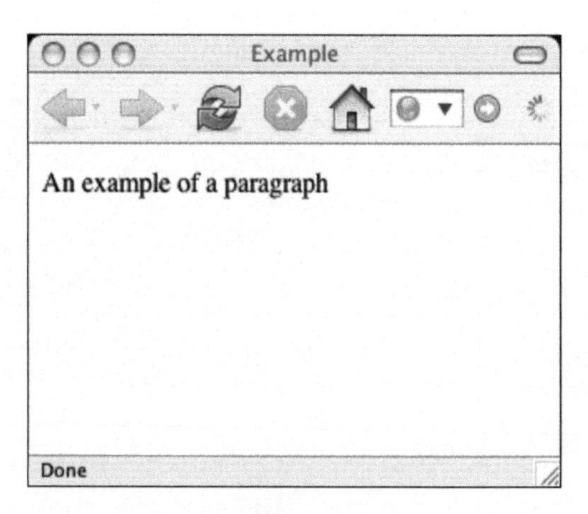

图 9-1

9.1.2 表示层

表示层（presentation layer）由 CSS 负责完成。CSS 描述页面内容应该如何呈现。你可以定义这样一个 CSS 来声明："文本段应该使用灰色的 Arial 字体和另外几种 scan-serif 字体来显示。"如图 9-2 所示。

```
p {
  color: grey;
  font-family: "Arial", sans-serif;
}
```

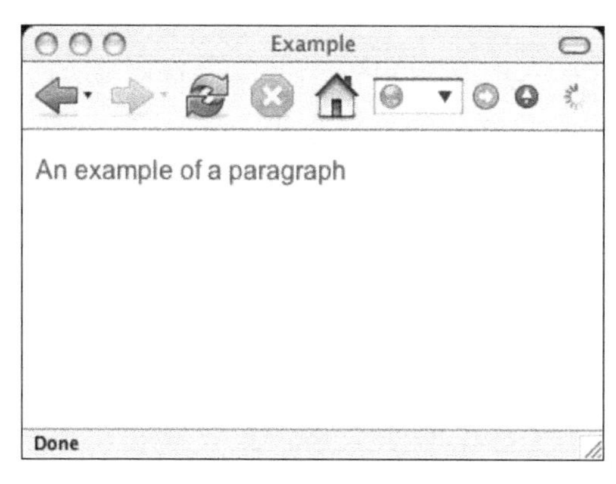

图　9-2

9.1.3　行为层

行为层（behavior layer）负责内容应该如何响应事件这一问题。这是 JavaScript 语言和 DOM 主宰的领域。例如，我们可以利用 DOM 实现这样一种行为："当用户点击一个文本段时，显示一个 alert 对话框。"如图 9-3 所示。

```
var paras = document.getElementsByTagName("p");
for (var i=0; i<paras.length; i++) {
  paras[i].onclick = function() {
    alert("You clicked on a paragraph.");
  }
}
```

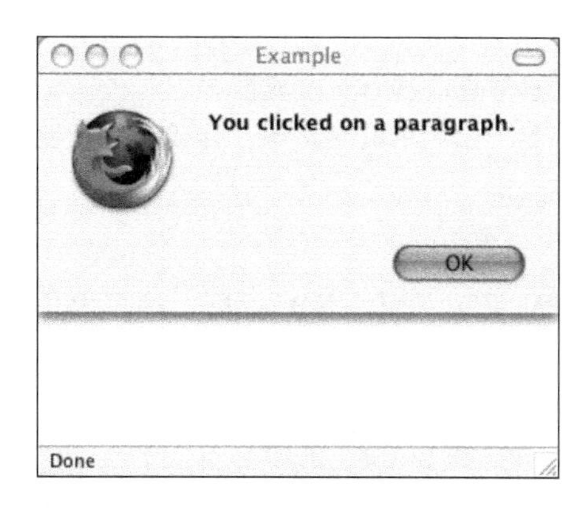

图　9-3

网页的表示层和行为层总是存在的，即使未明确地给出任何具体的指令也是如此。此时，Web 浏览器将应用它的默认样式和默认事件处理函数。例如，浏览器会在呈现“文本段”元素时留出页边距；当用户把鼠标指针悬停在某个元素的上方时，有些浏览器会弹出一个显示着该元素的 title 属性值的提示框，等等。

9.1.4　分离

在所有的产品设计活动中，选择最适用的工具去解决问题是最基本的原则。具体到网页设计工作，这意味着：

- 使用(X)HTML 去搭建文档的结构；
- 使用 CSS 去设置文档的呈现效果；
- 使用 DOM 脚本去实现文档的行为。

不过，在这三种技术之间存在着一些潜在的重叠区域，你也已见过这样的例子。用 DOM 可以改变网页的结构，诸如 createElement 和 appendChild 之类的 DOM 方法允许你动态地创建和添加标记。

在 CSS 上也有这种技术相互重叠的例子。诸如:hover 和:focus 之类的伪类允许你根据用户触发事件改变元素的呈现效果。改变元素的呈现效果当然是表示层的“势力范围”，但响应用户触发的事件却是行为层的领地。表示层和行为层的这种重叠形成了一个灰色地带。

没错，CSS 正在利用伪类走进 DOM 的领地，但 DOM 也有反击之道。你可以利用 DOM 样式给元素设定样式。

9.2　style 属性

文档中的每个元素都是一个对象，每个对象又有着各种各样的属性。有一些属性告诉我们元素在节点树上的位置信息。比如说，parentNode、nextSibling、previousSibling、childNodes、firstChild 和 lastChild 这些属性，就告诉了我们文档中各节点之间关系信息。

其他一些属性（比如 nodeType 和 nodeName 属性）包含元素本身的信息。比如说，对某个元素的 nodeName 属性进行的查询将返回一个诸如“p”之类的字符串。

除此之外，文档的每个元素节点还都有一个属性 style。style 属性包含着元素的样式，查询这个属性将返回一个对象而不是一个简单的字符串。样式都存放在这个 style 对象的属性里：

```
element.style.property
```

下面是一个内嵌样式的<p>元素的例子：

```
<p id="example" style="color: grey; font-family: 'Arial',sans-serif;">
An example of a paragraph
</p>
```

利用 style 属性，你可以得到这个 <p> 标签的样式。

首先，需要从文档里把这个元素找出来。我已经给这个<p>标签设置了一个独一无二的 id 值 example。只需把这个 id 值传递给 getElementById 方法，再把这个方法的返回值赋值给变量 para，就可以通过 para 变量引用这个 p 元素了：

```
var para = document.getElementById("example");
```

在拿到这个元素的样式之前，我想先向大家证明一下 style 属性确实是一个对象。这可以利用关键字 typeof 来验证。下面，我们来对比一下 style 属性与 nodeName 属性的 typeof 结果。

把下面这些 XHTML 代码写入文件 example.html，然后把这个文件加载到浏览器里：

```
<!DOCTYPE html>
<html>
<head>
  <meta charset="utf-8" />
  <title>Example</title>
  <script>
window.onload = function() {
  var para = document.getElementById("example");
  alert(typeof para.nodeName);
  alert(typeof para.style);
}
  </script>
</head>
<body>
  <p id="example" style="color: grey; font-family: 'Arial',sans-serif;">
    An example of a paragraph
  </p>
</body>
</html>
```

第一条 alert 语句将返回字符串“string”，因为 nodeName 属性是一个字符串（如图 9-4 所示）。第二条 alert 语句将返回字符串“object”，因为 style 属性是一个对象（如图 9-5 所示）。

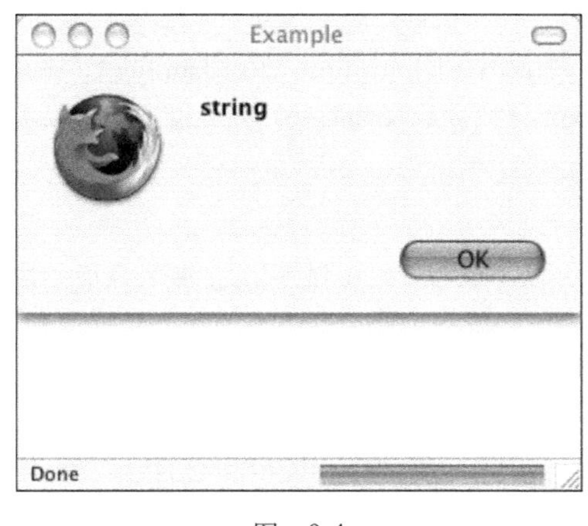

图 9-4

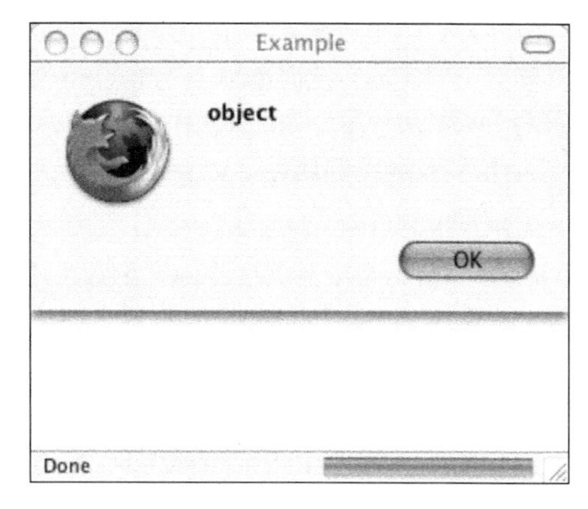

图 9-5

也就是说，不仅文档里的每个元素都是一个对象，每个元素都有一个 style 属性，它们也是一个对象。

9.2.1 获取样式

你能够得到 para 变量所代表的<p>标签的样式。为了查出某个元素在浏览器里的显示颜色，我们需要使用 style 对象的 color 属性：

```
element.style.color
```

下面这条 alert 语句告诉我们 style 对象（这个对象是 para 元素的属性）的 color 属性：

```
alert("The color is " + para.style.color);
```

这个元素的 style 属性的 color 属性是“grey”（如图 9-6 所示）。

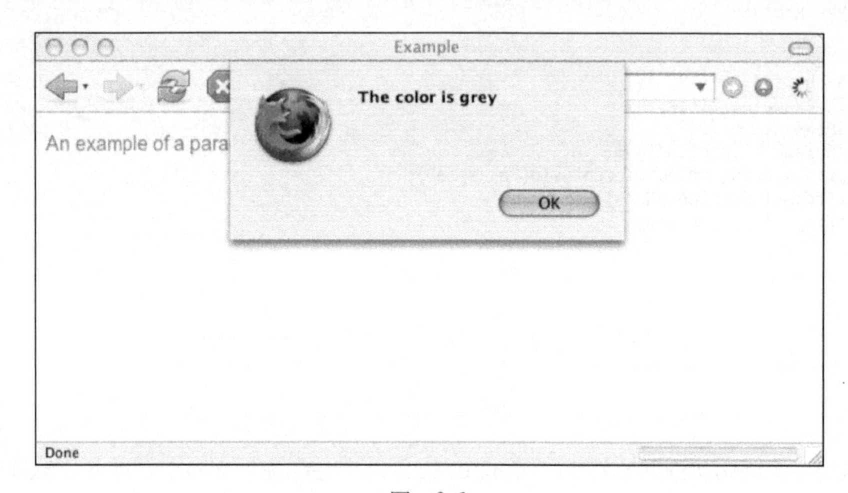

图 9-6

刚才的代码中还设置了<p>元素的另一个 CSS 属性 font-family。这个属性的获取方式与 color 属性略有不同。你不能简单地查询 style 对象的 font-family，因为“font”和“family”之间的连字符与 JavaScript 语言中的减法操作符相同，JavaScript 会把它解释为减号。如果像下面这样去访问名为 font-family 的属性，就会收到一条出错信息：

```
element.style.font-family
```

JavaScript 将把减号前面的内容解释为“元素的 style 属性的 font 属性”，把减号后面的内容解释为一个名为 family 的变量，把整个表达式解释为一个减法运算。这完全违背了我的本意！

减号和加号之类的操作符是保留字符，不允许用在函数或变量的名字里。这同时意味着它们也不能用在方法或属性的名字里（别忘了，方法和属性其实是关联在某个对象上的函数和变量）。

当你需要引用一个中间带减号的 CSS 属性时，DOM 要求你用驼峰命名法。CSS 属性 font-family 变为 DOM 属性 fontFamily：

```
element.style.fontFamily
```

为了查看 para 元素的 style 属性的 fontFamily 属性，在 example.html 文件里增加一条 alert 语句：

```
<!DOCTYPE html>
<html lang="en">
<head>
  <meta charset="utf-8" />
```

```
  <title>Example</title>
  <script>
window.onload = function() {
  var para = document.getElementById("example");
  alert("The font family is " + para.style.fontFamily);
}
  </script>
</head>
<body>
  <p id="example" style="color: grey; font-family: 'Arial',sans-serif;">
An example of a paragraph
  </p>
</body>
</html>
```

在浏览器里重新加载 example.html 文件将能看到如图 9-7 所示的结果。

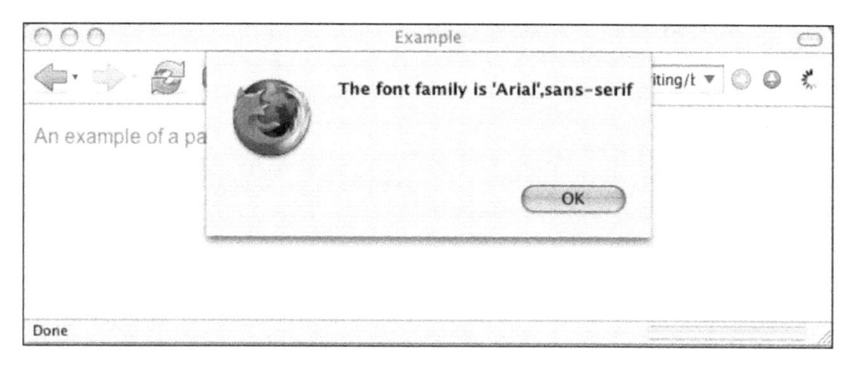

图 9-7

DOM 属性 fontFamily 的值与 CSS 属性 font-family 的值是一样的。具体到这个例子，它是：

```
'Arial',sans-serif
```

不管 CSS 样式属性的名字里有多少个连字符，DOM 一律采用驼峰命名法来表示它们。CSS 属性 background-color 对应着 DOM 属性 backgroundColor，CSS 属性 font-weight 对应着 DOM 属性 fontWeight，DOM 属性 marginTopWidth 对应着 CSS 属性 margin-top-width。

DOM 在表示样式属性时采用的单位并不总是与它们在 CSS 样式表里的设置相同。

在示例的<p>元素里，CSS 属性 color 的设置值是单词“grey”，用 JavaScript 代码检索出来的 DOM color 属性的值也是“grey”。现在，把这个 color 属性修改为十六进制值#999999：

```
<p id="example" style="color: #999999; font-family: 'Arial',sans-serif">
```

再在 JavaScript 代码里加上一条 alert 语句输出 DOM 里的 color 属性：

```
alert("The color is " + para.style.color);
```

在某些浏览器里，color 属性以 RGB（红，绿，蓝）格式的颜色值(153,153,153)返回，如图 9-8 所示。

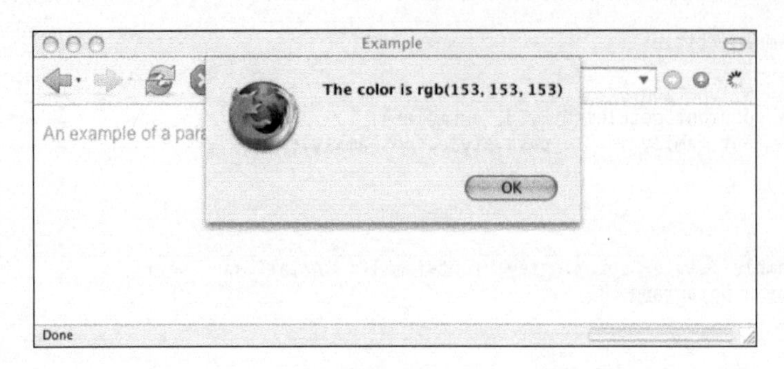

图　9-8

还好，这类例外情况并不多。绝大部分样式属性的返回值与它们的设置值都采用同样的计量单位。如果我们在设置 CSS font-size 属性时以 em 为单位，相应的 DOM fontSize 属性也将以 em 为单位：

```
<!DOCTYPE html>
<html lang="en">
<head>
  <meta charset="utf-8" />
  <title>Example</title>
  <script>
window.onload = function() {
  var para = document.getElementById("example");
  alert("The font size is " + para.style.fontSize);
}
  </script>
</head>
<body>
  <p id="example" style="color: grey; font-family: 'Arial',sans-serif;
➥ font-size: 1em;">
An example of a paragraph
  </p>
</body>
</html>
```

如图 9-9 所示，DOM fontSize 属性的确也是以 em 为单位的。

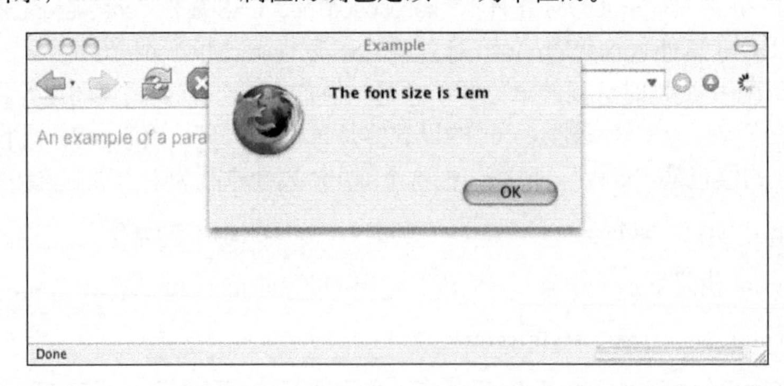

图　9-9

如果 CSS font-size 属性的值是 1em，DOM fontSize 属性的返回值就将是 1em。如果 CSS font-size 属性的值是 12px，DOM fontSize 属性的返回值就将是 12px。

使用 CSS 速记属性，你可以把多个样式组合在一起写成一行。比如说，如果声明了 font: 12px 'Arial', sans-serif，CSS font-size 属性将被设置为 12px，CSS font-family 属性将被设置为 'Arial', sans-serif：

```
<p id="example" style="color: grey; font: 12px 'Arial',sans-serif;">
```

DOM 能够解析像 font 这样的速记属性。如果查询 fontSize 属性，将得到一个 12px 的值：

```
alert("The font size is " + para.style.fontSize);
```

如图 9-10 所示，DOM fontSize 属性的确也是以 px 为单位的。

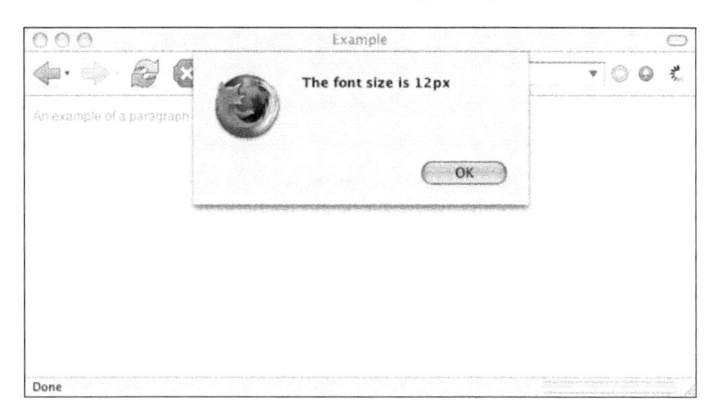

图 9-10

内嵌样式

通过 style 属性获取样式有很大的局限性。

style 属性只能返回内嵌样式。换句话说，只有把 CSS style 属性插入到标记里，才可以用 DOM style 属性去查询那些信息：

```
<p id="example" style="color: grey; font: 12px 'Arial',sans-serif;">
```

这可不是使用样式的好办法——表现信息与结构混杂在一起了。更好的办法是用一个外部样式表去设置样式：

```
p#example {
  color: grey;
  font: 12px 'Arial', sans-serif;
}
```

把上面这段 CSS 代码存入文件 styles.css。然后，从 example.html 文件里把内嵌在 HTML 代码里的样式删掉，只保留以下内容：

```
<p id="example">
An example of a paragraph
</p>
```

在 example.html 文件的开头部分加上一个 link 元素并让它指向 styles.css 文件：

```
<link rel="stylesheet" media="screen" href="styles/styles.css" />
```

样式还像以前那样作用到了 HTML 内容上，但与使用 style 属性不同，来自外部文件 styles.css 的样式已经不能再用 DOM style 属性检索出来了。

```
alert("The font size is " + para.style.fontSize);
```

DOM style 属性不能用来检索在外部 CSS 文件里声明的样式，如图 9-11 所示。

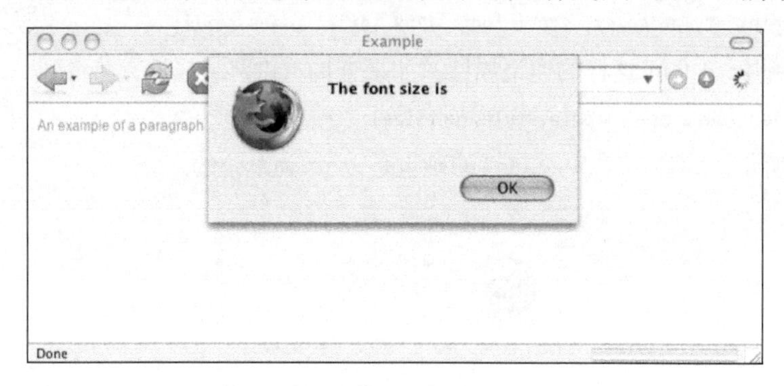

图　9-11

如果把样式添加在 example.html 文件<head>部分的<style>标签里，你将看到相同的结果：

```
<style>
  p#example {
    color: grey;
    font: 12px 'Arial', sans-serif;
  }
</style>
```

DOM style 属性提取不到如此设置的样式。

在外部样式表里声明的样式不会进入 style 对象，在文档的<head>部分里声明的样式也是如此。

style 对象只包含在 HTML 代码里用 style 属性声明的样式。但这几乎没有实用价值，因为样式应该与标记分离开来。

现在，你或许会认为用 DOM 去处理 CSS 样式毫无意义，但这里还有另一种情况可以让 DOM style 对象能够正确地反射出我们设置的样式。你用 DOM 设置的样式，就可以用 DOM 再把它们检索出来。

9.2.2　设置样式

许多 DOM 属性是只读的——我们只能用它们来获取信息，但不能用它们来设置或更新信息。类似 previousSibling、nextSibling、parentNode、firstChild 和 lastChild 之类的属性，它们在你收集一个元素在节点树上的位置信息时可以帮上大忙，但它们不能用来更新信息。

凡事无绝对，style 对象的各个属性就都是可读写的。我们不仅可以通过某个元素的 style 属性去获取样式，还可以通过它去更新样式。你可以用赋值操作来更新样式：

```
element.style.property = value
```

style 对象的属性值永远是一个字符串。在 example.html 文件里写一些 JavaScript 代码覆盖那些内嵌在标记里的 CSS 代码。比如说，把 para 元素对象的 color 属性设置为"black"：

```
<!DOCTYPE html>
<html lang="en">
<head>
  <meta charset="utf-8" />
  <title>Example</title>
  <script>
window.onload = function() {
  var para = document.getElementById("example");
  para.style.color = "black";
}
  </script>
</head>
<body>
  <p id="example" style="color: grey; font-family: 'Arial',sans-serif;">
An example of a paragraph
  </p>
</body>
</html>
```

color 属性已经被变成了"black"，如图 9-12 所示。

style 对象的属性的值必须放在引号里，单引号或双引号均可：

```
para.style.color = 'black';
```

如果忘了使用引号，JavaScript 会把等号右边的值解释为一个变量：

```
para.style.color = black;
```

如果前面并未定义过变量 black，则上面这行代码将无法工作。

用赋值操作符你可以设置任何一种样式属性，诸如 font 之类的速记属性也不例外：

```
para.style.font = "2em 'Times',serif";
```

上面这条语句将把 fontSize 属性设置为 2em，把 fontFamily 属性设置为'Times', serif，如图 9-13 所示。

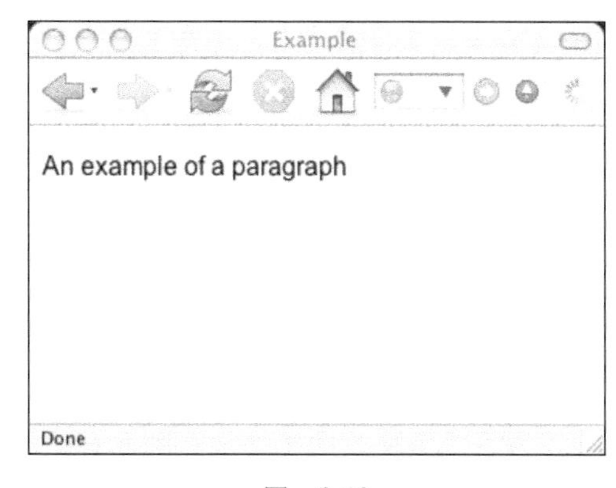

图 9-12

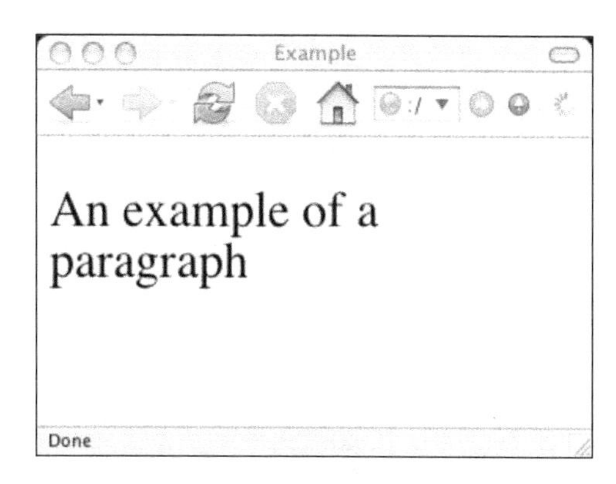

图 9-13

通过 JavaScript 代码设置样式并不难，我也给出了一些具体例子。不过或许应该先问问自己：

为什么要这么做?

9.3 何时该用 DOM 脚本设置样式

你已经看到，用 DOM 设置样式是多么容易，但你能做什么事并不意味着你应该做什么事。在绝大多数场合，还是应该使用 CSS 去声明样式。就像你不应该利用 DOM 去创建重要的内容那样，你也不应该利用 DOM 为文档设置重要的样式。

不过，在使用 CSS 不方便的场合，还是可以利用 DOM 对文档的样式做一些小的增强。

9.3.1 根据元素在节点树里的位置来设置样式

通过 CSS 声明样式的具体做法主要有三种。第一种是为标签元素（比如 p 元素）统一地声明样式，如下所示：

```
p {
  font-size: 1em;
}
```

第二种是为有特定 class 属性的所有元素统一声明样式，如下所示：

```
.fineprint {
  font-size: .8em;
}
```

第三种是为有独一无二的 id 属性的元素单独声明样式，如下所示：

```
#intro {
  font-size: 1.2em;
}
```

也可以为有类似属性的多个元素声明样式，如下所示：

```
input[type*="text"] {
  font-size:1.2em;
}
```

在现代浏览器中，甚至可以根据元素的位置声明样式：

```
p:first-of-type {
  font-size:2em;
  font-weight:bold;
}
```

CSS2 引入了很多与位置相关的选择器，例如:first-child 和:last-child，而 CSS3 则定义了诸如:nth-child()和:nth-of-type()之类的位置选择器。尽管如此，在文档的节点树中，为特定位置的某个元素应用样式仍旧不是件容易的事。例如，在 CSS3 中，你可以使用 h1 ~ *选择器为所有 h1 元素的下一个同辈元素声明样式。问题是，有那么多的浏览器根本不支持 CSS3 的这些可爱的位置选择器。

现在，CSS 还无法根据元素之间的相对位置关系找出某个特定的元素，但这对 DOM 来说却不是什么难题。我们可以利用 DOM 轻而易举地找出文档中的所有 h1 元素，然后再同样轻而易举地找出紧跟在每个 h1 元素后面的那个元素，并把样式添加给它。

首先，用 getElementsByTagName 方法把所有的 h1 元素找出来：

```
var headers = document.getElementsByTagName("h1");
```

然后，遍历这个节点集合里所有元素：

```
for (var i=0; i<headers.length; i++) {
```

文档中的下一个节点可以用 nextSibling 属性查找出来：

```
headers[i].nextSibling
```

请注意，这里真正需要的不是"下一个节点"，而是"下一个元素节点"。下面这个 getNextElement 函数可以让我们轻松完成这一任务：

```
function getNextElement(node) {
  if(node.nodeType == 1) {
   return node;
  }
  if (node.nextSibling) {
    return getNextElement(node.nextSibling);
  }
  return null;
}
```

把当前 h1 元素（即 headers[i]）的 nextSibling 节点作为参数传递给 getNextElement 函数，并把这个函数调用的返回值赋值给 elem 变量：

```
var elem = getNextElement(headers[i].nextSibling);
```

现在，就可以按照我们的想法去设置这个元素的样式了：

```
elem.style.fontWeight = "bold";
elem.style.fontSize = "1.2em";
```

最后，把以上代码封装到函数 styleHeaderSiblings 中，别忘了安排一些测试去检查浏览器能否理解我们在这个函数里用到的 DOM 方法：

```
function styleHeaderSiblings() {
  if (!document.getElementsByTagName) return false;
  var headers = document.getElementsByTagName("h1");
  var elem;
  for (var i=0; i<headers.length; i++) {
    elem = getNextElement(headers[i].nextSibling);
    elem.style.fontWeight = "bold";
    elem.style.fontSize = "1.2em";
  }
}
function getNextElement(node) {
  if(node.nodeType == 1) {
   return node;
  }
  if (node.nextSibling) {
    return getNextElement(node.nextSibling);
  }
  return null;
}
```

你可以用 window.onload 事件调用这个函数：

```
window.onload = styleHeaderSiblings;
```

但更好的做法是用 addLoadEvent 函数，这样你就能很方便地把更多的函数绑定到这个事件：

```
addLoadEvent(styleHeaderSiblings);
```

下面是 addLoadEvent 函数的代码清单，你可以把它保存到一个外部文件：

```
function addLoadEvent(func) {
  var oldonload = window.onload;
  if (typeof window.onload != 'function') {
    window.onload = func;
  } else {
    window.onload = function() {
      oldonload();
      func();
    }
  }
}
```

为了看到 styleHeaderSiblings 函数的使用效果，写一个 HTML 文档，并在里面添加一些一级标题（即 h1 元素）：

```
<!DOCTYPE html>
<html lang="en">
<head>
  <meta charset="utf-8" />
  <title>Man bites dog</title>
</head>
<body>
  <h1>Hold the front page</h1>
  <p>This first paragraph leads you in.</p>
  <p>Now you get the nitty-gritty of the story.</p>
  <p>The most important information is delivered first.</p>
  <h1>Extra! Extra!</h1>
  <p>Further developments are unfolding.</p>
  <p>You can read all about it here.</p>
</body>
</html>
```

把这个文档保存为 story.html 文件。图 9-14 是它目前在浏览器里的样子。

接下来，创建文件夹 scripts 来存放 JavaScript 脚本文件。把 addLoadEvent 函数存为一个名为 addLoadEvent.js 的文件，并把它放到这个文件夹，把 styleHeaderSiblings 函数存为一个名为 styleHeaderSiblings.js 的文件，也把它放到此文件夹。

为了调用这两个 JavaScript 脚本文件，还需要在 story.html 文件的</body>标签之前插入一些<script>标签：

```
<script src="scripts/addLoadEvent.js"></script>
<script src="scripts/styleHeaderSiblings.js"></script>
```

现在，把 story.html 文件加载到 Web 浏览器中，你就可以看到 DOM 脚本生成的样式效果了。动态设置的样式将作用于紧跟在各个 h1 元素后面的那个元素（如图 9-15 所示）。

从理论上讲，这类样式还是应该用 CSS 来设置；但在实践中，用 CSS 来设置这类样式的难度往往会很大。具体到这个例子，其实只需给紧跟在 h1 元素后面的每个元素添加一个 class 属性，就可以用 CSS 来获得同样的效果。但如果文档的内容需要定期编辑和刷新，添加 class 属性的工作很快就会变成一种负担。不仅如此，如果文档的内容需要通过一个 CMS（内容管理系统）来处理，给文档内容的个别部分添加 class 属性或其他样式的做法甚至是不允许的。

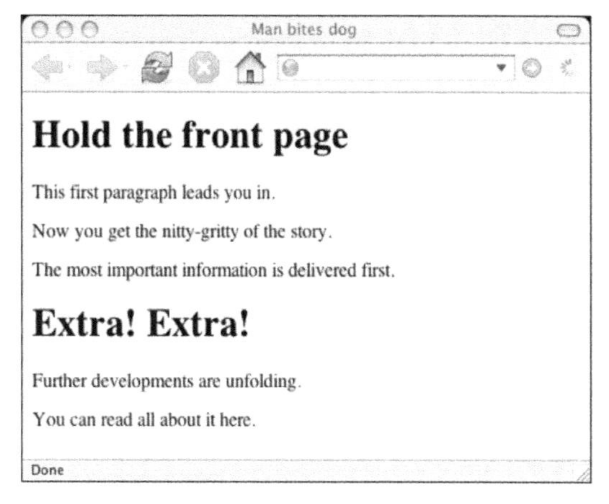

图 9-14

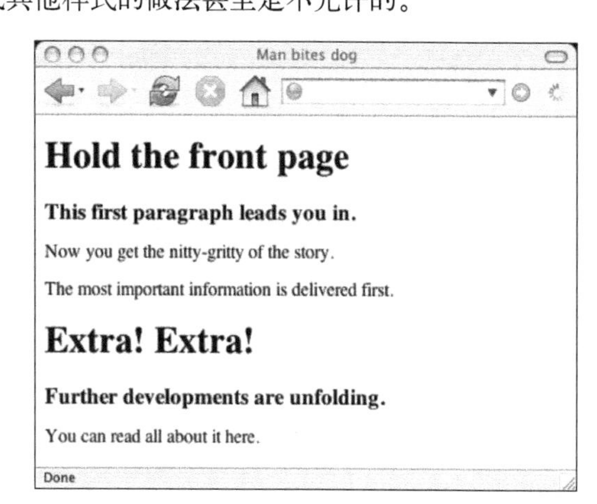

图 9-15

9.3.2 根据某种条件反复设置某种样式

不妨假设我有一份由一些日期和地名构成的清单，比如一份乐队演出日程表或一份旅行日程表。我们不必关心它到底是什么，只要其中的日期和地点有直接对应的关系就行了。对，就是表格型数据，把表格型数据转换为 HTML 内容的理想标签当然是<table>。

注意 在用 CSS 安排你的内容时，千万不要人云亦云地认为表格都是不好的。虽然利用表格来做页面布局不是好主意，但利用表格来显示表格数据却是理所应当的。

下面是为这个表格编写的标记：

```
<!DOCTYPE html>
<html lang="en">
<head>
  <meta charset="utf-8" />
  <title>Cities</title>
</head>
<body>
  <table>
    <caption>Itinerary</caption>
    <thead>
    <tr>
      <th>When</th>
      <th>Where</th>
    </tr>
    </thead>
    <tbody>
    <tr>
```

```
      <td>June 9th</td>
      <td>Portland, <abbr title="Oregon">OR</abbr></td>
    </tr>
    <tr>
      <td>June 10th</td>
      <td>Seattle, <abbr title="Washington">WA</abbr></td>
    </tr>
    <tr>
      <td>June 12th</td>
      <td>Sacramento, <abbr title="California">CA</abbr></td>
    </tr>
    </tbody>
  </table>
</body>
</html>
```

把这些代码保存为 itinerary.html 文件。如果现在就把这个文件加载到一个 Web 浏览器里，你将看到一个包含全部的信息但呆滞模糊的表格，如图 9-16 所示。

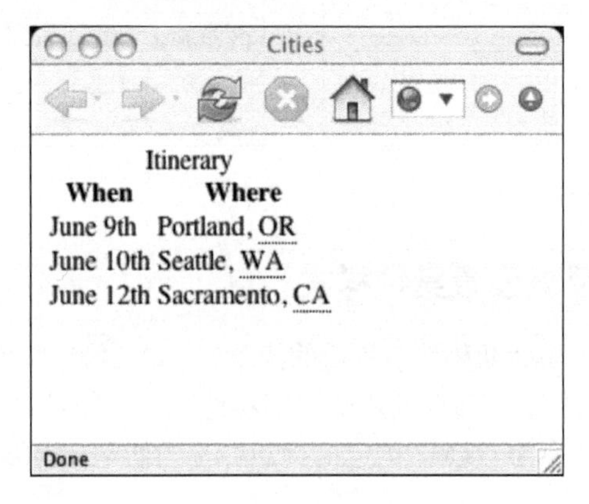

图　9-16

编写一个 CSS 样式表，让其中的数据可读性更好：

```
body {
  font-family: "Helvetica","Arial",sans-serif;
  background-color: #fff;
  color: #000;
}
table {
  margin: auto;
  border: 1px solid #699;
}
caption {
  margin: auto;
  padding: .2em;
  font-size: 1.2em;
  font-weight: bold;
}
th {
  font-weight: normal;
  font-style: italic;
  text-align: left;
  border: 1px dotted #699;
  background-color: #9cc;
```

```
  color: #000;
}
th,td {
  width: 10em;
  padding: .5em;
}
```

把这个 CSS 样式表保存为 format.css 文件并将其放入文件夹 styles 里。在 itinerary.html 文档的<head>部分增加一个<link>标签来引用这个 CSS 文件：

```
<link rel="stylesheet" media="screen" href="styles/format.css" />
```

在 Web 浏览器里刷新 itinerary.html 文件就可以看到这个 CSS 的效果，如图 9-17 所示。

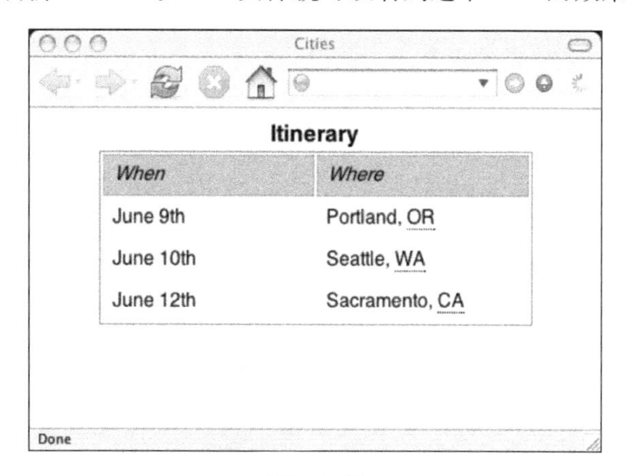

图 9-17

让表格里的行更可读的常用技巧是交替改变它们的背景色，从而形成斑马线效果，使相邻的两行泾渭分明。通过分别设置奇数行和偶数行样式的办法可实现这种效果。如果浏览器支持 CSS 3，那就很简单，只需要如下两行样式：

```
tr:nth-child(odd)    { background-color:#ffc; }
tr:nth-child(even)    { background-color:#fff; }
```

如果:nth-child()不可用，要获取同样的效果就只好采用另外的技术。具体到 itinerary.html 文档这个例子，只需为表格中的每个奇数行（或每个偶数行）设置一个 class 属性即可。不过，这个方法不够方便，尤其是对大表格来说更是如此：如果你以后要在这个表格的中间插入或删除一行，就不得不痛苦地手动更新大量的 class 属性。

JavaScript 特别擅长处理重复性任务。用一个 while 或 for 循环就可以轻松地遍历一个很长的列表。

可以编写一个函数来为表格添加斑马线效果，只要隔行设置样式就行了。

(1) 把文档里的所有 table 元素找出来。

(2) 对每个 table 元素，创建 odd 变量并把它初始化为 false。

(3) 遍历这个表格里的所有数据行。

(4) 如果变量 odd 的值是 true，设置样式并把 odd 变量修改为 false。

(5) 如果变量 odd 的值是 false，不设置样式，但把 odd 变量修改为 true。

我为这个函数命名为 stripeTables。这个函数不需要参数，所以函数名后面的圆括号是空的。别忘了在这个函数的开头部分安排一些测试，检查浏览器是否支持函数中用到的那些 DOM 方法：

```
function stripeTables() {
  if (!document.getElementsByTagName) return false;
  var tables = document.getElementsByTagName("table");
  var odd, rows;
  for (var i=0; i<tables.length; i++) {
    odd = false;
    rows = tables[i].getElementsByTagName("tr");
    for (var j=0; j<rows.length; j++) {
      if (odd == true) {
        rows[j].style.backgroundColor = "#ffc";
        odd = false;
      } else {
        odd = true;
      }
    }
  }
}
```

这个函数应该在页面加载时执行。用 addLoadEvent 函数来做这件事再合适不过：

```
addLoadEvent(stripeTables);
```

把以上 JavaScript 代码保存为文件 stripeTables.js，再将其和 addLoadEvent.js 文件都放到文件夹 scripts 里去。

在 itinerary.html 文档的</body>标签之前，增加两个<script>标签来调用这两个 JavaScript 脚本文件：

```
<script src="scripts/addLoadEvent.js"></script>
<script src="scripts/stripeTables.js"></script>
```

把 itinerary.html 文件加载到一个 Web 浏览器里，就可以看到表格里的偶数行都有了一个新的背景颜色，如图 9-18 所示。

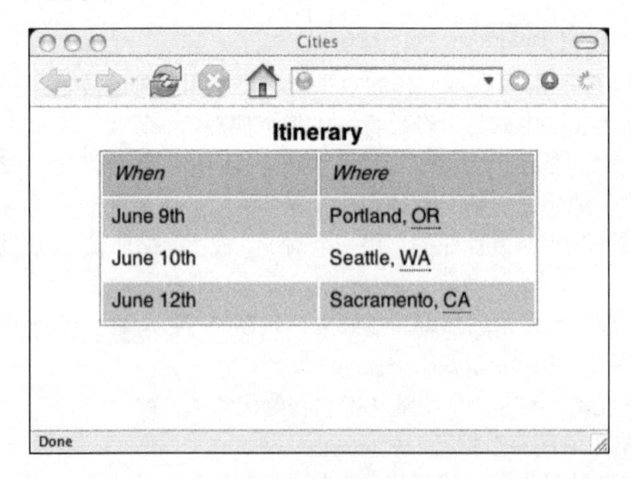

图　9-18

很凑巧，上一章的 displayAbbreviations 函数也适用于这个文档。把 displayAbbreviations.js 文件也放到 scripts 文件夹里，并在 itinerary.html 文档再增加一个<script>标签引用它。在 Web 浏览器里刷新这个页面可以看到动态生成的“缩略语列表”，如图 9-19 所示。

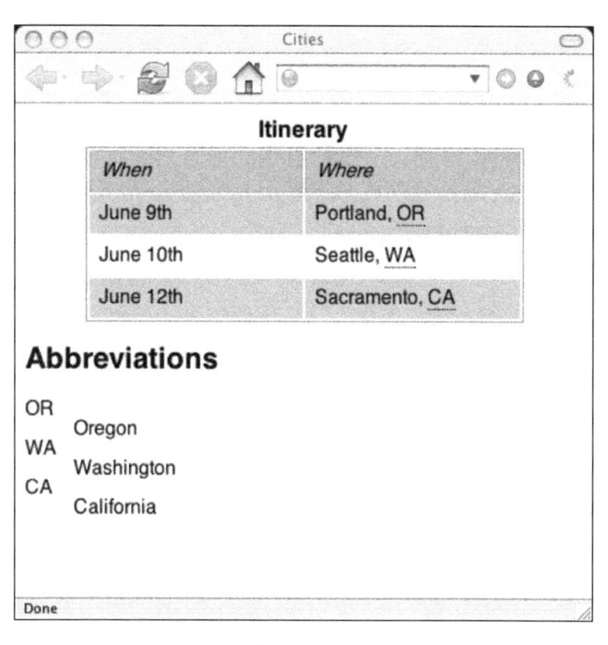

图 9-19

9.3.3 响应事件

只要有可能，最好选用 CSS 为文档设置样式。话虽这样说，你刚才也看到一些 CSS 不能处理或是难以部署的情况。在这类 CSS 力不从心的场合，DOM 可以帮上大忙。

何时应该使用 CSS 来设置样式，何时应该使用 DOM 来设置样式并不总是那么容易决定。如果问题涉及需要根据某个事件来改变样式，就更难做出决定了。

CSS 提供的:hover 等伪 class 属性允许我们根据 HTML 元素的状态来改变样式。DOM 也可以通过 onmouseover 等事件对 HTML 元素的状态变化做出响应。很难判断何时应该使用:hover 属性、何时应该使用 onmouseover 事件。

最简单的答案是选择最容易实现的办法。比如说，如果只是想让链接在鼠标指针悬停在其上时改变颜色，就应该选用 CSS：

```
a:hover {
  color: #c60;
}
```

伪类:hover 已经得到了绝大多数浏览器的支持——至少在它被用来改变链接的样式时是如此。但如果还想利用这个伪类在鼠标指针悬停在其他元素上时改变样式，支持这种用法的浏览器就没有那么多了。

仍以 itinerary.html 文档中的表格为例。如果想让某行在鼠标指针悬停其上时其文本变为粗体，可以使用 CSS：

```
tr:hover {
  font-weight: bold;
}
```

从理论上讲，鼠标指针悬停在表格的哪一行，哪一行的文本就应该加黑加粗；但在实践中，这种效果只能在一部分浏览器里看到。

在这样的场合，DOM 却能够得到公平对待。绝大多数的现代浏览器，虽然对 CSS 伪类的支持很不完整，但对 DOM 却都有着良好的支持。在浏览器们对 CSS 的支持进一步完善之前，在事件发生时用 DOM 改变 HTML 元素的样式更切合实际。

下面这个 highlightRows 函数将在鼠标指针悬停在某个表格行的上方时，把该行文本加黑加粗：

```
function highlightRows() {
  if(!document.getElementsByTagName) return false;
  var rows = document.getElementsByTagName("tr");
  for (var i=0; i<rows.length; i++) {
    rows[i].onmouseover = function() {
      this.style.fontWeight = "bold";
    }
    rows[i].onmouseout = function() {
      this.style.fontWeight = "normal";
    }
  }
}
addLoadEvent(highlightRows);
```

把这个函数存入文件 highlightRows.js 并把它放入 scripts 文件夹，然后在 itinerary.html 文档的 </body>标签之前增加一个如下所示的<script>标签：

```
<script src="scripts/highlightRows.js"></script>
```

在 Web 浏览器里刷新 itinerary.html 文档。现在，当你把鼠标指针悬停在某个表格行的上方时，这个表格行里的文本将加黑加粗，如图 9-20 所示。

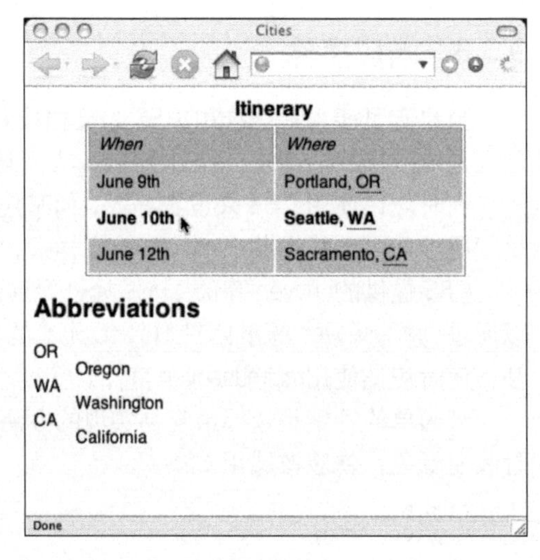

图　9-20

在这一类场合，需要决定是采用纯粹的 CSS 来解决，还是利用 DOM 来设置样式。你需要考虑以下因素：

- 这个问题最简单的解决方案是什么；
- 哪种解决方案会得到更多浏览器的支持。

要做出明智的抉择，就必须对 CSS 和 DOM 技术都有足够深入的了解。如果你手里只有榔头，那么你看到的任何东西都像钉子。如果你只喜欢使用 CSS，你十有八九会选择一个 CSS 解决方案，而不考虑 JavaScript 解决方案的效果会不会更好。反之，如果你只懂得写 DOM 脚本，你往往会立刻动手编写 JavaScript 函数，而不去考虑用 CSS 来解决问题会不会更简明快捷。

如果想改变某个元素的呈现效果，使用 CSS；如果想改变某个元素的行为，使用 DOM；如果你想根据某个元素的行为去改变它的呈现效果，请运用你的智慧，在这个问题上没有放之四海而皆准的答案。

9.4 className 属性

在本章前面的例子里，我们一直在使用 DOM 直接设置或修改样式。这种做法让“行为层”干“表示层”的活， 并不是理想的工作方式。如果你改变了主意， 想换换那些由 DOM 脚本设置的样式，就不得不埋头于 JavaScript 函数中去寻找和修改与设置样式有关的语句。如果可以在样式表里进行那些修改，那就好多了。

这里有一种简明的解决方案：与其使用 DOM 直接改变某个元素的样式，不如通过 JavaScript 代码去更新这个元素的 class 属性。

大家看看 styleHeaderSiblings 函数是如何添加样式的：

```
function styleHeaderSiblings() {
  if (!document.getElementsByTagName) return false;
  var headers = document.getElementsByTagName("h1");
  var elem;
  for (var i=0; i<headers.length; i++) {
    elem = getNextElement(headers[i].nextSibling);
    elem.style.fontWeight = "bold";
    elem.style.fontSize = "1.2em";
  }
}
```

如果决定把紧跟在一级标题之后的那个元素的 CSS 字号值从 1.2em 改为 1.4em，你就不得不去修改 styleHeaderSiblings()函数。

如果你引用一个外部 CSS 样式表， 并且其中有一条针对.intro 类的样式声明：

```
.intro {
  font-weight: bold;
  font-size: 1.2em;
}
```

现在只需在 styleHeaderSiblings()函数里把紧跟在一级标题之后的那个元素的 class 属性设置为 intro 就可以达到同样的目的。

可以用 setAttribute 方法来做这件事：

```
elem.setAttribute("class","intro");
```

更简单的办法是更新 className 属性。className 属性是一个可读/可写的属性，凡是元素节点都有这个属性。

你可以用 className 属性得到一个元素的 class 属性：

```
element.className
```

用 className 属性和赋值操作符设置一个元素的 class 属性：

```
element.className = value
```

下面是利用 className 属性编写出来的 styleHeaderSiblings 函数，它在设置样式时不需要直接与 style 属性打交道：

```
function styleHeaderSiblings() {
  if (!document.getElementsByTagName) return false;
  var headers = document.getElementsByTagName("h1");
  var elem;
  for (var i=0; i<headers.length; i++) {
    elem = getNextElement(headers[i].nextSibling);
    elem.className = "intro";
  }
}
```

现在，不论你什么时候想改变紧跟在一级标题之后的那个元素的样式，只需在 CSS 里修改.intro 类的样式声明：

```
.intro {
  font-weight: bold;
  font-size: 1.4em;
}
```

这个技巧只有一个不足：通过 className 属性设置某个元素的 class 属性时将替换（而不是追加）该元素原有的 class 设置：

```
<h1>Man bites dog</h1>
<p class="disclaimer">This is not a true story</p>
```

如果对包含以上标记的文档使用 styleHeaderSiblings 函数，那个"文本段"元素的 class 属性将从 disclaimer 被替换为 intro，而这里实际需要的是"追加"效果——class 属性应该变成 disclaimer intro，也就是 disclaimer 和 intro 两种样式的叠加。

你可以利用字符串拼接操作，把新的 class 设置值追加到 className 属性上去（请注意，intro 的第一个字符是空格），如下所示：

```
elem.className += " intro";
```

不过，实际上你只希望在原来确实有一个 class 的情况下才这么做。如果原来没有任何 class，直接对 className 属性赋值就可以了。

在需要给一个元素追加新的 class 时，你可以按照以下步骤操作：

(1) 检查 className 属性的值是否为 null；

(2) 如果是，把新的 class 设置值直接赋值给 className 属性；

(3) 如果不是，把一个空格和新的 class 设置值追加到 className 属性上去。

你可以把以上步骤封装为一个函数 addClass。这个函数带两个参数：第一个是需要添加新 class 的元素（element），第二个是新的 class 设置值（value）：

```
function addClass(element,value) {
  if (!element.className) {
    element.className = value;
  } else {
```

```
      newClassName = element.className;
      newClassName+= " ";
      newClassName+= value;
      element.className = newClassName;
    }
  }
```

在 styleHeaderSiblings 函数里调用 addClass 函数：

```
function styleHeaderSiblings() {
  if (!document.getElementsByTagName) return false;
  var headers = document.getElementsByTagName("h1");
  var elem;
  for (var i=0; i<headers.length; i++) {
    elem = getNextElement(headers[i].nextSibling);
    addClass(elem,"intro");
  }
}
```

你也可以更新一下 stripeTables 函数。这个函数现在是通过直接改变奇数表格行的背景颜色来实现斑马线效果的：

```
function stripeTables() {
  if (!document.getElementsByTagName) return false;
  var tables = document.getElementsByTagName("table");
  var odd, rows;
  for (var i=0; i<tables.length; i++) {
    odd = false;
    rows = tables[i].getElementsByTagName("tr");
    for (var j=0; j<rows.length; j++) {
      if (odd == true) {
        rows[j].style.backgroundColor = "#ffc";
        odd = false;
      } else {
        odd = true;
      }
    }
  }
}
```

先在 format.css 文件里增加一条对应于 class="odd"的样式声明：

```
.odd {
  background-color: #ffc;
}
```

9

然后修改 stripeTables 函数，让它通过调用 addClass 函数来实现同样的效果：

```
function stripeTables() {
  if (!document.getElementsByTagName) return false;
  var tables = document.getElementsByTagName("table");
  var odd, rows;
  for (var i=0; i<tables.length; i++) {
    odd = false;
    rows = tables[i].getElementsByTagName("tr");
    for (var j=0; j<rows.length; j++) {
      if (odd == true) {
        addClass(rows[j],"odd");
        odd = false;
      } else {
        odd = true;
      }
```

```
    }
  }
}
```

最终结果与前面完全相同。区别在于现在是通过 CSS 而不是 DOM 去设置样式。JavaScript 函数现在更新的是 className 属性，根本没碰 style 属性。这确保了网页的表示层和行为层分离得更加彻底。

对函数进行抽象

你所有的函数都工作得很好，完全可以让它们保持现状。不过，只需再做一些小小的改动，它们就会变得更加通用。把一个非常具体的东西改进为一个较为通用的东西的过程叫做*抽象*(abstraction)。

仔细看看 styleHeaderSiblings 函数，就会发现它仅适用于 h1 元素，而且 classNeme 属性值 intro 也是硬编码在函数代码里的：

```
function styleHeaderSiblings() {
  if (!document.getElementsByTagName) return false;
  var headers = document.getElementsByTagName("h1");
  var elem;
  for (var i=0; i<headers.length; i++) {
    elem = getNextElement(headers[i].nextSibling);
    addClass(elem,"intro");
  }
}
```

把这些具体的值转换为这个函数的参数，就可以让它成为一个更通用的函数。把改进后的新函数命名为 styleElementSibling 并给它增加两个参数——tag 和 theclass：

```
function styleElementSiblings(tag,theclass)
```

接下来，把函数代码中的字符串“h1”全部替换为参数变量 tag，再把字符串“intro”全部替换为参数变量 theclass。为了增加代码的可读性，你也可顺便把原来的 headers 变量名替换成 elems 以增加可读性：

```
function styleElementSiblings(tag,theclass) {
  if (!document.getElementsByTagName) return false;
  var elems = document.getElementsByTagName(tag);
  var elem;
  for (var i=0; i<elems.length; i++) {
    elem = getNextElement(elems[i].nextSibling);
    addClass(elem,theclass);
  }
}
```

现在，如果把字符串值“h1”和“intro”作为参数传递给这个新函数，就可以获得原来的效果：

```
addloadEvent(function(){
  styleElementSiblings("h1","intro");
});
```

不论何时你发现可以像上面这样对某个函数进行抽象，都应该马上去做，这总是一个好主意。今后你或许会需要对另一种元素或另一个 className 属性值进行类似的处理。如果真是那样，那就是写一个 styleElementSiblings 通用函数的最好时机。

9.5 小结

在本章里，你看到了 DOM 完整全新的一面。此前介绍的 DOM 方法和属性要么属于 DOM Core，要么属于 HTML-DOM。本章介绍的 CSS-DOM 技术针对的是如何得到（读）和设置（写）style 对象的各种属性，而 style 对象本身又是文档中的每个元素节点都具备的属性。

style 属性的最大限制是它不支持获取外部 CSS 设置的样式。但你仍可以利用 style 属性去改变各种 HTML 元素的呈现效果。这在我们无法或是难以通过外部 CSS 去设置样式的场合非常有用。只要有可能，就应选择更新 className 属性，而不是去直接更新 style 对象的有关属性。

在本章里，我们向大家介绍了以下几种 CSS-DOM 技术的具体应用示例。

- 根据元素在节点树里的位置设置它们的样式（styleHeaderSiblings 函数）。
- 遍历一个节点集合设置有关元素的样式（stripeTables 函数）。
- 在事件发生时设置有关元素的样式（highlightRows 函数）。

这几种应用都属于用 JavaScript 入侵 CSS 领地的情况，而我们这么做的理由不外乎两点：其一是 CSS 无法让我们找到想要处理的目标元素，其二是用 CSS 寻找目标元素的办法还未得到广泛的支持。或许，未来的 CSS 技术能够让我们远离这种“不务正业”的 DOM 脚本编程技术。

不过，有一种应用大概是 CSS 永远也无法与 DOM 竞争的：JavaScript 脚本能定时重复执行一组操作。通过不断改变样式，我们就能实现 CSS 根本不可能实现的效果。

在下一章里，你会看到一个这样的例子。你将写一个能够随着时间的推移而不断刷新元素位置的函数。简单地说，你将用 JavaScript 实现动画效果。

第 10 章

10

用 JavaScript 实现动画效果

本章内容

- 动画基础知识
- 用动画丰富网页的浏览效果

在本章里，你将看到 CSS-DOM 技术最富于动感的应用之一：让网页上的元素动起来。

10.1 动画基础知识

前面的章节介绍了如何利用 DOM 技术修改文档的样式信息。用 JavaScript 添加样式信息可以节约你的时间和精力，但总的来说，CSS 仍是完成这类任务的最佳工具。

不过，有一个应用领域是目前的 CSS 尚且无能为力的。如果我们想随着时间的变化而不断改变某个元素的样式，则只能使用 JavaScript。JavaScript 能够按照预定的时间间隔重复调用一个函数，而这意味着我们可以随着时间的推移而不断改变某个元素的样式。

动画是样式随时间变化的完美例子之一。简单地说，动画就是让元素的位置随着时间而不断地发生变化。

10.1.1 位置

网页元素在浏览器窗口里的位置是一种表示性的信息。因此，位置信息通常是由 CSS 负责设置的。下面这些 CSS 代码对某个元素在网页上的位置做出了规定：

```
element {
  position: absolute;
  top: 50px;
  left: 100px;
}
```

这将把 *element* 元素摆放到距离浏览器窗口的左边界 100 像素，距离浏览器窗口的上边界 50 像素的位置上。下面是实现同样效果的 DOM 代码：

```
element.style.position = "absolute";
element.style.left = "100px";
element.style.top = "50px";
```

position 属性的合法值有 static、fixed、relative 和 absolute 四种。static 是 position 属性的默认值，意思是有关元素将按照它们在标记里出现的先后顺序出现在浏览器窗口里。relative 的含义与 static 相似，区别是 position 属性等于 relative 的元素还可以（通过应用 float 属性）从文档的正常显示顺序里脱离出来。

如果把某个元素的 position 属性设置为 absolute，我们就可以把它摆放到容纳它的“容器”的任何位置。这个容器要么是文档本身，要么是一个有着 fixed 或 absolute 属性的父元素。这个元素在原始标记里出现的位置与它的显示位置无关，因为它的显示位置由 top、left、right 和 bottom 等属性决定。你可以使用像素或百分比作为单位设置这些属性的值。

设置一个元素的 top 属性将把该元素摆放到距文档顶特定距离的位置，一个元素的 bottom 属性将把该元素摆放到距文档底边界特定距离的位置。类似地，left 或 right 属性可用来分别把该元素摆放到距文档左边界或右边界特定距离的位置。为防止它们发生冲突，最好只使用 top 或只使用 bottom 属性；left 或 right 属性也是如此。

把文档里的某个元素摆放到一个特定的位置是很容易的事。不妨假设有一个这样的元素：

```
<p id="message">Whee!</p>
```

于是，你可以用一个 JavaScript 函数来设置这个元素的位置：

```
function positionMessage() {
  if (!document.getElementById) return false;
  if (!document.getElementById("message")) return false;
  var elem = document.getElementById("message");
  elem.style.position = "absolute";
  elem.style.left = "50px";
  elem.style.top = "100px";
}
```

在页面加载时调用这个 positionMessage 函数，会把这段文本摆放到距浏览器窗口的左边界 50 像素、距浏览器窗口的顶边界 100 像素的位置：

```
window.onload = positionMessage;
```

不过，最好是用 addLoadEvent 函数来完成，如下所示：

```
function addLoadEvent(func) {
  var oldonload = window.onload;
  if (typeof window.onload != 'function') {
    window.onload = func;
  } else {
    window.onload = function() {
      oldonload();
      func();
    }
  }
}
addLoadEvent(positionMessage);
```

图 10-1 是按 position="absolute"的情况来摆放这个元素的效果。

10

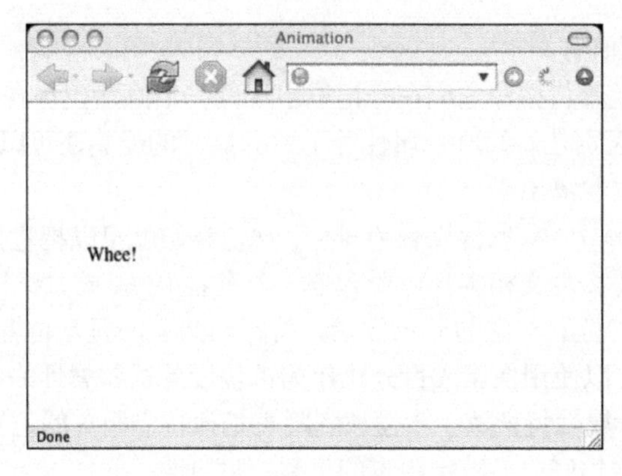

图　10-1

改变某个元素的位置也很简单，只要执行一个函数去改变这个元素的 style.top 或 style.left 等属性就行了：

```
function moveMessage() {
  if (!document.getElementById) return false;
  if (!document.getElementById("message")) return false;
  var elem = document.getElementById("message");
  elem.style.left = "200px";
}
```

编写一个这样的函数并不难，问题是该如何去调用这个函数呢？如果让 moveMessage 函数在页面加载时运行，这个元素的位置将立刻发生变化——由 positionMessage 函数给出的原始位置会被立刻覆盖：

```
addLoadEvent(positionMessage);
addLoadEvent(moveMessage);
```

如图 10-2 所示，这个元素的显示位置立刻发生了变化。

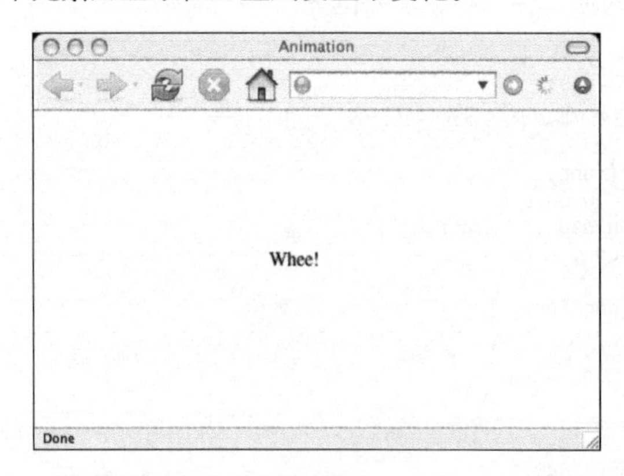

图　10-2

元素的显示位置立刻发生变化并不是我们想要的动画效果。要获得真正的动画效果，必须让元素的位置随着时间不断地发生变化。

导致元素的显示位置立刻发生变化的根源是 JavaScript 太有效率了：函数一个接一个地执行，其间根本没有我们所能察觉的间隔。为了实现动画效果，我们必须“创造”出时间间隔来，而这正是我们将要探讨的问题。

10.1.2 时间

JavaScript 函数 setTimeout 能够让某个函数在经过一段预定的时间之后才开始执行。这个函数带有两个参数：第一个参数通常是一个字符串，其内容是将要执行的那个函数的名字；第二个参数是一个数值，它以毫秒为单位设定了需要经过多长时间后才开始执行第一个参数所给出的函数：

```
setTimeout("function",interval)
```

在绝大多数时候，把这个函数调用赋值给一个变量将是个好主意：

```
variable = setTimeout("function",interval)
```

如果想取消某个正在排队等待执行的函数，就必须事先像上面这样把 setTimeout 函数的返回值赋值给一个变量。你可以用一个名为 clearTimeout 的函数来取消“等待执行”队列里的某个函数。这个函数需要一个参数——保存着某个 setTimeout 函数调用返回值的变量：

```
clearTimeout(variable)
```

修改 positionMessage 函数，让它在 5 秒（或者说 5000 毫秒）之后才去调用 moveMessage 函数：

```
function positionMessage() {
  if (!document.getElementById) return false;
  if (!document.getElementById("message")) return false;
  var elem = document.getElementById("message");
  elem.style.position = "absolute";
  elem.style.left = "50px";
  elem.style.top = "100px";
  movement = setTimeout("moveMessage()",5000);
}
```

positionMessage 函数仍将在页面加载时得到执行：

```
addLoadEvent(positionMessage);
```

这样一来，那条消息将先出现在它的原始位置上，然后在 5 秒之后才向右“跳跃”150 像素。在那 5 秒钟的等待时间里，我可以随时使用下面这条语句取消这一“跳跃”行为：

```
clearTimeout(movement);
```

movement 变量对应着在 positionMessage 函数里定义的 setTimeout 调用。它是一个全局变量，我在声明它时未使用关键字 var。这意味着那个“跳跃”行为可以在 positionMessage 函数以外的地方被取消。

10.1.3 时间递增量

把某个元素在 5 秒钟之后向右移动 150 像素的显示效果称为动画实在有点儿勉强。真正的动画效果是一个渐变的过程，元素应该从出发点逐步地移动到目的地，而不是从出发点一下子跳跃到目的地。

我们更新一下 moveMessage 函数，让元素的移动以渐变的方式发生。下面是新 moveMessage 函数的逻辑。

(1) 获得元素的当前位置。

(2) 如果元素已经到达它的目的地，则退出这个函数。

(3) 如果元素尚未到达它的目的地，则把它向目的地移近一点儿。

(4) 经过一段时间间隔之后从步骤 1 开始重复上述步骤。

第一步是确定元素的当前位置。这一点可以通过查询元素的 style.top 和 style.left 等位置属性做到。我们把 style.left 和 style.top 属性的值分别赋给变量 xpos 和 ypos：

```
var xpos = elem.style.left;
var ypos = elem.style.top;
```

当 moveMessage 函数在 positionMessage 函数之后被调用时，xpos 变量将被赋值为 50px，ypos 变量将被赋值为 100px。我遇到了一点儿小麻烦：这两个值都是字符串，而接下来的代码需要进行许多算术比较操作。我需要的是数，不是字符串。

JavaScript 函数 parseInt 可以把字符串里的数值信息提取出来。如果把一个以数字开头的字符串传递给这个函数，它将返回一个数值：

```
parseInt(string)
```

下面是一个例子：

```
parseInt("39 steps");
```

这个函数调用将返回数值“39”（不包括引号）。

parseInt 函数的返回值通常是整数。如果需要提取的是带小数点的数值（也就是浮点数），就应该使用相应的 parseFloat 函数：

```
parseFloat(string)
```

我们在 moveMessage 函数里只与整数打交道，所以使用 parseInt 函数：

```
var xpos = parseInt(elem.style.left);
var ypos = parseInt(elem.style.top);
```

parseInt 函数将把字符串“50px”转换为整数 50，把字符串“100px”转换为整数 100。现在，xpos 和 ypos 变量分别包含整数 50 和 100。

注意　只有使用了 DOM 脚本或 style 属性为元素分配了位置后，这里的 parseInt 函数才起作用。

在 moveMessage 函数里，接下来的几个步骤需要用到大量的比较操作符。

第一次测试是否相等，我们需要知道变量 xpos 和 ypos 的值是否等于目的地那里的“左”位置和“上”位置。如果是，退出这个函数。相等操作符由两个等号构成。（记住，一个等号是赋值。）

```
if (xpos == 200 && ypos == 100) {
  return true;
}
```

如果message元素还没有到达它的目的地，则继续执行下面的代码。

接下来，根据message元素的当前位置及其目的地的关系更新变量xpos和ypos的值。我们希望把它们移动到一个距目的坐标更近的地方。如果xpos小于终点的left，给它加1：

```
if (xpos < 200) {
  xpos++;
}
```

如果xpos大于终点的left，给它减1：

```
if (xpos > 200) {
  xpos--;
}
```

根据ypos的值和终点top的关系，对变量ypos进行类似的更新：

```
if (ypos < 100) {
  ypos++;
}
if (ypos > 100) {
  ypos--;
}
```

现在，你知道把变量xpos和ypos由字符串转换为数的原因了：我要用大于和小于操作符进行数值比较，并根据比较的结果更新它们的值。

接下来，需要把变量xpos和ypos的值应用到message元素的style属性。我们需要把字符串“px”追加到这两个值的末尾，并把它们赋给left和top属性：

```
elem.style.left = xpos + "px";
elem.style.top = ypos + "px";
```

最后，我们需要在一个短暂的停顿之后重复执行这个函数。我们把停顿时间设置为百分之一秒，也就是10毫秒：

```
movement = setTimeout("moveMessage()",10);
```

下面是moveMessage函数的代码清单：

```
function moveMessage() {
  if (!document.getElementById) return false;
  if (!document.getElementById("message")) return false;
  var elem = document.getElementById("message");
  var xpos = parseInt(elem.style.left);
  var ypos = parseInt(elem.style.top);
  if (xpos == 200 && ypos == 100) {
    return true;
  }
  if (xpos < 200) {
    xpos++;
  }
  if (xpos > 200) {
    xpos--;
```

```
  }
  if (ypos < 100) {
    ypos++;
  }
  if (ypos > 100) {
    ypos--;
  }
  elem.style.left = xpos + "px";
  elem.style.top = ypos + "px";
  movement = setTimeout("moveMessage()",10);
}
```

这个函数使得 message 元素以每次 1 像素的方式在浏览器窗口里移动。一旦这个元素的 top 和 left 属性同时等于 100px 和 200px，这个函数就停止执行。这可是实实在在的动画效果——虽然它没有什么实际的意义。稍后，我们将利用同样的原理实现一个有实用价值的例子。

10.1.4 抽象

刚才编写的 moveMessage 函数只能完成一项非常特定的任务。它将把一个特定的元素移动到一个特定的位置，两次移动之间的停顿时间也是一段固定的长度。所有这些信息都是硬编码在函数代码里的：

```
function moveMessage() {
  if (!document.getElementById) return false;
  if (!document.getElementById("message"))
return false;
  var elem = document.getElementById("message");
  var xpos = parseInt(elem.style.left);
  var ypos = parseInt(elem.style.top);
  if (xpos == 200 && ypos == 100) {
    return true;
  }
  if (xpos < 200) {
    xpos++;
  }
  if (xpos > 200) {
    xpos--;
  }
  if (ypos < 100) {
    ypos++;
  }
  if (ypos > 100) {
    ypos--;
  }
  elem.style.left = xpos + "px";
  elem.style.top = ypos + "px";
  movement = setTimeout("moveMessage()",10);
}
```

如果把这些常数都改为变量，这个函数的灵活性和适用范围就会大大提高。通过对 moveMessage 函数进行抽象，你可以让它变得更加通用（便于重用）。

1. 创建moveElement函数

把新函数命名为 moveElement。与 moveMessage 函数不同，新函数的参数将会有多个。下面是每次调用这个新函数时可能变化的东西。

(1) 打算移动的元素的 ID。

(2) 该元素的目的地的“左”位置。

(3) 该元素的目的地的“上”位置。

(4) 两次移动之间的停顿时间。

这些参数都应该取一个描述性的名字：

(1) elementID

(2) final_x

(3) final_y

(4) interval

定义 moveElement 函数的第一步是声明它的各个参数：

```
function moveElement(elementID,final_x,final_y,interval) {
```

用这些变量把前面硬编码在 moveMessage 函数里的有关常数全部替换掉。在 moveMessage 函数的开头是以下几条语句：

```
if (!document.getElementById) return false;
if (!document.getElementById("message")) return false;
var elem = document.getElementById("message");
```

把这几条语句里的 getElementById("message")全部替换为 getElementById (elementID)：

```
if (!document.getElementById) return false;
if (!document.getElementById(elementID)) return false;
var elem = document.getElementById(elementID);
```

elem 变量现在对应着你想移动的任何元素。

接下来的两行语句用不着修改。它们负责把给定元素的 left 和 top 属性转换为数值，并把转换结果分别赋值给变量 xpos 和 ypos：

```
var xpos = parseInt(elem.style.left);
var ypos = parseInt(elem.style.top);
```

接下来，检查给定元素是否已经到达目的地。在 moveMessage 函数里，目的地的坐标值是 200（left 位置）和 100（top 位置）。

```
if (xpos == 200 && ypos == 100) {
  return true;
}
```

在 moveElement 函数里，目的地坐标值将由变量 final_x 和 final_y 提供：

```
if (xpos == final_x && ypos == final_y) {
  return true;
}
```

再往后是对变量 xpos 和 ypos 进行刷新的几条语句。如果变量 xpos 的值小于目的地的“左”位置，给它加 1。

原来的目的地的 left 位置是硬编码在函数代码里的常数 200：

```
if (xpos < 200) {
  xpos++;
}
```

10

现在的目的地的left位置由变量final_x提供：

```
if (xpos < final_x) {
  xpos++;
}
```

类似地，如果xpos大于目的地的left位置，xpos减1：

```
if (xpos > final_x) {
  xpos--;
}
```

对负责更新变量ypos的语句做同样的修改。如果ypos小于final_y，给它加1；如果它大于final_y，给它减1：

```
if (ypos < final_y) {
  ypos++;
}
if (ypos > final_y) {
  ypos--;
}
```

接下来的两行语句不用修改。它们负责把字符串"px"追加到变量xpos和ypos的末尾，并将其赋值给elem元素的left和top样式属性：

```
elem.style.left = xpos + "px";
elem.style.top = ypos + "px";
```

最后，在经过一段适当的时间间隔之后再次调用同一个函数。在moveMessage函数里，这个环节相当简单：每隔10毫秒调用一次moveMessage函数：

```
movement = setTimeout("moveMessage()",10);
```

在moveElement函数里，事情变得有一点儿复杂。因为在下一次调用moveElement时，我们还需要把elementID、final_x、final_y和interval等参数传给它。这将形成一个如下所示的字符串：

```
"moveElement('"+elementID+"',"+final_x+","+final_y+","+interval+")"
```

字符串拼接操作实在不少！与其把一个这么长的字符串直接插入到setTimeout函数里去，不如先把这个字符串赋值给repeat变量：

```
var repeat = "moveElement('"+elementID+"',"+final_x+","+final_y+","+interval+")";
```

现在，我们只需把repeat变量插入到setTimeout函数里作为它的第一个参数就行了。第二个参数是再次调用第一个参数所指定的函数之前需要等待的时间间隔。这个间隔在moveMessage函数里被硬编码为10毫秒，它现在将由变量interval提供：

```
movement = setTimeout(repeat,interval);
```

用一个右花括号结束这个函数：

```
}
```

下面是moveElement函数的代码清单：

```
function moveElement(elementID,final_x,final_y,interval) {
  if (!document.getElementById) return false;
```

```
  if (!document.getElementById(elementID)) return false;
  var elem = document.getElementById(elementID);
  var xpos = parseInt(elem.style.left);
  var ypos = parseInt(elem.style.top);
  if (xpos == final_x && ypos == final_y) {
    return true;
  }
  if (xpos < final_x) {
    xpos++;
  }
  if (xpos > final_x) {
    xpos--;
  }
  if (ypos < final_y) {
    ypos++;
  }
  if (ypos > final_y) {
    ypos--;
  }
  elem.style.left = xpos + "px";
  elem.style.top = ypos + "px";
  var repeat = "moveElement('"+elementID+"',"+final_x+","+final_y+","+interval+")";
  movement = setTimeout(repeat,interval);
}
```

把 moveElement 函数保存为 moveElement.js 文件。把这个文件放入 scripts 文件夹，别忘了把 addLoadEvent.js 文件也放到那里。

2. 使用moveElement函数

现在，我们来测试一下这个函数。

首先重新创建前面的示例，创建一个名为 message.html 的文档，让它包含一个 id 属性值是 message 的文本段：

```
<!DOCTYPE html>
<html lang="en">
<head>
  <meta charset="utf-8" />
  <title>Message</title>
</head>
<body>
  <p id="message">Whee!</p>
</body>
</html>
```

要想看到动画效果，我们必须先设定它的初始位置。编写一个名为 positionMessage.js 的 JavaScript 文件。在 positionMessage 函数的末尾，调用 moveElement 函数：

```
function positionMessage() {
  if (!document.getElementById) return false;
  if (!document.getElementById("message")) return false;
  var elem = document.getElementById("message");
  elem.style.position = "absolute";
  elem.style.left = "50px";
  elem.style.top = "100px";
  moveElement("message",200,100,10);
}
addLoadEvent(positionMessage);
```

上面这段代码中的 moveElement 函数调用语句将把字符串值“message”传递给 elementID 参

数，把数值200传递给final_x参数，把数值100传递给final_y参数，把数值10传递给interval参数。

scripts文件夹现在包含三个文件：addLoadEvent.js、positionMessage.js和moveElement.js。我们需要在message.html文档里插入一些<script>标签来引用这几个脚本文件，如下所示：

```
<!DOCTYPE html>
<html lang="en">
<head>
  <meta charset="utf-8" />
  <title>Message</title>
</head>
<body>
  <p id="message">Whee!</p>
  <script src="scripts/addLoadEvent.js"></script>
  <script src="scripts/positionMessage.js"></script>
  <script src="scripts/moveElement.js"></script>
</body>
</html>
```

现在，把message.html文档加载到一个Web浏览器里就可以看到我们所实现的动画效果了，如图10-3所示，那个元素将在浏览器窗口里横向移动。

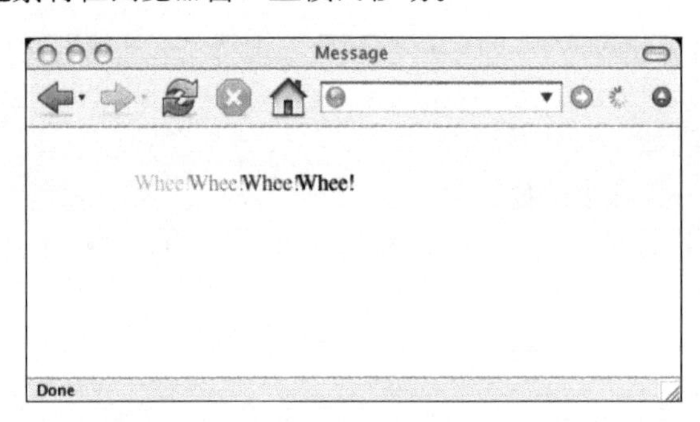

图　10-3

至此，一切都进行得很顺利。moveElement函数与moveMessage函数的效果完全一样。不过，因为我们已经对这个函数进行过抽象处理，所以现在可以把任意的参数传递给它。比如说，如果改变参数final_x和final_y的值，就可以改变动画的移动方向；如果改变参数interval的值，就可以改变动画的移动速度：

```
function moveElement(elementID,final_x,final_y,interval)
```

在positionMessage.js文件里修改positionMessage函数的最后一行，让这三个值发生点儿变化：

```
function positionMessage() {
  if (!document.getElementById) return false;
  if (!document.getElementById("message")) return false;
  var elem = document.getElementById("message");
  elem.style.position = "absolute";
  elem.style.left = "50px";
  elem.style.top = "100px";
  moveElement("message",125,25,20);
}
addLoadEvent(positionMessage);
```

在 Web 浏览器里刷新 message.html 文件，就可以看到新的动画效果了：那个元素现在将斜向移动，移动的速度也变慢了，如图 10-4 所示。

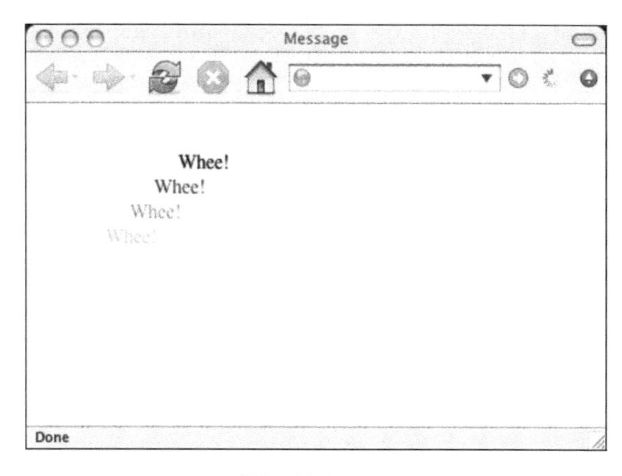

图　10-4

还可以改变 moveElement 函数的 elementID 参数值：

```
function moveElement(elementID,final_x,final_y,interval)
```

在 message.html 文件里增加一个新元素，把它的 id 属性设置为 message2：

```
<!DOCTYPE html>
<html lang="en">
<head>
  <meta charset="utf-8" />
  <title>Message</title>
</head>
<body>
  <p id="message">Whee!</p>
  <p id="message2">Whoa!</p>
  <script src="scripts/addLoadEvent.js"></script>
  <script src="scripts/positionMessage.js"></script>
  <script src="scripts/moveElement.js"></script>
</body>
</html>
```

现在，在 positionMessage.js 文件里增加一些代码。先为 message2 元素设定一个初始位置，然后增加一条 moveElement 函数调用语句——把 message2 作为它的第一个参数传递：

```
function positionMessage() {
  if (!document.getElementById) return false;
  if (!document.getElementById("message")) return false;
  var elem = document.getElementById("message");
  elem.style.position = "absolute";
  elem.style.left = "50px";
  elem.style.top = "100px";
  moveElement("message",125,25,20);
  if (!document.getElementById("message2")) return false;
  var elem = document.getElementById("message2");
  elem.style.position = "absolute";
  elem.style.left = "50px";
  elem.style.top = "50px";
```

```
    moveElement("message2",125,125,20);
  }
  addLoadEvent(positionMessage);
```

在 Web 浏览器里刷新 message.html 文件就可以看到新的动画效果了，如图 10-5 所示。两个元素将沿着不同的方向同时移动。

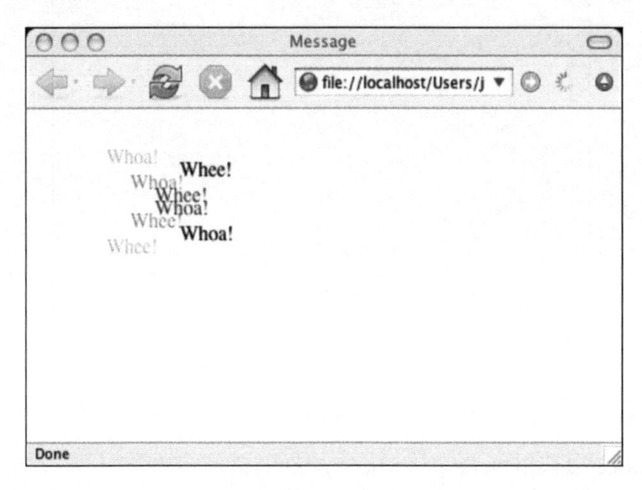

图　10-5

在这两个例子里，所有工作都是 moveElement 函数完成的。只需简单地改变一下传递给这个函数的参数值，你就可以随意重用它。这正是用参数变量代替硬编码常数的最大好处。

10.2　实用的动画

有了 moveElement 这个通用的函数，你就可以用它沿任意方向移动页面元素。从程序设计的角度看，这会给人留下相当深刻的印象；但从实用的角度看，它的意义似乎并不大。

网页上的动画元素不仅容易引起访问者的反感，还容易导致各种各样的可访问性问题。W3C 在它们的 Web Content Accessibility Guidelines（Web 内容可访问性指南）7.2节里给出了这样的建议：“除非浏览器允许用户“冻结”移动着的内容，否则就应该避免让内容在页面中移动。(优先级2)。如果页面上有移动着的内容，就应该用脚本或插件的机制允许用户冻结这种移动或动态更新行为。”

这里的关键在于用户能不能控制。解决了这个问题，根据用户行为移动一个页面元素可能起到增强网页的效果。让我们看一个能够起到增强页面效果的例子。

10.2.1　提出问题

我们有一个包含一系列链接的网页。当用户把鼠标指针悬停在其中的某个链接上时，我们想用一种先睹为快的方式告诉用户这个链接将把他们带往何方。我们可以展示一张预览图片。

这个网页的基本文档是 list.html 文件，下面是它的代码清单：

```
<!DOCTYPE html>
<html lang="en">
<head>
  <meta charset="utf-8" />
  <title>Web Design</title>
</head>
<body>
  <h1>Web Design</h1>
  <p>These are the things you should know.</p>
  <ol id="linklist">
    <li>
      <a href="structure.html">Structure</a>
    </li>
    <li>
      <a href="presentation.html">Presentation</a>
    </li>
    <li>
      <a href="behavior.html">Behavior</a>
    </li>
  </ol>
</body>
</html>
```

这个网页里的每个链接分别指向一个介绍相关网页设计技巧的页面。这些链接内文本已经简单介绍了目标页面的内容（如图 10-6 所示）。

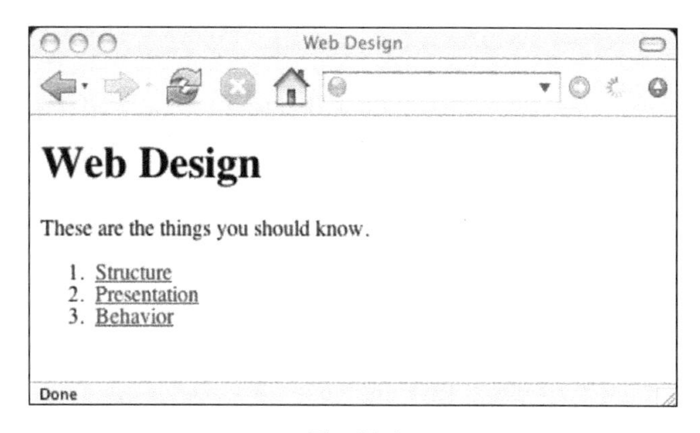

图 10-6

事实上这个网页已经足够完美。也就是说，为它增加一种视觉提示效果会让这个网页更有吸引力。

从某种意义上讲，这个案例与我们在本书前面的有关章节里实现的图片库颇为相似：它们都包含着一系列链接，我想对它们做的改进都是显示一张图片。但我们这一次要在 onmouseover 事件（请注意，不是 onclick 事件）被触发时显示一张图片。

我们将沿用图片库案例中的脚本——只需把每个链接上的事件处理函数从 onclick 改为 onmouseover。它能工作，但图片显示得不够流畅：当用户第一次把鼠标指针悬停在某个链接上时，新图片将被加载过去。即使是在一个高速的网络连接上，这多少也需要花费点儿时间，而我们希望能够立刻响应。

10.2.2 解决问题

如果为每个链接分别准备一张预览图片，在切换显示这些图片时总会有一些延迟。除此之外，简单地切换显示这些图片也不是我们期望的效果。我们想要的是一种更快更好的东西。

下面是我们要做的事情。

- 为所有的预览图片生成一张"集体照"形式的图片。
- 隐藏这张"集体照"图片的绝大部分。
- 当用户把鼠标指针悬停在某个链接的上方时，只显示这张"集体照"图片的相应部分。

我已经制作出了一张这样的"集体照"图片，它由三张预览图片和一张默认图片构成，如图 10-7 所示。

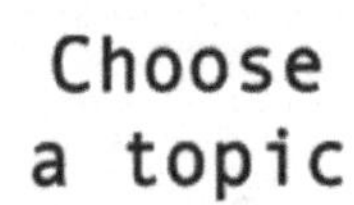

图　10-7

这个图片的文件名是 topics.gif。它的宽度是 400 像素，高度是 100 像素。

我们把 topics.gif 图片插入到 list.html 文档里，并把这个图片元素的 id 属性设置为 preview：

```
<!DOCTYPE html>
<html lang="en">
<head>
  <meta charset="utf-8" />
  <title>Web Design</title>
</head>
<body>
  <h1>Web Design</h1>
  <p>These are the things you should know.</p>
  <ol id="linklist">
    <li>
      <a href="structure.html">Structure</a>
    </li>
    <li>
      <a href="presentation.html">Presentation</a>
    </li>
    <li>
      <a href="behavior.html">Behavior</a>
    </li>
  </ol>
  <img src="images/topics.gif" alt="building blocks of web design" id="preview" />
</body>
</html>
```

图 10-8 是带着那些链接和那张"集体照"图片的网页显示效果。

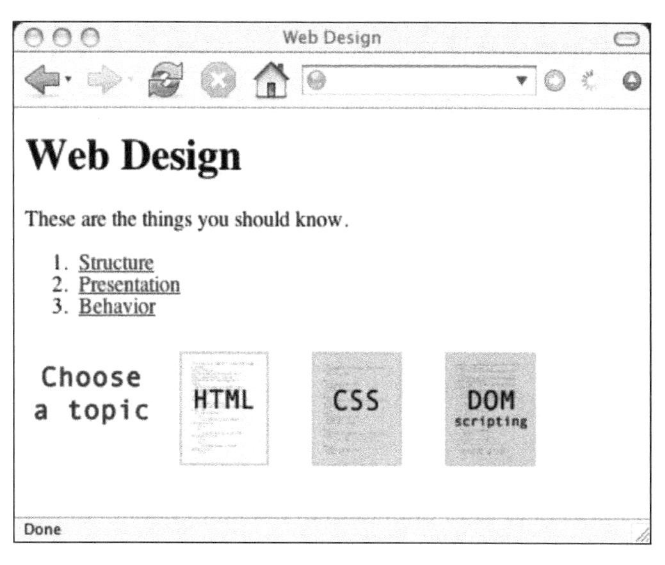

图 10-8

现在，整张“集体照”图片都是可见的。每次我们都只想让这个图片的某个 100×100 像素的部分出现。我们无法用 JavaScript 做到这一点，但可以用 CSS 来做。

10.2.3 CSS

CSS 的 overflow 属性用来处理一个元素的尺寸超出其容器尺寸的情况。当一个元素包含的内容超出自身的大小时，就会发生内容溢出，这种情况，你可以对内容进行“裁剪”，只让一部分内容可见。你还可以通过 overflow 属性告诉浏览器是否需要显示滚动条，以便让用户能够看到内容的其余部分。

overflow 属性的可取值有 4 种：visible、hidden、scroll 和 auto。

- visible：不裁剪溢出的内容。浏览器将把溢出的内容呈现在其容器元素的显示区域以外，全部内容都可见。
- hidden：隐藏溢出的内容。内容只显示在其容器元素的显示区域里，这意味着只有一部分内容可见。
- scroll：类似于 hidden，浏览器将对溢出的内容进行隐藏，但显示一个滚动条以便让用户能够滚动看到内容的其他部分。
- auto：类似于 scroll，但浏览器只在确实发生溢出时才显示滚动条。如果内容没有溢出，就不显示滚动条。

如此说来，在 overflow 属性的 4 种可取值当中，最能满足我们要求的显然是 hidden。我们有一张实际尺寸是 400×100 像素的图片，但我每次只想显示这张图片中一个尺寸为 100 像素×100 像素的部分。

首先，需要把这张图片放到一个容器元素。我们把它放入一个 div 元素，并把这个 div 元素的 id 属性值设置为 slideshow：

```
<div id="slideshow">
 <img src="images/topics.gif" alt="building blocks of web design"  id="preview" />
</div>
```

创建一个样式表文件 layout.css，把它放入 styles 文件夹。

在 layout.css 文件里，我们对 id="slideshow"的 div 元素的尺寸做了如下设置：

```
#slideshow {
  width: 100px;
  height: 100px;
  position: relative;
}
```

把 position 设置为 relative 很重要，因为我们想让子图片使用绝对位置。通过使用值 relative，子元素的(0, 0)坐标将固定在 slideshow div 的左上角。

把 CSS overflow 属性设置为 hidden，就能确保其中的内容会被裁剪：

```
#slideshow {
  width: 100px;
  height: 100px;
  position: relative;
  overflow: hidden;
}
```

接下来，我们添加一个<link>标签，把 layout.css 样式表引入 list.html 文档：

```
<!DOCTYPE html>
<html lang="en">
<head>
  <meta charset="utf-8" />
  <title>Web Design</title>
  <link rel="stylesheet" href="styles/layout.css" media="screen" />
</head>
<body>
  <h1>Web Design</h1>
  <p>These are the things you should know.</p>
  <ol id="linklist">
    <li>
<a href="structure.html">Structure</a>
    </li>
    <li>
      <a href="presentation.html">Presentation</a>
    </li>
    <li>
      <a href="behavior.html">Behavior</a>
    </li>
  </ol>
  <div id="slideshow">
    <img src="images/topics.gif" alt="building blocks of web design" id="preview" />
  </div>
</body>
</html>
```

现在，把 list.html 文档加载到浏览器，就可以看到变化（图片已经被裁剪）。我们只能看到 topics.gif 图片的一部分——它的第一个 100 像素宽的部分，如图 10-9 所示。

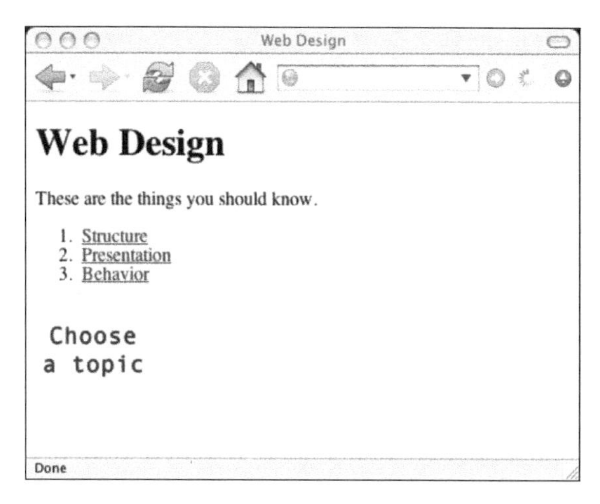

图 10-9

接下来要解决的问题是，让这个网页对用户的操作行为做出正确的响应。我们想在用户把鼠标指针悬停在某个链接上时，把 topics.gif 图片中与之对应的那个部分显示出来。这是一种行为上的变化：用 JavaScript 和 DOM 来实现再合适不过了。

10.2.4 JavaScript

我们计划用 moveElement 函数来移动 topics.gif 图片。根据用户正把鼠标指针悬停在哪个链接上，我们将这个图片向左或向右移动。

我们需要把调用 moveElement 函数的行为，与链接清单里每个链接的 onmouseover 事件关联起来。

编写一个 prepareSlideshow 函数来完成这项工作，下面是它的代码清单：

```
function prepareSlideshow() {
// 确保浏览器支持 DOM 方法
  if (!document.getElementsByTagName) return false;
  if (!document.getElementById) return false;
// 确保元素存在
  if (!document.getElementById("linklist")) return false;
  if (!document.getElementById("preview")) return false;
// 为图片应用样式
  var preview = document.getElementById("preview");
  preview.style.position = "absolute";
  preview.style.left = "0px";
  preview.style.top = "0px";
// 取得列表中的所有链接
  var list = document.getElementById("linklist");
  var links = list.getElementsByTagName("a");
// 为 mouseover 事件添加动画效果
  links[0].onmouseover = function() {
    moveElement("preview",-100,0,10);
  }
  links[1].onmouseover = function() {
    moveElement("preview",-200,0,10);
  }
```

```
  links[2].onmouseover = function() {
    moveElement("preview",-300,0,10);
  }
}
```

首先，prepareSlideshow 函数检查浏览器是否支持它用到的 DOM 方法：

```
if (!document.getElementsByTagName) return false;
if (!document.getElementById) return false;
```

接着，检查 linklist 和 preview 元素是否存在。别忘了，preview 是 topics.gif 图片的 id 属性值：

```
if (!document.getElementById("linklist")) return false;
if (!document.getElementById("preview")) return false;
```

此后，为 preview 图片设定一个默认位置。我将把它的 style.left 属性设置为 0px，把它的 style.top 属性也设置为 0px：

```
var preview = document.getElementById("preview");
preview.style.position = "absolute";
preview.style.left = "0px";
preview.style.top = "0px";
```

请注意，这并不意味着 topics.gif 图片将出现在浏览器窗口的左上角。它将出现在它的容器元素，也就是那个 id 属性值是 slideshow 的 div 元素的左上角。因为那个 div 元素的 CSS position 属性值是 relative：如果把 position 属性值是 absolute 的元素 A 放入一个 position 属性值是 relative 的元素 B，B 就成为 A 的容器元素，而 A 将在 B 的显示区域里按 absolute 方式进行摆放。因此，preview 图片将出现在 slideshow 元素的左上角——与这个 div 元素的左边界和上边界之间的距离都是 0px。

最后，把 onmouseover 行为与链接清单里的各个链接关联起来。首先，把一个由包容在 linklist 元素里的所有 a 元素构成的节点集合赋值给变量 links。第一个链接对应着 links[0]，第二个链接对应着 links[1]，第三个链接对应着 links[2]：

```
var list = document.getElementById("linklist");
var links = list.getElementsByTagName("a");
```

当用户把鼠标指针悬停在第一个链接上时，moveElement 函数将被调用执行。此时，它的 elementID 参数的值是 preview，final_x 参数的值是-100，final_y 参数的值是 0，interval 参数的值是 10 毫秒：

```
links[0].onmouseover = function() {
  moveElement("preview",-100,0,10);
}
```

第二个链接应该有同样的行为——除了 final_x 参数的值变成了-200：

```
links[1].onmouseover = function() {
  moveElement("preview",-200,0,10);
}
```

第三个链接将把 preview 图片向左移动 300 像素：

```
links[2].onmouseover = function() {
  moveElement("preview",-300,0,10);
}
```

接下来，用 addLoadEvent 函数调用 prepareSlideshow 函数，这将使得后者在页面加载时得到执行并把 onmouseover 行为绑定到那三个链接上：

```
addLoadEvent(prepareSlideshow);
```

把 prepareSlideshow 函数保存为 prepareSlideshow.js 文件并将其放到 scripts 文件夹里。把 moveElement.js 和 addLoadEvent.js 文件也放到同一个文件夹中。

为了从 list.html 文档里调用这三个脚本，还需要在这个文档的</body>标签之前添加一些<script>标签：

```
<!DOCTYPE html>
<html lang="en">
<head>
  <meta charset="utf-8" />
  <title>Web Design</title>
  <link rel="stylesheet" href="styles/layout.css" media="screen" />
</head>
<body>
  <h1>Web Design</h1>
  <p>These are the things you should know.</p>
  <ol id="linklist">
    <li>
      <a href="structure.html">Structure</a>
    </li>
    <li>
      <a href="presentation.html">Presentation</a>
    </li>
    <li>
      <a href="behavior.html">Behavior</a>
    </li>
  </ol>
  <div id="slideshow">
    <img src="images/topics.gif" alt="building blocks of web design" id="preview" />
  </div>
  <script src="scripts/addLoadEvent.js"></script>
  <script src="scripts/moveElement.js"></script>
  <script src="scripts/prepareSlideshow.js"></script>
</body>
</html>
```

把 list.html 文档加载到一个 Web 浏览器。把鼠标指针悬停在清单里的某个链接上就可以看到动画效果，如图 10-10 所示。

根据鼠标指针正悬停在哪个链接上，topics.gif 图片的不同部分将进入我们的视线。

不过，事情好像有点不太对头：如果把鼠标指针在链接之间快速地来回移动，动画效果将变得混乱起来。moveElement 函数可能什么地方有问题。

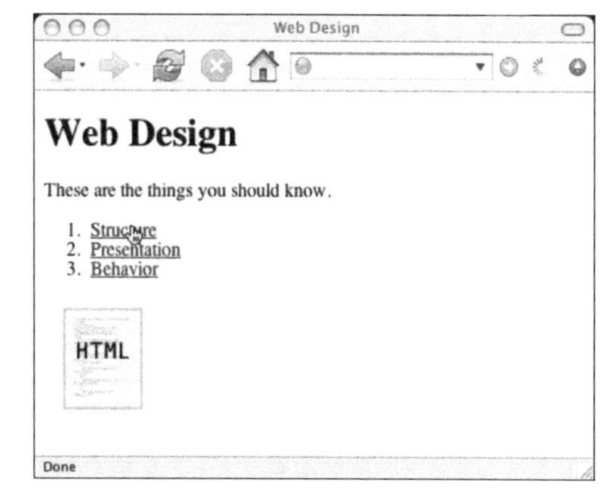

图　10-10

10.2.5 变量作用域问题

动画效果不正确的问题是由一个全局变量引起的。在把 moveMessage 函数抽象化为 moveElement 函数的过程中，我们未对变量 movement 做任何修改：

```
function moveElement(elementID,final_x,final_y,interval) {
  if (!document.getElementById) return false;
  if (!document.getElementById(elementID)) return false;
  var elem = document.getElementById(elementID);
  var xpos = parseInt(elem.style.left);
  var ypos = parseInt(elem.style.top);
  if (xpos == final_x && ypos == final_y) {
    return true;
  }
  if (xpos < final_x) {
    xpos++;
  }
  if (xpos > final_x) {
    xpos--;
  }
  if (ypos < final_y) {
    ypos++;
  }
  if (ypos > final_y) {
    ypos--;
  }
  elem.style.left = xpos + "px";
  elem.style.top = ypos + "px";
  var repeat = "moveElement('"+elementID+"',"+final_x+","+final_y+","+interval+")";
  movement = setTimeout(repeat,interval);
}
```

这留下了一个隐患：每当用户把鼠标指针悬停在某个链接上，不管上一次调用是否已经把图片移动到位，moveElement 函数都会被再次调用并试图把这个图片移动到另一个地方去。于是，当用户在链接之间快速移动鼠标时，movement 变量就会像一条拔河绳那样来回变化，而 moveElement 函数就会试图把图片同时移动到两个不同的地方去。

如果用户移动鼠标的速度够快，积累在 setTimeout 队列里的事件就会导致动画效果产生滞后。为了消除动画滞后的现象，可以用 clearTimeout 函数清除积累在 setTimeout 队列里的事件：

```
clearTimeout(movement);
```

可是，如果在还没有设置 movement 变量之前就执行这条语句，我们会收获一个错误。

我不能使用局部变量：

```
var movement = setTimeout(repeat,interval);
```

如果这样做，clearTimeout 函数调用语句将无法工作，因为局部变量 movement 在 clearTimeout 函数的上下文里不存在。

也就是说，既不能使用全局变量，也不能使用局部变量。我们需要一种介乎它们二者之间的东西，需要一个只与正在被移动的那个元素有关的变量。

只与某个特定元素有关的变量是存在的。事实上，我们一直在使用它们。那就是“属性”。

到目前为止，我们一直在使用由 DOM 提供的属性，如 element.firstChild、element.style，

等等。JavaScript 允许我们为元素创建属性：

```
element.property = value
```

只要愿意，完全可以创建一个名为 foo 的属性并把它设置为"bar"：

```
element.foo = "bar";
```

这很像是在创建一个变量，但区别是这个变量专属于某个特定的元素。

我们把变量 movement 从一个全局变量改变为正在被移动的那个元素（elem 元素）的属性。这样一来，就可以测试它是否已经存在，并在它已经存在的情况下使用 clearTimeout 函数了：

```
function moveElement(elementID,final_x,final_y,interval) {
  if (!document.getElementById) return false;
  if (!document.getElementById(elementID)) return false;
  var elem = document.getElementById(elementID);
  if (elem.movement) {
    clearTimeout(elem.movement);
  }
  var xpos = parseInt(elem.style.left);
  var ypos = parseInt(elem.style.top);

  if (xpos == final_x && ypos == final_y) {
    return true;
  }
  if (xpos < final_x) {
    xpos++;
  }
  if (xpos > final_x) {
    xpos--;
  }
  if (ypos < final_y) {
    ypos++;
  }
  if (ypos > final_y) {
    ypos--;
  }
  elem.style.left = xpos + "px";
  elem.style.top = ypos + "px";
  var repeat = "moveElement('"+elementID+"',"+final_x+","+final_y+","+interval+")";
  elem.movement = setTimeout(repeat,interval);
}
```

于是，不管 moveElement 函数正在移动的是哪个元素，该元素都将获得一个名为 movement 的属性。如果该元素在 moveElement 函数开始执行时已经有了一个 movement 属性，就应该用 clearTimeout 函数对它进行复位。这样一来，即使因为用户快速移动鼠标指针而使得某个元素需要向不同的方向移动，实际执行的也只有一条 setTimeout 函数调用语句。

请重新加载 list.html 文件。现在，在链接之间快速移动鼠标指针不再有任何问题。setTimeout 队列里不再有积累的事件，动画将随着鼠标指针在链接之间的移动而立刻改变方向。接下来，再来看看我们还可以对动画效果做哪些改进。

10.2.6 改进动画效果

在元素到达由 final_x 和 final_y 参数给出的目的地之前，moveElement 函数每次只把它移动一个像素（1px）的距离。移动效果很平滑，但移动速度未免有些慢。我们把动画的移动速度加快一点儿。

仔细看看下面这些简单的代码，它们来自 moveElement.js 文件：

```
if (xpos < final_x) {
  xpos++;
}
```

变量 xpos 是被移动元素的当前左位置，变量 final_x 是这个元素的目的地的左位置。上面这段代码的含义是："如果变量 xpos 小于变量 final_x，就给 xpos 的值加 1。"也就是说，不管那个元素与它的目的地距离多远，它每次只前进一个像素（1px）。为了增加趣味性，我们来改变它。

如果那个元素与它的目的地距离较远，就让它每次前进一大步；如果那个元素与它的目的地距离较近，就让它每次前进一小步。

首先，我们需要算出元素与它的目的地之间的距离。如果 xpos 小于 final_x，我们要知道它们差多少。只要用 final_x（目的地的左位置）减去 xpos（当前左位置）就可以知道答案：

```
dist = final_x - xpos;
```

这个结果就是元素还需要行进的距离。我们决定让元素每次前进这个距离的十分之一。

```
dist = (final_x - xpos)/10;
xpos = xpos + dist;
```

这将把元素朝它的目的地移动十分之一的距离。选用十分之一的理由是为了计算方便；如果你愿意，选用其他的值也没问题。

如果 xpos 与 final_x 相差 500 像素，变量 dist 将等于 50。xpos 的值将增加 50。如果 xpos 与 final_x 相差 100 像素，xpos 的值将增加 10。

不过，当 xpos 与 final_x 之间的差距小于 10 的时候，问题来了：用这个差距除以 10 的结果将小于 1，而我们不可能把一个元素移动不到一个像素的距离。

这个问题可以用 Math 对象的 ceil 方法来解决，它可以返回不小于 dist 的值的一个整数。下面是 ceil 方法的语法：

```
Math.ceil(number)
```

这将把浮点数 number 向"大于"方向舍入为与之最接近的整数。还有一个与此相对的 floor 方法，它可以把任意浮点数向"小于"方向舍入为与之最接近的整数。round 属性将把任意浮点数舍入为与之最接近的整数：

```
Math.floor(number)
Math.round(number)
```

具体到 moveElement 函数，我需要向"大于"方向进行舍入。如果错误地选用了 floor 或 round 方法，这个元素将永远也不会到达目的地：

```
dist = Math.ceil((final_x - xpos)/10);
xpos = xpos + dist;
```

这就解决了 xpos 小于 final_x 时的问题：

```
if (xpos < final_x) {
  dist = Math.ceil((final_x - xpos)/10);
  xpos = xpos + dist;
}
```

如果 xpos 大于 final_x，在计算距离时就应该用 xpos 减去 final_x。把这个减法结果除以 10，向“大于” 舍入为与之最接近的整数，然后赋值给变量 dist。此时，我们必须用 xpos 减去 dist 才能让元素更接近它的目的地：

```
if (xpos > final_x) {
  dist = Math.ceil((xpos - final_x)/10);
  xpos = xpos - dist;
}
```

同样的逻辑也适用于变量 ypos 和 final_y：

```
if (ypos < final_y) {
  dist = Math.ceil((final_y - ypos)/10);
  ypos = ypos + dist;
}
if (ypos > final_y) {
  dist = Math.ceil((ypos - final_y)/10);
  ypos = ypos - dist;
}
```

不要忘了在 xpos 和 ypos 之后声明 dist：

```
var xpos = parseInt(elem.style.left);
var ypos = parseInt(elem.style.top);
var dist = 0;
```

下面是 moveElement 函数在经过上述改进后的代码清单：

```
function moveElement(elementID,final_x,final_y,interval) {
  if (!document.getElementById) return false;
  if (!document.getElementById(elementID)) return false;
  var elem = document.getElementById(elementID);
  if (elem.movement) {
    clearTimeout(elem.movement);
  }
  var xpos = parseInt(elem.style.left);
  var ypos = parseInt(elem.style.top);
  var dist = 0;
  if (xpos == final_x && ypos == final_y) {
    return true;
  }
  if (xpos < final_x) {
    dist = Math.ceil((final_x - xpos)/10);
    xpos = xpos + dist;
  }
  if (xpos > final_x) {
    dist = Math.ceil((xpos - final_x)/10);
    xpos = xpos - dist;
  }
  if (ypos < final_y) {
    dist = Math.ceil((final_y - ypos)/10);
    ypos = ypos + dist;
  }
  if (ypos > final_y) {
    dist = Math.ceil((ypos - final_y)/10);
```

```
    ypos = ypos - dist;
  }
  elem.style.left = xpos + "px";
  elem.style.top = ypos + "px";
  var repeat = "moveElement('"+elementID+"',"+final_x+","+final_y+","+interval+")";
  elem.movement = setTimeout(repeat,interval);
}
```

把这些修改保存到 moveElement.js 文件。重新加载 list.html 就可以看到新的动画效果，如图 10-11 所示。

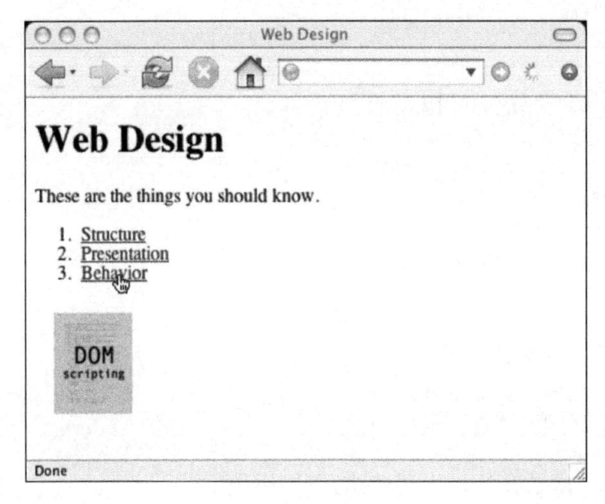

图　10-11

现在，动画效果给人的感觉是更加平滑和迅速。当你第一次把鼠标指针悬停在某个链接上时，图片将跳跃一大段距离。随着图片越来越接近最终目的地，它会“放慢”自己的脚步。

在(X)HTML、CSS 和 JavaScript 的共同努力下，预期的动画效果终于实现了。一切都显得那么完美，但凡事都有改进的余地，这一次也不例外。

10.2.7　添加安全检查

moveElement 函数现在的表现确实非常好，但还有一件事让我不放心：这个函数的开头部分需要一个假设：

```
var xpos = parseInt(elem.style.left);
var ypos = parseInt(elem.style.top);
```

看出来了吗？这里需要假设 elem 元素肯定有一个 left 样式属性和一个 top 样式属性。我其实应该先检查一下这是不是事实。

如果 elem 元素的 left 和/或 top 属性未被设置，我有以下几种选择。首先，可以简单地就此退出这个函数：

```
if (!elem.style.left || !elem.style.top) {
  return false;
}
```

如果 JavaScript 没有读到这些属性，整个函数将静悄悄地结束运行而不是报告出错。

另一种选择是在 moveElement 函数里为 left 和 top 属性分别设置一个默认值：如果这两个属性没有被设置，我将把它们的默认值设置为 0px：

```
if (!elem.style.left) {
  elem.style.left = "0px";
}
if (!elem.style.top) {
  elem.style.top = "0px";
}
```

下面是 moveElement 函数现在的代码清单：

```
function moveElement(elementID,final_x,final_y,interval) {
  if (!document.getElementById) return false;
  if (!document.getElementById(elementID)) return false;
  var elem = document.getElementById(elementID);
  if (elem.movement) {
    clearTimeout(elem.movement);
  }
  if (!elem.style.left) {
    elem.style.left = "0px";
  }
  if (!elem.style.top) {
    elem.style.top = "0px";
  }
  var xpos = parseInt(elem.style.left);
  var ypos = parseInt(elem.style.top);
  var dist = 0;
  if (xpos == final_x && ypos == final_y) {
    return true;
  }
  if (xpos < final_x) {
    dist = Math.ceil((final_x - xpos)/10);
    xpos = xpos + dist;
  }
  if (xpos > final_x) {
    dist = Math.ceil((xpos - final_x)/10);
    xpos = xpos - dist;
  }
  if (ypos < final_y) {
    dist = Math.ceil((final_y - ypos)/10);
    ypos = ypos + dist;
  }
  if (ypos > final_y) {
    dist = Math.ceil((ypos - final_y)/10);
    ypos = ypos - dist;
  }
  elem.style.left = xpos + "px";
  elem.style.top = ypos + "px";
  var repeat = "moveElement('"+elementID+"',"+final_x+","+final_y+","+interval+")";
  elem.movement = setTimeout(repeat,interval);
}
```

有了刚才所说的安全措施之后，就用不着再明确地设置 preview 元素的出发点位置了。这意味着可以把 prepareSlideshow 函数里的这两条语句删掉：

```
preview.style.left = "0px";
preview.style.top = "0px";
```

既然提到了prepareSlideshow函数，就仔细看看它是不是还有地方需要改进。

10.2.8 生成HTML标记

list.html文档里包含一些只是为了能够用JavaScript代码实现动画效果而存在的标记：

```
<div id="slideshow">
  <img src="images/topics.gif" alt="building blocks of web design" id="preview" />
</div>
```

如果用户没有启用JavaScript支持，以上内容就未免太多余了。这里的div和img元素纯粹是为了动画效果才“塞”进来的。既然如此，与其把这些元素硬编码在文档里，不如用JavaScript代码来生成它们。我们决定在prepareSlideshow.js文件里做这些事情。

首先，创建div元素：

```
var slideshow = document.createElement("div");
slideshow.setAttribute("id","slideshow");
```

接着，创建img元素：

```
var preview = document.createElement("img");
preview.setAttribute("src","images/topics.gif");
preview.setAttribute("alt","building blocks of web design");
preview.setAttribute("id","preview");
```

把新创建的img元素放入新创建的div元素：

```
slideshow.appendChild(preview);
```

最后，我们想让这些新创建的元素紧跟着出现在链接清单的后面。我们将使用来自本书第7章的insertAfter函数来完成这一步骤：

```
var list = document.getElementById("linklist");
insertAfter(slideshow,list);
```

下面是最终完成的prepareSlideshow函数的代码清单：

```
function prepareSlideshow() {
// 确保浏览器理解DOM方法
  if (!document.getElementsByTagName) return false;
  if (!document.getElementById) return false;
// 确保元素存在
  if (!document.getElementById("linklist")) return false;
  var slideshow = document.createElement("div");
  slideshow.setAttribute("id","slideshow");
  var preview = document.createElement("img");
  preview.setAttribute("src","images/topics.gif");
  preview.setAttribute("alt","building blocks of web design");
  preview.setAttribute("id","preview");
  slideshow.appendChild(preview);
  var list = document.getElementById("linklist");
  insertAfter(slideshow,list);
// 取得列表中的所有链接
  var links = list.getElementsByTagName("a");
// 为mouseover事件添加动画效果
  links[0].onmouseover = function() {
    moveElement("preview",-100,0,10);
  }
```

```
    links[1].onmouseover = function() {
      moveElement("preview",-200,0,10);
    }
    links[2].onmouseover = function() {
      moveElement("preview",-300,0,10);
    }
  }
  addLoadEvent(prepareSlideshow);
```

接下来，还需要对 list.html 文件做一些修改：删除 id="slideshow"的 div 元素和 id="preview"的图片；添加一组<script>标签来调用 insertAfter.js 文件。下面是最终完成的 list.html 文件的代码清单：

```
<!DOCTYPE html>
<html lang="en">
<head>
  <meta charset="utf-8" />
  <title>Web Design</title>
  <link rel="stylesheet" href="styles/layout.css" media="screen" />
</head>
<body>
  <h1>Web Design</h1>
  <p>These are the things you should know.</p>
  <ol id="linklist">
    <li>
      <a href="structure.html">Structure</a>
    </li>
    <li>
      <a href="presentation.html">Presentation</a>
    </li>
    <li>
      <a href="behavior.html">Behavior</a>
    </li>
  </ol>
  <script src="scripts/addLoadEvent.js"></script>
  <script src="scripts/insertAfter.js"></script>
  <script src="scripts/moveElement.js"></script>
  <script src="scripts/prepareSlideshow.js"></script>
</body>
</html>
```

把 insertAfter 函数写入 insertAfter.js 文件，并把它放入 scripts 文件夹：

```
function insertAfter(newElement,targetElement) {
  var parent = targetElement.parentNode;
  if (parent.lastChild == targetElement) {
    parent.appendChild(newElement);
  } else {
    parent.insertBefore(newElement,targetElement.nextSibling);
  }
}
```

还需要对样式表文件 layout.css 做一些修改。因为我们刚才从 prepareSlideshow.js 文件里删除了如下所示的一行代码：

```
preview.style.position = "absolute";
```

所以现在需要把以下样式声明添加到 layout.css 样式表里，这才是样式信息应该属于的地方：

```
#slideshow {
  width: 100px;
  height: 100px;
  position: relative;
  overflow: hidden;
}
#preview {
  position: absolute;
}
```

现在，在 Web 浏览器里刷新 list.html 文档。从表面上看，功能还是那些功能，行为还是那些行为。但经过上述改进之后，这份文档的结构层、表示层和行为层已经分离得更加彻底了。如果在禁用了 JavaScript 支持功能的情况下浏览这份文档，动画图片将根本不会出现。

我们用 JavaScript 实现的动画功能非常完善。如果启用了 JavaScript，这个页面就能根据用户的操作动作通过动画效果向用户提供一些赏心悦目的视觉反馈；如果没有启用 JavaScript，动画功能将按照我们安排的平稳退化保持静默，不影响用户的浏览体验。

如果想进一步加强链接清单和动画图片的视觉联系，可以通过修改 layout.css 文件去实现一些更精彩的效果。比如说，可以把动画图片的显示位置从链接清单的下方挪到它的旁边。如果想让动画部分更加突出的话，还可以给它加上一个边框。

10.3 小结

在本章里，我们首先对“动画”进行了定义：随时间变化而改变某个元素在浏览器窗口里的显示位置。通过结合使用 CSS-DOM 和 JavaScript 的 setTimeout 函数，很容易实现一个简单的动画。

从技术上讲，实现动画效果并不困难，问题是在实践中应不应该使用动画。动画技术可以让我们创建出很多种非常酷的效果，但那些四处移动的元素对用户有用或有帮助的场合却并不多。不过，我们刚才创建的 JavaScript 动画却是一个例外。我们花了不少功夫才让它有了平滑的动画效果和平稳退化，最终的结果证明我们付出的努力是非常值得的。我们现在有了一个通用性的函数，它可以在确有必要创建动画效果时帮上大忙。

下一章将介绍最新的 HTML5，你将学会如何利用它的新属性。

第 11 章

HTML5

11

本章内容

- 什么是 HTML5
- 今天怎么使用 HTML5
- 对 HTML5 中一些特性的简单介绍，包括 Canvas、视频、音频和表单

本书开始时介绍了 JavaScript 的历史以及 DOM 的起源。今天，HTML5 的出现使得 DOM、样式和行为之间的界限变得模糊了。因此，现在让我们来看看 HTML5 到底有哪些新特性，看看未来的发展方向在哪里。

11.1 HTML5 简介

HTML5 是 HTML 语言当前及未来的新标准。HTML 规范从 HTML 4 到 XHTML，再到 Web Apps 1.0，最后又回到 HTML5，整个成长历程充满了艰辛和争议。HTML5 问世背后的明争暗斗活像一部肥皂剧（这部戏中的一些情节至今还在延续），不管怎样，结局还是圆满的。我们有理由为 HTML5 欢呼，因为多种技术统一的趋势日益明朗，它标志着下一代 Web 的帷幕正在缓缓拉开。

谈到 Web 设计，最准确的理解是把网页看成三个层：

(1) 结构层

(2) 样式层

(3) 行为层

这三个层分别对应不同的技术，分别是：

(1) 超文本标记语言（HTML）

(2) 层叠样式表（CSS）

(3) JavaScript 和文档对象模型（DOM）

没错，你可以说还能再加一层，也就是浏览器的 JavaScript API，包括 cookie 和 window 等[①]。

但随着HTML5的到来，上面所说的结构层、样式层和行为层(以及浏览器中的JavaScript API)

① 这里指的是“浏览器对象模型”（BOM，Broswer Object Model）。——译者注

已经被整装到一个小集合中，不过也仅仅就是一个集合。HTML5 在这个集合中提供了几种旗鼓相当的技术，让我们可以按需取用或者调用。

例如，在结构层中，HTML5 添加了新的标记元素，如<section>、<article>、<header>和<footer>。本书并不想在这里讨论这些新的标签，想知道所有新标记的读者请查看规范（http://www.w3.org/TR/html5/）。HTML5 还提供了更多交互及媒体元素，例如<canvas>、<audio>和<video>。表单得到了加强，新增了颜色拾取器、数据选择器、滑动条和进度条。除此之外，你会发现其中很多新元素都还带有自己的 JavaScript 和 DOM API。

在行为层，HTML5 规定了 DOM 中每个新元素的交互方式，以及新的 API。例如，我们可以自定义<video>元素的控件，改变其播放方式，<form>元素则支持进度控制，而在<canvas>元素中，可以绘制各种图形和添加图片及其他对象。

不仅是标记和行为，表现层同样也得到了改进。CSS 3 的多个模块囊括了高级选择器、渐变、变换，还有动画。这些模块完全可以替代很多过去需要编写脚本才能实现的效果，比如动画和定位元素，这些效果在表现层中的位置举足轻重。虽然要实现高级动画效果仍然免不了要编写很多脚本，但很多简单的交互应该可以跟计时器或 JavaScript 说拜拜了。

最后，新 JavaScript API 还包括其他很多模块，比如 Geolocation、Storage、Drag-and-Drop、Socket 以及多线程等。

不管打算使用 HTML5 的什么新特性，请记住：你费尽心思编写的(X)HTML 代码仍然有效。为了与 HTML5 兼容，你要做的只有一小点改变。想不想把绝大多数文档都“升级”到 HTML5？好，就把文档类型声明改成<!DOCTYPE html>即可。

假如你想让自己的页面验证无误，当然还要把一些废弃的元素替换掉，如把<acronym>替换成<abbr>。不过要知道，验证只是一个工具，它有助于你成为一个好程序员，但它却不是我们追求的理想。此外，<section>或<article>等新元素在一些老浏览器中也许不会表现得很好，但浏览器的版本越新，它们的表现就会越好。

第 8 章我们已经说过了，HTML（包括 HTML5）与 XHTML 相比，对语法的要求要宽松得多。HTML5 的目标是和已有的 HTML 及 XHTML 文档全部兼容，无论怎么标记文档，无论遵循什么编码规则，都由你说了算。想要关闭所有标签并且做到标记格式良好吗？请便。你懒得关闭所有标签，嫌那样做太麻烦了——没问题。事实上，就连下面这个“缺斤短两”的 HTML5 文档，也可以完美地通过验证（但愿不会吓着你）：

```
<!DOCTYPE html>
<meta charset=utf-8 />
<title>This is a valid HTML5 document</title>
<p>Try me at http://validator.w3.org/check</p>
```

抛开验证成功与否不谈，如果你想让自己的工作显得更专业，我猜你一定会自己加上<html>、<head>和<body>——无论浏览器会不会为你添加这些基本的结构化元素。

那么，HTML5 离我们还有多远？现在我们就可以使用这些令人激动的新特性了吗？答案是：可以。不过有个前提——尽可能提前检查浏览器对 HTML5 的支持情况。然而，检查浏览器是否支持全部 HTML5 特性是不可能的，我们说过，HTML5 现在是一个集合，不是一个全有或全无的概念。因此，可以利用一些可靠的特性检测，或者使用本书通篇都在强调的渐进增强机制。

11.2 来自朋友的忠告

如果你今天就想用 HTML5，那太好了，赶紧吧！在作出决定之后，我想向你推荐一个工具：Modernizr[①]。

Modernizr（http://www.modernizr.com/）是一个开源的 JavaScript 库，利用它的富特性检测功能，可以对 HTML5 文档进行更好的控制。Modernizr 不会给你添加浏览器不支持的特性，比如，在 IE6 中就没有办法使用本地存储。Modernizr 能做的是为你提供一些不同的 CSS 类名以及特性检测（feature-detection）属性。要想现在使用 HTML5，Modernizr 是必不可少的，它的用途也不止于此。

在文档中嵌入 Modernizr 之后，它会随着页面加载变一些小戏法。

首先，它会修改`<html>`的 `class` 属性，基于可用的 HTML5 特性添加额外的类名。要使用 Modernizr 编写文档，通常都要给`<html>`元素添加一个 `no-js` 类：

```
<html class="no-js">
```

利用这个类，可以在浏览器不支持 JavaScript 的情况下应用 CSS 样式。

```
.no-js selector {
  style properties
}
```

然后，Modernizr 会检测浏览器可能支持的各种特性，并相应地添加类名。如果浏览器支持某些特性，经它修改后的类名大致如下所示：

```
<html class="js canvas canvastext geolocation crosswindowmessaging websqldatabase indexeddb
hashchange historymanagement draganddrop websockets rgba hsla multiplebgs backgroundsize
borderimage borderradius boxshadow opacity cssanimations csscolumns cssgradients
cssreflections csstransforms csstransforms3d csstransitions video audio localstorage
sessionstorage webworkers applicationcache svg smil svgclippaths fontface">
```

如果浏览器不支持某些特性，经它修改后的类名应该如下所示：

```
<html class="js no-canvas no-canvastext no-geolocation no-crosswindowmessaging no-
websqldatabase no-indexeddb no-hashchange no-historymanagement no-draganddrop no-websockets
no-rgba no-hsla no-multiplebgs no-backgroundsize no-borderimage no-borderradius no-boxshadow
no-opacity no-cssanimations no-csscolumns no-cssgradients no-cssreflections no-csstransforms
no-csstransforms3d no-csstransitions no-video no-audio no-localstorage no-sessionstorage no-
webworkers no-applicationcache no-svg no-smil no-svgclippaths no-fontface">
```

当然，实际情况是浏览器可能会支持部分特性，而不支持另一些特性。这时候，类名中就会间或出现 `feature` 和 `no-feature`。

根据这些类名，可以在 CSS 中定义相应的增强和退化版本，改善用户体验：

```
.multiplebgs article p {
  /* 为支持多背景浏览器编写的样式 */
}
.no-multiplebgs article p {
  /* 为不支持多背景的浏览器编写的后备样式 */
}
```

① 读者也可以从 GitHub（https://github.com/Modernizr/Modernizr）下载 Modernizr。——译者注

类似地，Modernizr 库也提供了 JavaScript 特性检测对象，可以在 DOM 脚本中直接使用：

```
if ( !Modernizr.inputtypes.date ) {
  /* 不支持本地数据，使用自定义的数据选择脚本 */
  createDatepicker(document.getElementById('birthday'));
}
```

Modernizr 还可以帮一些老旧的浏览器处理<section>和<article>这样的新元素。有的读者可能还不知道，其实你可以在大多数浏览器中创建类似<foo>这样的元素，然后再为该元素应用样式——只要你不在乎验证结果就无所谓。对于这些浏览器来说，新的 HTML5 元素（如<section>）也照样可以拿来就用。为使用这些新元素，你要做的就是为它们指定一些基本的样式，以便浏览器可以把它们当做块元素来呈现：

```
article, aside, footer, header, hgroup, nav, section {
  display: block;
}
```

唯一的特例就是 IE。要在 IE 中添加未知元素，必须先使用类似下面的 JavaScript 代码来创建该元素：

```
document.createElement('article');
```

Modernizr 可以帮我们来做这件事；但是，这并不意味着你就可以放心地使用<video>元素嵌入视频了。Modernizr 不会为我们添加底层的 JavaScript 及 DOM API，或者与这些元素相关的其他特性。

使用 Modernizr 非常简单，从 http://www.modernizr.com/下载它，将在文档的<head>中添加该脚本：

```
<script src="modernizr-1.5.min.js"></script>
```

一定要把这个脚本放在<head>元素中。虽然这与第 5 章建议的不一致，但这样做有特殊的原因。把 Modernizr 放在文档开头，可以在加载其他标记之前先加载它，以便它在文档呈现之前能够创建好新的 HTML5 元素。要是把它放到了文档的末尾，那么等不到 Modernizr 发挥作用，浏览器就已经开始呈现文档并应用样式了。

11.3　几个示例

为了让读者朋友尝尝鲜，下面我们就介绍一些有关 Canvas、视频/音频以及表单的例子，看一看 HTML5 都提供了什么 API。要想试验以下的示例，需要下列浏览器。

- 苹果 Safari 5+
- 谷歌 Chrome 6+
- Mozilla Firefox 3.6+
- Opera 10.6+
- 微软 IE 9+

11.3.1 Canvas

每个浏览器都可以显示静态图片。通过 GIF 可以实现一些动画，或者使用 CSS 加 JavaScript 也能变化一些样式，但仅此而已。要想与静态图片交互可就难上加难了。HTML5 的<canvas>元素让这一切成为了历史，通过它可以动态创建和操作图形图像。

在网页中支起一块“画布”（canvas）很简单：

```
<canvas id="draw-in-me" width="120" height="40">
  <p>Powered By HTML5 canvas</p>
</canvas>
```

在这张“画布”上作画嘛，可就是另外一回事了。要了解详细的绘画方法，请参考<canvas>元素的规范（http://www.whatwg.org/specs/web-apps/current-work/multipage/the-canvas-element.html）。不过从本质上来讲，<canvas>涉及的数学及定位的概念与 Adobe Illustrator 等基于矢量的图形软件或者基于矢量的编程语言没有太大的差别。

注意 如果读者使用过 Illustrator，可以试试使用 Ai->Canvas 插件（http://visitmix.com/labs/ai2canvas/），虽然作为“所见即所得”的编辑器，免不了会在输出中生成一些冗余的东西，但通过手工编辑还是能得到最佳效果的。

下面这个例子利用<canvas>画一个圆角小黑盒子，带有 2 像素宽的白色描边效果。

```
function draw() {
  var canvas = document.getElementById('draw-in-me');
  if (canvas.getContext) {
    var ctx = canvas.getContext('2d');
    ctx.beginPath();
    ctx.moveTo(120.0, 32.0);
    ctx.bezierCurveTo(120.0, 36.4, 116.4, 40.0, 112.0, 40.0);
    ctx.lineTo(8.0, 40.0);
    ctx.bezierCurveTo(3.6, 40.0, 0.0, 36.4, 0.0, 32.0);
    ctx.lineTo(0.0, 8.0);
    ctx.bezierCurveTo(0.0, 3.6, 3.6, 0.0, 8.0, 0.0);
    ctx.lineTo(112.0, 0.0);
    ctx.bezierCurveTo(116.4, 0.0, 120.0, 3.6, 120.0, 8.0);
    ctx.lineTo(120.0, 32.0);
    ctx.closePath();
    ctx.fill();
    ctx.lineWidth = 2.0;
    ctx.strokeStyle = "rgb(255, 255, 255)";
    ctx.stroke();
  }
}
window.onload = draw;
```

在这个例子中，变量 ctx 引用的是画布的绘图空间（context）。所谓绘图空间，在这里就是一个平面二维的绘图表面，其原点(0,0)位于<canvas>的左上角。在这个绘图表面的坐标系里，越往右 x 的值越大，越往下 y 的值越大。通过在绘图空间中指定坐标点，可以绘制出各种二维的形状和线条。在绘制线条时，还可以添加不同的填充及描边样式。

图 11-1 是在 Chrome 中显示的结果：

图　11-1

当然，这个例子还很简陋。例子中的<canvas>元素使用了与其他 2D 绘图库相似的 API。这里使用了几个点和曲线从一个点到另一个点创建并绘制出了一条路径，但<canvas>可不仅仅能够用来绘制矢量路径；还可以通过它来显示和操作位图图像。

比如说，我们可以使用<canvas>对象在浏览器中把一幅彩色图片变成灰度图片。然后，当用户的鼠标悬停到图片上面时，再把它切换回原始的彩色图片。

先创建一个 HTML 文件，命名为 grayscale.html，其中有一幅图像，与脚本位于同一个域中。这个页面里也使用了 Modernizr：

```
<!DOCTYPE html>
<html lang="en">
<head>
<meta charset="utf-8" />
  <title>Grayscale Canvas Example</title>
  <script src="scripts/modernizr-1.6.min.js"></script>
</head>
<body>
<img src="images/avatar.png" id="avatar" title="Jeffrey Sambells" alt="My Avatar"/>
<script src="scripts/grayscale.js"></script>
</body>
</html>
```

再创建一个 grayscale.js 文件，并在其中添加如下脚本：

```
function convertToGS(img) {

  //如果浏览器不支持<canvas>就返回
  if (!Modernizr.canvas) return;
```

```
  //存储原始的彩色版
  img.color = img.src;

  //创建灰度版
  img.grayscale = createGSCanvas(img);

  //在 mouseover/out 事件发生时切换图片
  img.onmouseover = function() {
    this.src = this.color;
  }
  img.onmouseout = function() {
    this.src = this.grayscale;
  }

  img.onmouseout();

}

function createGSCanvas(img) {

  var canvas=document.createElement("canvas");
  canvas.width= img.width;
  canvas.height=img.height;

  var ctx=canvas.getContext("2d");
  ctx.drawImage(img,0,0);

  //注意：getImageData 只能操作与脚本位于同一个域中的图片
  var c = ctx.getImageData(0, 0, img.width, img.height);
  for (i=0; i<c.height; i++) {
    for (j=0; j<c.width; j++) {
      var x = (i*4) * c.width+ (j*4);
      var r = c.data[x];
      var g = c.data[x+1];
      var b = c.data[x+2];
      c.data[x] = c.data[x+1] = c.data[x+2] = (r+g+b)/3;
    }
  }


  ctx.putImageData(c,0,0,0,0, c.width, c.height);

  return canvas.toDataURL();

}
//添加 load 事件。如果有其他脚本，可以使用 addLoadEvent 函数
window.onload = function() {
  convertToGS(document.getElementById('avatar'));
}
```

注意　在从图片之类的文件中读取数据时，不同浏览器有不同的安全考虑。为了保证这个例子正常运行，必须在同一个站点中提供图片和文档。而且，就算在本地硬盘中使用 file 协议加载这个页面，例子也无法运行。虽然可以修改浏览器的安全设置，但我还是建议把这个例子的相关文件都上传到 Web 服务器中。

页面加载后，脚本通过在 convertToGS 函数中应用 onmouseover 和 onmouseout 事件处理函数来

修改 avatar.png 图片。

```
img.color = img.src;
img.grayscale = createGSCanvas(img);
img.onmouseover = function() {
  this.src=this.color;
}
img.onmouseout = function() {
  this.src=this.grayscale;
}
```

上述事件处理函数会切换保存在图片的 src 属性中的原始彩色版，以及 createGSCanvas 函数创建的灰度版。

为了在 createGSCanvas 函数中把彩色图片转换为灰度图片，我们创建了一个新的 canvas 元素，然后在其绘图环境中绘制了彩色图片：

```
var canvas=document.createElement("canvas");
canvas.width= img.width;
canvas.height=img.height;

var ctx=canvas.getContext("2d");
ctx.drawImage(img,0,0);
```

接下来，再取得原始的图像数据，循环遍历其中的每一个像素，将每个彩色像素的红、绿、蓝彩色成分求平均值，得到对应彩色值的灰度值。

```
var c = ctx.getImageData(0, 0, img.width, img.height);
for (i=0; i<c.height; i++) {
  for (j=0; j<c.width; j++) {
    var x = (i*4) * c.width+ (j*4);
    var r = c.data[x];
    var g = c.data[x+1];
    var b = c.data[x+2];
    c.data[x] = c.data[x+1] = c.data[x+2] = (r+g+b)/3;
  }
}
```

剩下的工作就是把灰度数据再放回到画布的绘图环境中，并返回原始的图像数据作为新灰度图片的源。

```
ctx.putImageData(c, 0, 0, 0, 0, c.width, c.height);
return canvas.toDataURL();
```

这样，即使我们只提供彩色版图片，也可以在该图像的彩色版与灰度版之间切换了。

为什么使用<canvas>而不是多张图片呢？只有在基于用户操作实现交互时，使用<canvas>的优势才会显现出来。以前，要想在浏览器中实现高级的图片交互功能，只能依靠 Flash 或 Silverlight 这样的插件。今天，有了<canvas>，就可以在浏览器窗口绘制任何对象、任何像素了。当然，还能通过它来操作图像，或者创建令人眼花缭乱的界面元素。可是，就跟使用 Flash 一样，也绝对不能滥用<canvas>。换句话说，即使你真的可以在一个<canvas>元素里创建一个站点，也不表示你应该那样做。

此外，你还得考虑到那些使用屏幕阅读器或其他辅助浏览技术的用户。HTML5 的这个<canvas>元素跟 Flash 一样，都不具备可访问性，会给那些用户带来同样的烦恼。记住，不要被先进技术的光环左右了你的心智，必要时还要留一手。

11.3.2 音频和视频

谈到 HTML5 的新元素，人们议论最多的恐怕就要数<video>和它的亲兄弟<audio>了。这两个元素让 HTML 具有了原生视频和音频的能力，但也带来了一些不好处理的问题。

在 HTML5 之前，向网页中嵌入视频需要用到一大堆重复的<object>和<embed>元素，其中一些在 HTML4 中甚至都无法通过有效性验证。<object>可以引用各种影片播放器，例如 QuickTime、RealPlayer 或 Flash，并使用这些插件在浏览器中播放影片。举个例子，以下就是嵌入 Flash 影片的代码（想必你一定觉得很眼熟）：

```
<object classid="clsid:d27cdb6e-ae6d-11cf-96b8-
444553540000" width="100" height="100"
codebase="http://fpdownload.adobe.com/pub/shockwave/cabs/flash/swflash.cab#version=9,0,0,0">
<param name="movie" value="moviename.swf">
<param name="play" value="true">
<param name="loop" value="true">
<param name="quality" value="high">
<embed src="moviename.swf" width="100" height="100"
play="true" loop="true" quality="high"
pluginspage=" http://get.adobe.com/flashplayer" />
</object>
```

除了这些代码之外，第三方插件也有各自的问题和局限性。要想让嵌入的代码发挥作用，浏览器中必须安装相应的插件，而且版本还要合适。插件是在一个封闭的环境中运行的，通过脚本无法修改或者操作视频内容。如果插件没有提供 API，插件运行环境无异于文档中的一个独立王国。

HTML5 的<video>元素为在文档中嵌入影片以及与影片交互定义了一种标准方式，同时也把嵌入操作简化成了一个标签：

```
<video src="movie.mp4">
  <!-- 不支持原生视频时的替代内容 -->
  <a href="movie.mp4">Download movie.mp4</a>
</video>
```

这里我们嵌入了一段 mp4 视频，并给出了浏览器不支持<video>时的替代下载链接。

类似地，<audio>元素的用法也差不多：

```
<audio src="sound.ogg">
  <!--不支持音频时的替代内容-->
  <a href="sound.ogg">Download sound.ogg</a>
</audio>
```

简单、朴素，还很吸引人，是吗？除非它总能如此……

1. 也有混乱的时候

让人失望的是，HTML5 的<video>和<audio>元素也有那么点小问题。这两个标签都很简单，也都有相应的属性用于显示播放控件或更改播放设置，但是它并未说明支持哪些视频格式。

要搞清楚有关视频格式的问题，必须从什么是视频说起。

像 movie.mp4 这样的视频，其实是一个包含很多东西的容器。扩展名 mp4 表示视频是使用基于苹果 QuickTime 技术的 MPEG4 打包而成的。这个容器规定了不同的音频和视频轨道在文件中的位置，以及其他与回放相关的特性。其他容器还有 m4v（另一个 MPEG4 扩展名）、avi（Audio

Video Interleave，音频视频交错）、flv（Flash Video），等等。

在每个影片容器中，音频和视频轨道都使用不同的编解码器来编码。编解码器决定了浏览器在播放时应该如何解码音频和视频。编解码器的核心就是一个算法，用于压缩和存储视频，以减少原始文件的大小，同时可能会也可能不会损失品质。视频编解码器也有很多种，其中有代表性的有三个：H.264、Theora 和 VP8。同样，音频文件也有相应的编解码器，常见的有 mp3（MPEG-1 Audio Layer 3）、aac（Advanced Audio Coding）和 ogg（Ogg Vorbis）。

注意　H.264 编解码器存在一个非技术问题，即使用许可。使用 H.264 的解码器和编码器都要付费，分发经编码许可制作的 H.264 内容不用付费，但要对其解码则必须得到许可。换句话说，在你自己的网站上发布 H.264 影片不用交钱，但需要对其解码的浏览器开发商以及开发解码软件的软件开发商都要得到许可才行。为了解决视频格式的许可问题，谷歌把 VP8 编解码器（在 WebM 容器中）的专利权发布到了公共域，并承诺永不收回。他们的愿望是让浏览器开发商在实现 WebM/VP8/Vorbis 时不受许可限制，并向所有人提供一种公共的格式。

这些不同的容器格式以及编解码器给我们带来了什么问题呢？问题就是没有一款浏览器支持所有容器和编解码器，因此我们必须提供多种后备格式。Firefox 的某些版本、Chrome 以及 Opera 支持 Theora/Vorbis/Ogg，IE9、Safari、Chrome、Mobile Safari 以及 Android 支持 H.264/ACC/MP4，而 IE9、Firefox、Chrome 还有 Opera 支持 WebM（VP8 和 Vorbis 的另一种容器格式）。

如此混乱的结果意味着没有哪些格式可以跨浏览器。但愿这个问题在不久的将来能够解决，否则视频这一块会让整个 HTML5 黯然失色。眼下看来，为了保证每个人都能看到视频，必须制作多种格式的视频并在<video>元素中包含多个来源：

```
<video id="movie" preload controls>
  <source src="movie.mp4" />
  <source src=" movie.webm"
    type='video/webm; codecs="vp8, vorbis"' />
  <source src="movie.ogv"
    type='video/ogg; codecs="theora, vorbis"' />
  <p>Download movie as
    <a href="movie.mp4">MP4</a>,
    <a href="movie.webm">WebM</a>,
    or <a href="movie.ogv">Ogg</a>.</p>
</video>
```

为了确保 HTML5 的最大兼容性，至少要包含下列三个版本：

- 基于 H.264 和 AAC 的 MP4
- WebM（VP8+Vorbis）
- 基于 Theora 视频和 Vorbis 音频的 Ogg 文件

这个例子中没有给出可替代的插件版。为了确保最大程度地兼容那些不支持 HTML5 的浏览器，一般还应该准备一个 Flash 或 QuickTime 插件版视频。但在这里，为鼓励用户升级到较为先进的浏览器，我提供了直接下载不同格式文件的链接。

注意　不同的视频格式的排列次序也是一个问题。把 MP4 放在第一位，是为了让保证 iPad、iPhone 及 iPod Touch 等运行 iOS 的设备能够顺利读取视频。因为 iOS 4 之前版本中的 Mobile Safari 只能解析一个<video>元素，故而把针对 iOS 的格式放在了最前面。

总之，这些问题让 HTML5 视频和音频变得有点乱，一定程度上影响了它的吸引力。想想要制作同一视频的多个版本，并且要保存三个甚至更多个文件，有人不禁会问：既然最后还是要提供 Flash 版本，那为什么不直接就提供一个 Flash 影片算了？答案是向前兼容，提供较新的<video>元素，可以在支持 HTML5 的浏览器中对视频内容进行更多控制。

对 HTML5 视频，可以（或将来可以）应用 CSS 属性以修改视频的外观、大小及形状，可以添加字幕和歌词等信息，还可以组合视频和画布来覆盖内容。甚至可以把视频插入到<canvas>对象中，像前面处理灰度图片一样，通过分析图像来检测视频运动。

下面通过一个例子来说明<video>元素的 API，看看怎样定制视频控件，怎样创建简单的播放按钮。

2. 自定义控件

浏览器在显示<video>元素时，会为其添加一些与浏览器样式统一的标准播放控件。要想自定义这些控件的外观，或者添加新的控件，可以通过一些 DOM 属性来实现，主要包括：

- currentTime，返回当前播放的位置，以秒表示；
- duration，返回媒体的总时长，以秒表示，对于流媒体返回无穷大；
- paused，表示媒体是否处于暂停状态。

此外，还有一些与特定媒体相关的事件，可以用来触发你的脚本。主要事件有：

- play，在媒体播放开始时发生；
- pause，在媒体暂停时发生；
- loadeddata，在媒体可以从当前播放位置开始播放时发生；
- ended，在媒体已播放完成而停止时发生。

使用这些及其他属性和事件，可以轻松地创建自定义的视频控件，实现对视频的各种控制。从暂停和播放按钮到滑动条（进度条），都没有问题。

不管创建什么控件，都别忘了在<video>元素中添加 controls 属性：

```
<video src="movie.ogv" controls>
```

这行代码会呈现出一个类似 Chrome 浏览器中所示的常见的播放控制界面，如图 11-2 所示，但其中的控件可以通过脚本来移走。

下面就运用我们掌握的 DOM 脚本技能，来创建一些简单的视频控件。

图　11-2

注意　读者如果需要示例文件，可以从 http://www.friendsofed.com/中本书页面下载源代码。

第一步先创建一个简单的 HTML 页面，命名为 movie.html。在其中添加一个<video>元素，并按照前面的介绍指定多种视频格式。此外，页面中还要包含 player.css 样式表和 player.js 脚本：

```
<!DOCTYPE html>
<html lang="en">
<head>
<meta charset="utf-8" />
  <title>My Video</title>
  <link rel="stylesheet" href="styles/player.css" />
</head>
<body>

<div class="video-wrapper">
 <video id="movie" controls>
    <source src="movie.mp4" />
    <source src=" movie.webm"
      type='video/webm; codecs="vp8, vorbis"' />
    <source src="movie.ogv"
      type='video/ogg; codecs="theora, vorbis"' />
    <p>Download movie as
      <a href="movie.mp4">MP4</a>,
      <a href="movie.webm">WebM</a>,
      or <a href="movie.ogv">Ogg</a>.</p>
  </video>
</div>

  <script src="scripts/player.js"></script>
</body>
</html>
```

在 player.js 文件中，我们要修改页面中的所有<video>元素，删除其内置控件并添加自定义的 Play 按钮。把下面两个完整的函数添加到 player.js 文件中：

```
function createVideoControls() {
  var vids = document.getElementsByTagName('video');
  for (var i = 0 ; i < vids.length ; i++) {
    addControls( vids[i] );
  }
}

function addControls( vid ) {

  vid.removeAttribute('controls');

  vid.height = vid.videoHeight;
  vid.width = vid.videoWidth;
  vid.parentNode.style.height = vid.videoHeight + 'px';
  vid.parentNode.style.width = vid.videoWidth + 'px';

  var controls = document.createElement('div');
  controls.setAttribute('class','controls');

  var play = document.createElement('button');
  play.setAttribute('title','Play');
  play.innerHTML = '&#x25BA;';

  controls.appendChild(play);
```

```
  vid.parentNode.insertBefore(controls, vid);

  play.onclick = function () {
    if (vid.ended) {
      vid.currentTime = 0;
    }
    if (vid.paused) {
      vid.play();
    } else {
      vid.pause();
    }
  };

  vid.addEventListener('play', function () {
    play.innerHTML = '&#x2590;&#x2590;';
    play.setAttribute('paused', true);
  }, false);

  vid.addEventListener('pause', function () {
    play.removeAttribute('paused');
    play.innerHTML = '&#x25BA;';
  }, false);

  vid.addEventListener('ended', function () {
    vid.pause();
  }, false);
}

window.onload = function() {
  createVideoControls();
}
```

脚本文件 player.js 中的这两个函数准备完成很多任务。首先，找到页面中的 video 元素，然后对它们分别应用 addControls 函数：

```
function createVideoControls() {
  var videos = document.getElementsByTagName('video');
  for (var i = 0 ; i < videos.length ; i++) {
    addControls( videos[i] );
  }
}
```

在 addControls 函数中，我们删除了 video 元素原来的 controls 属性，从而去掉其内置的控件，接着又创建了几个 DOM 对象，用来充当 Play/Pause 按钮，并把它们都添加为 video 元素的子元素。

```
function addControls( vid ) {

  vid.removeAttribute('controls');

  vid.height = vid.videoHeight;
  vid.width = vid.videoWidth;
  vid.parentNode.style.height = vid.videoHeight + 'px';
  vid.parentNode.style.width = vid.videoWidth + 'px';

  var controls = document.createElement('div');
  controls.setAttribute('class','controls');

  var play = document.createElement('button');
  play.setAttribute('title','Play');
  play.innerHTML = '&#x25BA;';
```

```
controls.appendChild(play);

vid.parentNode.insertBefore(controls, vid);
```

接下来，给 Play 按钮添加一个 click 事件，以便单击它播放影片：

```
play.onclick = function () {
  if (vid.ended) {
    vid.currentTime = 0;
  }
  if (vid.paused) {
    vid.play();
  } else {
    vid.pause();
  }
};
```

最后，利用 play、pause 和 ended 事件来修改 Play 按钮的状态，并在影片未暂停的情况下显示 Pause 按钮。

```
vid.addEventListener('play', function () {
  play.innerHTML = '&#x2590;&#x2590;';
  play.setAttribute('paused', true);
}, false);

vid.addEventListener('pause', function () {
  play.removeAttribute('paused');
  play.innerHTML = '&#x25BA;';
}, false);

vid.addEventListener('ended', function () {
  vid.pause();
}, false);
```

注意　恐怕有读者注意到了，这里使用的是 addEventListener 方法为视频添加事件。addEventListener 是为对象添加事件处理函数的规范方法。之前我们使用 onclick 之类的 HTML-DOM 的 on 前缀属性，是因为 IE（IE 8 及以前版本）使用的是一个不同的 attachEvent 方法。而到了 IE 9，它支持<video>，也是完成本章示例必需的，也开始支持规范的 addEventListener 方法了。因此，在本章的例子中使用该方法是没有问题的。

为了给控件添加样式，需要在 player.css 中添加下列 CSS 样式。可以使用 CSS 对控件外观随心所欲地更改：

```
.video-wrapper {
  overflow: hidden;
}

.video-wrapper .controls {
  position: absolute;
  height:30px;
  width:30px;
  margin: auto;
  background: rgba(0,0,0,0.5);
}
```

```
.video-wrapper button {
  display: block;
  width: 100%;
  height: 100%;
  border: 0;
  cursor: pointer;
  font-size: 17px;
  color: #fff;
  background: transparent;
}

.video-wrapper button[paused] {
  font-size: 12px;
}
```

页面加载完成后，window.load 事件就会执行 createVideoControls 函数，结果就会得到一个相对粗糙的视频控制界面，可以用来播放和暂停视频，如图 11-3 所示。

图 11-3

这个简单的例子只包含最基本的控件，在此基础上，还可以利用相应的属性和事件添加带位置指示器的滑动条、时间戳，以及其他特殊的控件。到底添加哪个控件，完全由你说了算。建议大家抽空学习一下 HTML5 视频规范中其他与视频相关的属性，地址为 http://www.whatwg.org/specs/web-apps/current-work/multipage/video.html#video。另外，也可以访问 http://www.w3.org/2010/05/video/mediaevents.html，看看其中给出的一些实例。最后，给大家推荐一本书，女博士 Silvia Pfeiffer 撰写的 *The Definitive Guide to HTML5 Video*（Apress，2011），看看使用<video>元素还能做哪些事。

11.3.3 表单

我们要介绍的最后一个 HTML5 元素就是表单。表单的身影几乎可以在任何一个网页中看到，但在 HTML5 之前，可用的输入控件类型却少得可怜。文本框、单选按钮、复选框对于简单的表单是够用了，但在需要更多交互功能的时候，仍然免不了求诸 DOM 脚本披挂上阵。如果想让用户更方便地在表单中输入日期，就得自己构建界面和必要的 JavaScript。老天有眼，HTML5 给我们带来了很多新表单元素、新输入控件类型和新的属性，帮我们实现了这些功能。不过，跟以往一样，你的 DOM 编程才能还是可以派上用场的。

新的输入控件类型包括：

- email，用于输入电子邮件地址；
- url，用于输入 URL；
- date，用于输入日期和时间；
- number，用于输入数值；
- range，用于生成滑动条；
- search，用于搜索框；
- tel，用于输入电话号码；
- color，用于选择颜色。

这些新类型比单纯的 type="text"好用多了。浏览器知道这些控件都接受什么类型的输入，因此可以为它们配备不同的输入控件，例如在移动设备上更换不同的软键盘。图 11-4 中两幅图是 iPhone 中 Mobile Safari 的界面，一幅是针对文本输入框的键盘，一幅是针对电子邮件地址的键盘。

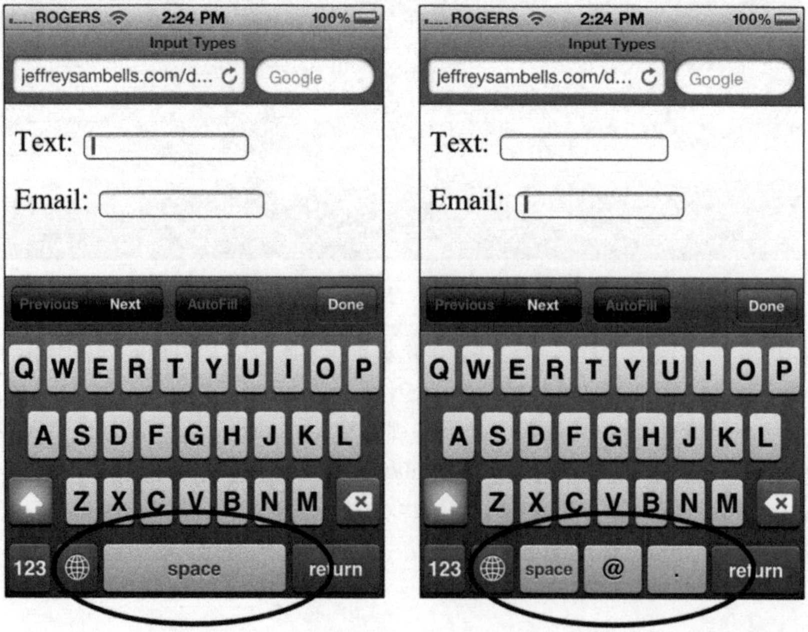

图　11-4

相应地，新的属性包括如下这些。

- autocomplete，用于为文本（text）输入框添加一组建议的输入项；
- autofocus，用于让表单元素自动获得焦点；
- form，用于对<form>标签外部的表单元素分组；
- min、max 和 step，用在范围（range）和数值（number）输入框中；
- pattern，用于定义一个正则表达式，以便验证输入的值；
- placeholder，用于在文本输入框中显示临时性的提示信息；
- required，表示必填。

这些属性把很多原来由 DOM 脚本负责的任务都转移给了浏览器，例如提供自动完成的建议项和验证表单输入。但我们要关注的问题，是在浏览器不支持新的类型和属性时怎么办。

当然，现在就可以使用这些新增的输入控件，因为它们都向后兼容（某种程度上如此）。对于 HTML5 的电子邮件输入框而言：

```
<input type="email" />
```

旧浏览器会将该类型默认为 text，并呈现出标准的文本输入框。对于 email 或 search 类型的输入框来说，这不会造成什么大问题，但对于 range 滑动条就不行了。想象一下，原本应该是滑动条，但现在却是一个输入框，比如 Safari 和 IE 显示的 range 控件，如图 11-5 所示。

图 11-5

为了应对不兼容的浏览器，必须使用特性检测来准备另一个方案。

使用本章前面提到的 Modernizr 库，就可以进行兼容性检查。比如，要检查浏览器是否支持某个输入类型的控件，可以使用 inputtypes.type 属性：

```
If ( !Modernizr.inputtypes.date ) {
  //生成日期选择器的脚本
}
```

而要检查某个属性，则可以使用 input.attribute 属性：

```
if ( !Modernizr.input.placeholder ){
  //生成占位符提示信息的脚本
}
```

要是没有使用 Modernizr，可以使用下面这个 inputSupportsType 函数来检查浏览器是否支持某种类型的输入控件：

```
function inputSupportsType(type) {
  if (!document.createElement) return false;
  var input = document.createElement('input');
  input.setAttribute('type',type);
  if (input.type == 'text' && type != 'text') {
    return false;
  } else {
```

```
    return true;
  }
}
```

使用 inputSupportsType 函数的方式与使用 Modernizr 一样：

```
if ( !inputSupportsType('date') ) {
  //生成日期选择器的脚本
}
```

要检查特定的属性，可以使用下面这个 elementSupportsAttribute 函数：

```
function elementSupportsAttribute(elementName, attribute) {
  if (!document.createElement) return false;
  var temp = document.createElement(elementName);
  return ( attribute in temp );
}
```

使用 elementSupportsAttribute 函数的方法还是那样，只不过需要传入元素名和要检查的属性名：

```
if ( !elementSupportsAttribute( 'input', 'placeholder' ) ){
  //生成占位符提示信息的脚本
}
```

在稳妥的特性检查的基础上，就可以一方面试用新的 HTML5 表单元素，另一方面提供备用的 DOM 脚本，以便浏览器不支持某种类型或属性时“挺身而出”。

举个例子，假设你想在自己的文本输入框中加入占位符信息。在 HTML5 中，只要像下面这样使用 placeholder 就行了：

```
<input type="text" id="first-name" placeholder="Your First Name" />
```

在 Safari 或 Chrome 浏览器中，占位符会在用户尚未输入值的情况下显示指定的临时文本，如图 11-6 所示。

Your First Name

图　11-6

要在不支持 placeholder 属性的浏览器中实现相同的效果，就得编写一个简单的 DOM 脚本来完成同样的功能：

```
if ( !Modernizr.input.placeholder ) {
  var input = document.getElementById('first-name')
  input.onfocus = function () {
    var text = this.placeholder || this.getAttribute('placeholder');
    if ( this.value == text ) {
      // 重置输入框的值，以隐藏临时的占位符文本
      this.value = '';
    }
  }
  input.onblur = function () {
    if ( this.value == '' ) {
      // 把输入框的值设置为占位符文本
      this.value = this.placeholder || this.getAttribute('placeholder');
    }
  }
  // 在 onblur 处理函数运行时中添加占位符文本
  input.onblur();
}
```

当然，这个替代方案的主要问题是必须依赖于 JavaScript 实现同样的功能。因此，还必须考虑到在 JavaScript 不可用的情况下选择什么输入控件最合适。

要作为后备的高级功能（如自动完成和滑动条）越多，开发工作量就越大，占用时间就越多。

所以还建议大家选择已有的一些帮我们完成了相应功能的库。要了解有关 JavaScript 库的相关内容，请参考本书附录。

11.4 HTML5 还有其他特性吗

有！本章前面介绍的这几个标签和属性只是 HTML5 的冰山一角而已。请读者注意，HTML5 这个规范至今仍然没有尘埃落定，很多地方都有可能发生变化。在浏览器支持不是特别完善的情况下，全面转入 HTML5 还为时过早，但这不会影响我们继续探索的兴致。比如，HTML JavaScript API 可是我们大家期望已久的了。等不了多长时间，我们就可以享受 HTML5 的诸多便捷功能了。

- 使用 localStorage 和 sessionStorage 在客户端存储大型和复杂数据集的更有效方案（http://dev.w3.org/html5/webstorage）；
- 使用 WebSocket 与服务器端脚本进行开放的双向通信（http://dev.w3.org/html5/websockets/）；
- 使用 Web Worker 在后台执行 JavaScript（http://www.whatwg.org/specs/web-workers/current-work/）；
- 标准化的拖放实现（http://www.whatwg.org/specs/web-apps/current-work/multipage/dnd.html#dnd）；
- 在浏览器中实现地理位置服务（http://www.w3.org/TR/geolocation-API/）。

这些新功能并不都与 DOM 相关，但它们却是你应该了解和掌握并在不久的将来每天都会使用的，所以最好提前多花些时间熟悉它们。

要了解更多相关内容和示例，请参考以下资源。

- W3C HTML5 Working Draft：http://www.w3.org/TR/html5；
- WHATWG HTML5（包含开发中的下一代技术）：http://www.whatwg.org/specs/web-apps/current-work；
- HTML5 的交互性演示：http://html5demos.com/；
- HTML5 相关的 PPT、代码、示例及教程：http://www.html5rocks.com/；
- *Dive into HTML5*，作者 Mark Pilgrim：http://diveintohtml5.org/；

11.5 小结

本章，我们了解了 HTML5 以及使用 Modernizr 等工具检测特性的重要性。同时也编写了几个例子，介绍如何使用特性检测来确保为新的 HTML5 特性提供后备功能。本章介绍的 HTML5 的新特性包括：

- 可以用来在文档中绘制矢量及位图的<canvas>元素；
- 可以免插件而直接在网页中嵌入音频和视频的<audio>和<video>元素；
- 可以为你提供更广泛选择的新的表单控件类型以及新的属性。

到目前为止，我们掌握的 DOM 脚本编程技能都处于各自为战的状态。下一章，我们就把前面学到的所有概念和技术综合起来，创建一个项目。

到了融会贯通学以致用的时候了。

第 12 章

综合示例

12

本章内容

- 组织内容
- 应用样式
- 使用 JavaScript、DOM 和 Ajax 增强功能

前面我们看到过很多 DOM 脚本编程的例子，但那些为了说明问题而设计的例子之间都没有什么联系。本章我们就来做一个综合的项目，把所有与 DOM 脚本编程相关的技术学以致用。具体来说，我们会从头开始做一个网站，然后再用 JavaScript 来为这个网站增加交互功能。

12.1 项目简介

有一件美差落在了你的头上！作为一名 Web 设计师，你被选中为世界最著名的乐队 Jay Skript and the Domsters 设计一个网站。

噢，没听说过这个乐队？不要紧，我们一起来编个故事。就当你配合我把这章写完吧，假装有那么一个国际知名乐队，而你恰好有幸被选中，要承担起为这个乐队设计网站的任务。

这个网站必须跟这个乐队一样，得酷。要是你能再给网页加上一些交互特性，那就酷毙了。但是别忘了，这个网站还必须对残疾用户以及搜索引擎保持友好。

开办这个网站的主要目的就是发布有关乐队的信息。无论怎么构思这个网站，首先都得确保这些信息能让访客一目了然。下面我们就来看看都要做些什么。

12.1.1 原始资料

客户已经提交了构建网站所需的东西：有关乐队的介绍材料、巡演日程，还有一些照片。这个网站不需要太多的页面，它本质上就是一个宣传手册，而这一点也正是你要把握的核心用户体验。

12.1.2 站点结构

根据客户提供的资料，可以画出一张简单的站点地图。站点的结构的确不算复杂，至少可以把所有页面都放在一个文件夹里。

为了准备站点的制作，创建三个文件夹，一个叫 images，保存要用的图片；一个叫 styles，保存 CSS 文件；一个叫 scripts，保存 JavaScript 文件。

站点文件夹的目录结构如下所示：

- /images
- /styles
- /scripts

说到页面，首先得有一个详细介绍乐队背景信息的页面。其次要有一个类似相册的放照片的页面。巡演日程安排当然也要单独一个页面。为了让歌迷与乐队沟通，还必须有一个联系页面。最后，当然要有一个主页，放上乐队简介和站点导航信息。以下是要创建的几个页面（如图 12-1 所示）：

- Home
- About
- Photos
- Live
- Contact

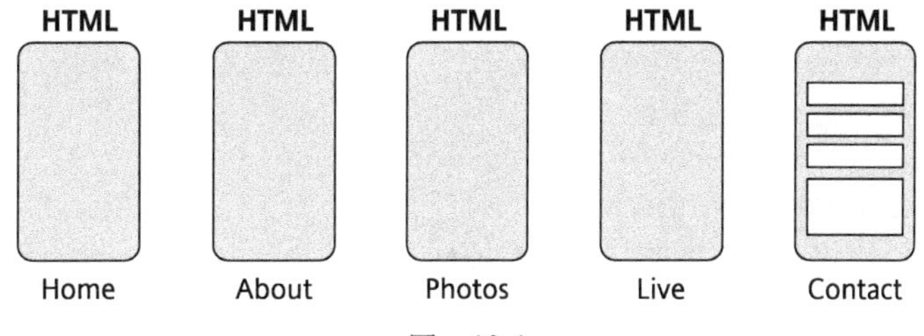

图 12-1

这几个页面对应如下文件：

- index.html
- about.html
- photos.html
- live.html
- contact.html

虽然每个页面的内容不一样，但它们都要使用相同的基本结构。下面该考虑为这些页面创建一个模板了。

12.1.3 页面结构

站点的每个页面都要分成几个区域。

- 头部区域包含站点的品牌性信息，也是放 Logo 的地方。这个区域要使用<header>元素。
- 导航区域中包含一组链接，指向各个页面。这个区域使用<nav>元素。

- 内容区域包含每一页的实质性内容，这个区域使用<article>元素。

因为要使用 HTML5 元素，所以也要在文档的<head>元素中包含 Modernizr 库（第 11 章介绍过）。可以从 http://modernizr.com/下载这个库的最新版本（撰写本章时的最新版本为 1.6），并将其放到 scripts 文件夹中。

最后，模板的代码没有多长。

```
<!DOCTYPE html>
<html lang="en">
<head>
  <meta charset="utf-8" />
  <title>Jay Skript and the Domsters</title>
  <script src="scripts/modernizr-1.6.min.js"></script>
</head>
<body>
  <header>
    <nav>
      <ul>
        <li><a href="index.html">Home</a></li>
        <li><a href="about.html">About</a></li>
        <li><a href="photos.html">Photos</a></li>
        <li><a href="live.html">Live</a></li>
        <li><a href="contact.html">Contact</a></li>
      </ul>
    </nav>
  </header>
  <article>
  </article>
</body>
</html>
```

把这些代码保存在 template.html 文件中。

在设计好页面结构后，下面就要一页一页地插入内容了。不过，让我们先来设想一下站点完工后的外观。

12.2 设计

既然知道了每个页面中都包含哪些结构化元素，而且手里也已经有了客户提供的资料，那么接下来的外观设计就不难做了。你可以选择 Photoshop、Fireworks 或任何其他的图形设计工具，做出你认为适合的任何风格的设计方案（如图 12-2 所示）。用一位著名厨师的话说，“以下是我早就为您准备好的。”

做完了视觉设计之后，可以把平面设计切分成多个图片。把背景图片保存为 background.gif。而品牌图像保存为 logo.gif。而带有一点渐变的导航条要命名为 navbar.gif。最后把人物剪影保存为 guitarist.gif。把这些图片都放到 images 文件夹中。

注意　如果你不是设计高手，还是建议你从 Friend of ED 网站（http://www.friendsofed.com/）的本书页面中下载本章用到的图像。

图 12-2

12.3 CSS

现在，你有了基本的 HTML 模板，也知道自己的站点长什么样了。通过为模板应用 CSS，可以在 Web 上再现你的设计方案。

如果把所有 CSS 都放到一个文件中，可能会为后期维护带来一些麻烦。而把所有 CSS 分别放在几个文件中则是个好主意。

怎样组件 CSS 由你决定，但我建议用其中一个保存与整体布局有关的样式，用另一个作为专门的颜色样式表，而用第三个来保存与版式有关的样式：

- layout.css
- color.css
- typography.css

这些样式表都可以导入到一个基本的样式表中：

```
@import url(layout.css);
@import url(color.css);
@import url(typography.css);
```

把包含这三行代码的文件保存为 basic.css，并放在 styles 文件夹中。如果你想添加一个新样式表或者删除一个样式，只要编辑 basic.css 即可。

可以在模板的<head>元素中通过<link>元素引入这个基本样式表。然后，再在页面<header>中添加一个<img>标签，指向 logo 图片。此时也可以向<article>中添加一些临时性填充文本。

```
<!DOCTYPE html>
<html lang="en">
<head>
  <meta charset="utf-8" />
  <title>Jay Skript and the Domsters</title>
  <script src="scripts/modernizr-1.6.min.js"></script>
  <link rel="stylesheet" media="screen" href="styles/basic.css" />
```

12

```
</head>
<body>
  <header>
    <img src="images/logo.gif" alt="Jay Skript and the Domsters" />
    <nav>
      <ul>
        <li><a href="index.html">Home</a></li>
        <li><a href="about.html">About</a></li>
        <li><a href="photos.html">Photos</a></li>
        <li><a href="live.html">Live</a></li>
        <li><a href="contact.html">Contact</a></li>
      </ul>
    </nav>
  </header>
  <article>
    <h1>Lorem Ipsum Dolor</h1>
    <p>Lorem ipsum dolor sit amet, consectetuer adipiscing elit.
Nullam iaculis vestibulum turpis. Pellentesque mattis rutrum
nibh. Quisque orci, euismod sit amet, sollicitudin et,
ullamcorper at, lorem.
Pellentesque habitant morbi tristique senectus et netus
et malesuada fames ac turpis egestas.
Ut lectus. Mauris eu sapien non enim dapibus imperdiet.
Sed eu mauris sed pede mollis commodo.
Fusce eget est. Sed ullamcorper enim nec est.
Cras dui felis, porta vitae, faucibus laoreet, sollicitudin eget,
enim. Nulla auctor. Fusce interdum diam ac eros.
Mauris egestas. Fusce in elit et sem aliquet pretium.
Donec nunc erat, sodales ac, facilisis a, molestie eu, massa.
Aenean nec justo eu neque malesuada aliquet.</p>
  </article>
</body>
</html>
```

这样，基本的模板就算完工了，如图 12-3 所示。

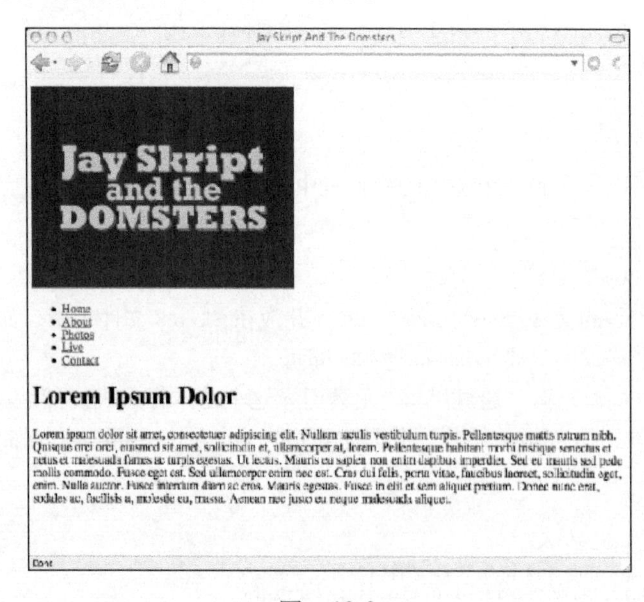

图　12-3

12.3.1 颜色

样式表 color.css 是最直观的。记住，不管为哪个元素应用什么颜色，都要同时给它一个背景色。否则，就有可能导致意外，看不到某些文本。

```
body {
  color: #fb5;
  background-color: #334;
}
a:link {
  color: #445;
  background-color: #eb6;
}
a:visited {
  color: #345;
  background-color: #eb6;
}
a:hover {
  color: #667;
  background-color: #fb5;
}
a:active {
  color: #778;
  background-color: #ec8;
}
header {
  color: #ec8;
  background-color: #334;
  border-color: #667;
}
header nav {
  color: #455;
  background-color: #789;
  border-color: #667;
}
article {
  color: #223;
  background-color: #edc;
  border-color: #667;
}
header nav ul {
  border-color: #99a;
}
header nav a:link,header nav a:visited {
  color: #eef;
  background-color: transparent;
  border-color: #99a;
}
header nav a:hover {
  color: #445;
  background-color: #eb6;
}
header nav a:active {
  color: #667;
  background-color: #ec8;
}
article img {
  border-color: #ba9;
  outline-color: #dcb;
}
#imagegallery a {
```

```
  background-color: transparent;
}
```

此时的模板已经有了色彩了，如图 12-4 所示。

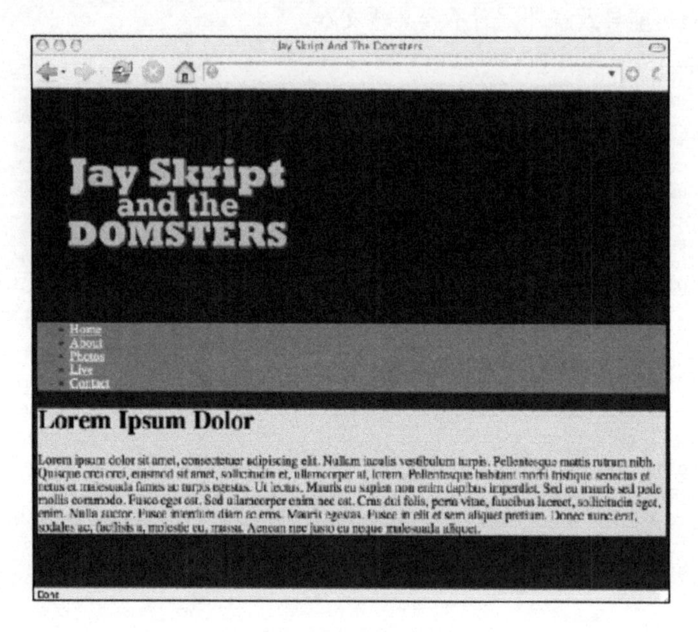

图　12-4

12.3.2　布局

基本的布局还是相当简单的，所有内容都在一栏中。

为了让导航中的链接水平排列，需要应用一些浮动效果。除此之外，layout.css 也没有什么不好理解的了。

首先是为 HTML5 块元素定义默认的样式。主要针对那些不支持它们的浏览器，好让这些元素都能够具有适当的块布局。

其次，使用通配选择器把所有元素的内外边距设置为零。这样就把不同浏览器为元素设置的不同内外边距全都删除了。重设这些值之后，所有样式就可以一视同仁了。

```
section, header, article, nav {
  display: block;
}
* {
  padding: 0;
  margin: 0;
}
body {
  margin: 1em 10%;
  background-image: url(../images/background.gif);
  background-attachment: fixed;
  background-position: top left;
```

```
  background-repeat: repeat-x;
  max-width: 80em;
}
header {
  background-image: url(../images/guitarist.gif);
  background-repeat: no-repeat;
  background-position: bottom right;
  border-width: .1em;
  border-style: solid;
  border-bottom-width: 0;
}
header nav {
  background-image: url(../images/navbar.gif);
  background-position: bottom left;
  background-repeat: repeat-x;
  border-width: .1em;
  border-style: solid;
  border-bottom-width: 0;
  border-top-width: 0;
  padding-left: 10%;
}
header nav ul {
  width: 100%;
  overflow: hidden;
  border-left-width: .1em;
  border-left-style: solid;
}
header nav li {
  display: inline;
}
header nav li a {
  display: block;
  float: left;
  padding: .5em 2em;
  border-right: .1em solid;
}
article {
  border-width: .1em;
  border-style: solid;
  border-top-width: 0;
  padding: 2em 10%;
  line-height: 1.8em;
}
article img {
  border-width: .1em;
  border-style: solid;
  outline-width: .1em;
  outline-style: solid;
}
```

这样，我们就通过 CSS 定义了颜色和布局，如图 12-5 所示。

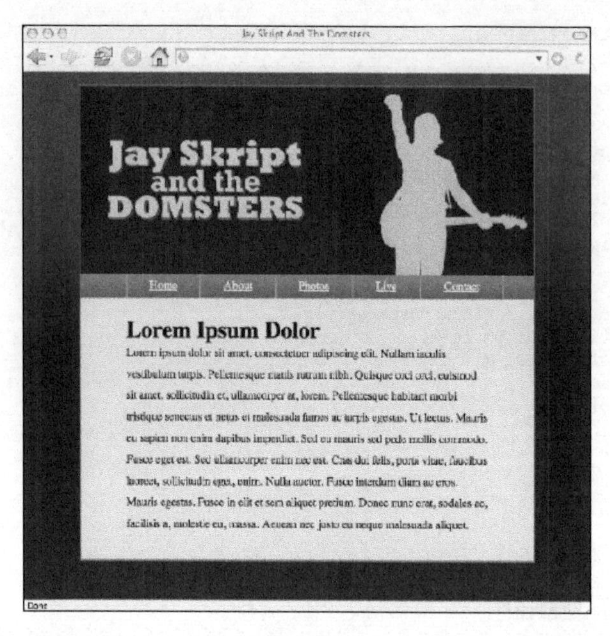

图 12-5

12.3.3 版式

有时候，的确很难分清某些样式声明放到哪个文件里更合适。字体和大小很显然应该放在 typography.css 里，但外边距和内边距呢？很难说它们到底应该与布局有关，还是与版式有关。在我们这个例子中，把内边距信息都放在了 layout.css 中定义（上一节已经定义了），而外边距信息则会放在 typography.css 中。

```
body {
  font-size: 76%;
  font-family: "Helvetica","Arial",sans-serif;
}
body * {
  font-size: 1em;
}
a {
  font-weight: bold;
  text-decoration: none;
}
header nav {
  font-family: "Lucida Grande","Helvetica","Arial",sans-serif;
}
header nav a {
  text-decoration: none;
  font-weight: bold;
}
article {
  line-height: 1.8em;
}
article p {
```

```
    margin: 1em 0;
  }
  h1 {
    font-family: "Georgia","Times New Roman",sans-serif;
    font: 2.4em normal;
  }
  h2 {
    font-family: "Georgia","Times New Roman",sans-serif;
    font: 1.8em normal;
    margin-top: 1em;
  }
  h3 {
    font-family: "Georgia","Times New Roman",sans-serif;
    font: 1.4em normal;
    margin-top: 1em;
  }
  #imagegallery li {
    list-style-type: none;
  }
  textarea {
    font-family: "Helvetica","Arial",sans-serif;
  }
```

现在，模板不仅有了颜色、布局，还具有了版式，如图 12-6 所示。

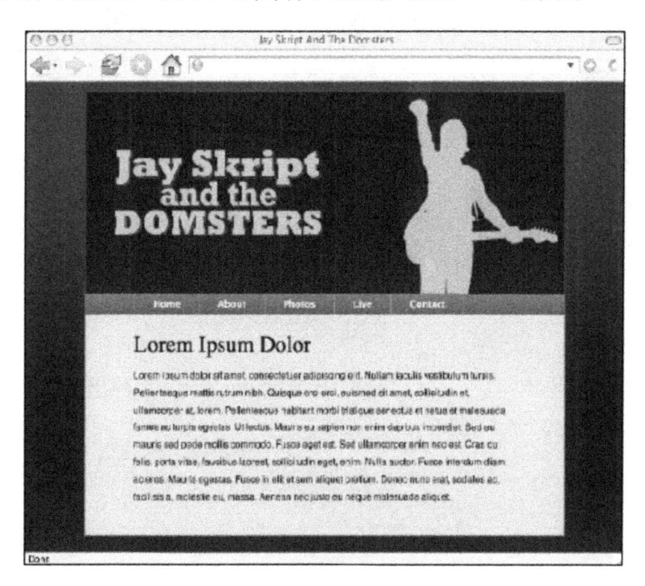

图 12-6

以上三个 CSS 文件（color.css、layout.css 和 typography.css）都和 basic.css 样式表一块，放在 styles 文件夹中。

12.4 标记

模板做完了，样式也都写得差不多了。接下来该考虑站点中的每个页面了。

首先从主页 index.html 开始，这个页面包含一段介绍性文字，放在<article>元素中：

```
<p id="intro">
Welcome to the official website of Jay Skript and the Domsters.
Here, you can <a href="about.html" title="About">learn more about the band</a>,
view <a href="photos.html" title="Photos">photos of the band</a>,
find out about <a href="live.html" title="Tour Date">tour dates</a>
and <a href="contact.html" title="Contact">get in touch with the band</a>.
</p>
```

这样，主页就完成了，如图 12-7 所示。

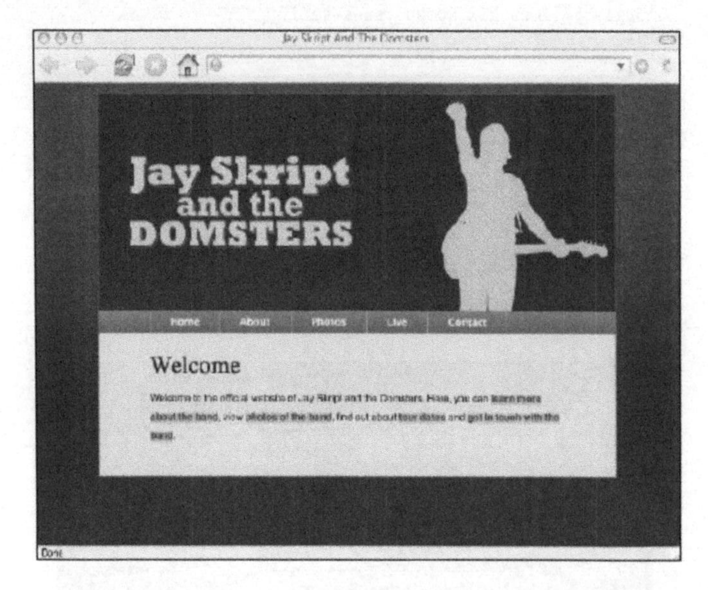

图　12-7

这段文字有一个 id，叫"intro"。我们要利用这个 id 为这段介绍添加特殊的样式。此外，还可以利用这个 id 来添加一些 DOM 脚本。

12.5　JavaScript

在编写 DOM 脚本之前，必须先确定怎么组织 JavaScript 文件。如果站点需要很多长长的脚本，那最好把它分割成几个小文件，正如本书前面展示的那样。可是，眼下这个网站非常简单，所需的 JavaScript 代码也不长。为了减少请求的数量，我们就把所有脚本都放在一个叫 global.js 的文件里。这样也有助于最后缩减其代码。

先在 scripts 文件夹中创建 global.js。然后在其中添加几个整个站点都会用到的函数。

肯定要用到 addLoadEvent 函数（参见第 6 章），因为在文档完全加载后如果想运行某个函数，就要用到它。

```
function addLoadEvent(func) {
  var oldonload = window.onload;
```

```
  if (typeof window.onload != 'function') {
    window.onload = func;
  } else {
    window.onload = function() {
      oldonload();
      func();
    }
  }
}
```

另外，insertAfter 函数（参见第 7 章）也很有用，它与 insertBefore 方法正好对应。

```
function insertAfter(newElement,targetElement) {
  var parent = targetElement.parentNode;
  if (parent.lastChild == targetElement) {
    parent.appendChild(newElement);
  } else {
    parent.insertBefore(newElement,targetElement.nextSibling);
  }
}
```

最后还需要一个 addClass 函数（参见第 9 章）。

```
function addClass(element,value) {
  if (!element.className) {
    element.className = value;
  } else {
    newClassName = element.className;
    newClassName+= " ";
    newClassName+= value;
    element.className = newClassName;
  }
}
```

要调用这个脚本，应该在模板页面 index.html 结束的</body>标签之前，添加一个<script>标签：

```
  </article>
  <script src="scripts/global.js"></script>
</body>
</html>
```

这样，站点中的每个页面都将包含 global.js 文件，而其中的函数也可以在这些页面里共享了。

实际上，还需要向 global.js 文件中添加一个函数，就是下一节我们要写的 highlightPage。

12.5.1 页面突出显示

每当我们基于模板页面创建一个新页面时，都要向<article>元素中插入标记。对你要设计的站点而言，这一部分正是每个页面之间不同的地方。

理想情况下，还应该更新每个页面<nav>元素中的链接。比如，如果当前页面是 index.html，那么导航里面就没有必要添加指向当前 index.html 页面的链接了。

但在实际的网站开发中，不太可能一页一页地编辑导航链接。更常见的做法是通过服务器端包含技术，把包含导航标记的片段插入到每个页面中。这里我们就假设服务器端会包含下列代码块：

```
<header>
  <img src="images/logo.gif" alt="Jay Skript and the Domsters" />
  <nav>
    <ul>
      <li><a href="index.html">Home</a></li>
      <li><a href="about.html">About</a></li>
      <li><a href="photos.html">Photos</a></li>
      <li><a href="live.html">Live</a></li>
      <li><a href="contact.html">Contact</a></li>
    </ul>
  </nav>
</header>
```

服务器端包含可以使用 Apache Server Side Includes（SSIs）、PHP、ASP，或者其他服务器端语言。

服务器端包含的优点是可以把重用标记块集中保存。这样，等到以后要更新页面头部或者导航链接时，只要修改一个文件就可以了。但集中保存的缺点，就是不能在每个页面中自定义这个块。

无论如何，至少当前页面的导航链接还是应该突出显示的。通过突出显示，访客就能知道自己“现在在这里”。

修改 color.css 文件，添加为 here 类定义的样式：

```
header nav a.here:link,
header nav a.here:visited,
header nav a.here:hover,
header nav a.here:active {
  color: #eef;
  background-color: #799;
}
```

为了应用刚刚定义的颜色样式，为指向当前页面的导航链接添加 here 类，如下所示：

```
<a href="index.html" class="here">Home</a></li>
```

如果使用服务器端包含的话，要做到这一点可就不容易了。一般来说，服务器端技术应该为每个页面创建正确的标记。但实际情况却并非始终如此。

JavaScript 这个时候就能派上用场了。

在这个例子中，JavaScript 是最后一招了。如果能在标记中直接添加 here 类，当然最好了。但是，如果控制不了标记，就只好求诸 JavaScript 了。

首先，删除已经添加到导航链接中的所有 class 属性。然后，编写一个 hightlightPage 函数，完成下列操作：

(1) 取得导航列表中所有链接；

(2) 循环遍历这些链接；

(3) 如果发现了与当前 URL 匹配的链接，为它添加 here 类。

同往常一样，先在函数中添加检查要使用的 DOM 方法的代码。此外，还要检查各种元素是否存在。

```
function highlightPage() {
  if (!document.getElementsByTagName) return false;
  if (!document.getElementById) return false;
```

```
  var headers = document.getElementsByTagName('header');
  if (headers.length == 0) return false;
  var navs = headers[0].getElementsByTagName('nav');
  if (navs.length == 0) return false;
```

取得导航链接，然后循环遍历它们：

```
var links = navs[0].getElementsByTagName("a");
var linkurl;
for (var i=0; i<links.length; i++) {
```

接下来，要比较当前链接的 URL 与当前页面的 URL。要取得链接的 URL，可以使用 `getAttribute("href")`，而要取得当前页面的 URL，则可以使用 `window.location.href`。

```
linkurl = links[i].getAttribute("href");
```

JavaScript 为比较字符串提供了很多方法。其中，`indexOf` 方法用于在字符串中寻找子字符串的位置：

```
string.indexOf(substring)
```

这个方法返回子字符串第一次出现的位置。我们在这里只想知道某个字符串是否被包含在另一个字符串里面，是否是当前 URL 里的链接 URL。

```
currenturl.indexOf(linkurl)
```

如果没有匹配到，`indexOf` 方法将返回-1。如果返回其他值，则表示有匹配。如果 `indexOf` 方法不返回-1，那么就可以前进到函数的最后一步了：

```
if (window.location.href.indexOf(linkurl) != -1) {
```

此时的链接一定是指向当前页面的链接，因此就给它添加 `here` 类：

```
links[i].className = "here";
```

剩下的代码就是关闭 `if` 语句、关闭 `for` 循环和关闭 `function` 定义的花括号了。最后，使用 `addLoadEvent` 函数调用 `highlightPage`。

```
function highlightPage() {
  if (!document.getElementsByTagName) return false;
  if (!document.getElementById) return false;
  var headers = document.getElementsByTagName('header');
  if (headers.length == 0) return false;
  var navs = headers[0].getElementsByTagName('nav');
  if (navs.length == 0) return false;
  var links = navs[0].getElementsByTagName("a");
  var linkurl;
  for (var i=0; i<links.length; i++) {
    linkurl = links[i].getAttribute("href");
    if (window.location.href.indexOf(linkurl) != -1) {
      links[i].className = "here";
    }
  }
}
addLoadEvent(highlightPage);
```

保存包含这个函数的 `global.js` 文件。刷新 `index.html` 之后，你就会看到 Home 链接突出显示了，如图 12-8 所示。

12

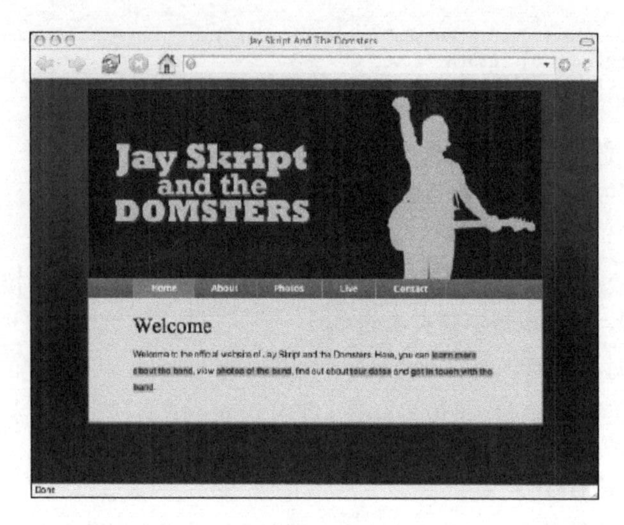

图　12-8

利用 highlightPage 函数，还可以达到一箭双雕的目的。

通过给每个页面的 body 元素添加 id 属性，可以为每个页面应用不同的样式。为了给每个页面添加独特的 id 属性，可以取得并使用当前链接（即添加 here 类的链接）中的文本。但需要使用 JavaScript 的 toLowerCase 方法把该文本转换成小写形式：

```
var linktext = links[i].lastChild.nodeValue.toLowerCase();
```

这样就取得了当前链接最后一个子元素的值，也就是链接的文本，然后把它转换成小写形式。如果链接中的文本是“Home”，那么 linktext 变量中保存的值就是"home"。通过下面的语句就可以把这个变量的值设置为 body 元素的 id 属性了：

```
document.body.setAttribute("id",linktext);
```

这条语句就相当于在<body>标签中添加了 id="home"。

现在的 highlightPage 函数如下所示：

```
function highlightPage( href ) {
  if (!document.getElementsByTagName) return false;
  if (!document.getElementById) return false;
  var headers = document.getElementsByTagName('header');
  if (headers.length == 0) return false;
  var navs = headers[0].getElementsByTagName('nav');
  if (navs.length == 0) return false;
  var links = navs[0].getElementsByTagName("a");
  var linkurl;
  for (var i=0; i<links.length; i++) {
    linkurl = links[i].getAttribute("href");
    if (window.location.href.indexOf(linkurl) != -1) {
      links[i].className = "here";
      var linktext = links[i].lastChild.nodeValue.toLowerCase();
      document.body.setAttribute("id",linktext);
    }
  }
}
addLoadEvent(highlightPage);
```

于是，index.html文件的body元素就会有一个值为"home"的id，about.html文件中的id就是"about"，photos.html文件中的id将是"photos"，依次类推。

新加入的这些标识符都可以成为CSS中的挂钩。例如，可以利用这些id为不同页面的头部应用不同的背景图像。

接下来为每个页面制作一幅图像，大小为250×250px。也可以使用我已经做好的：lineup.gif、basshead.gif、bassist.gif和drummer.gif，把它们都放到images文件夹中。

然后就可以更新layout.css文件，添加background-image声明：

```
#about header {
  background-image: url(../images/lineup.gif);
}
#photos header {
  background-image: url(../images/basshead.gif);
}
#live header {
  background-image: url(../images/bassist.gif);
}
#contact header {
  background-image: url(../images/drummer.gif);
}
```

如此一来，每个页面的头部就会应用不同的背景图像了。

12.5.2 JavaScript 幻灯片

主页还需要美化一下。毕竟，大多数访客都要先访问主页，在其中添加一些炫酷功能是非常有必要的。第10章讨论的JavaScript幻灯片用在这里正合适。

在"intro"那一段文字中，有指向站点其他页面的所有链接。如果在访客把鼠标放到相应链接上的时候，能够让他们得到有关页面的一点信息应该不错。在这里，可以显示相应页面头部图像的缩小版。

把每一幅图像缩小为150×150px，然后合并为750px长的一张图，命名为slideshow.gif。把这张图放在images文件夹中。

组合后的图像如图12-9所示。

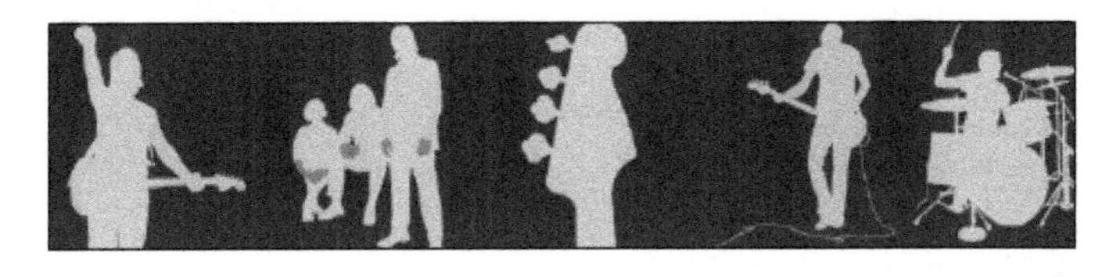

图 12-9

为了实现幻灯片功能，需要更新global.js文件。先把第10章中定义的moveElement函数复制过来：

```
function moveElement(elementID,final_x,final_y,interval) {
  if (!document.getElementById) return false;
  if (!document.getElementById(elementID)) return false;
```

```
  var elem = document.getElementById(elementID);
  if (elem.movement) {
    clearTimeout(elem.movement);
  }
  if (!elem.style.left) {
    elem.style.left = "0px";
  }
  if (!elem.style.top) {
    elem.style.top = "0px";
  }
  var xpos = parseInt(elem.style.left);
  var ypos = parseInt(elem.style.top);
  if (xpos == final_x && ypos == final_y) {
    return true;
  }
  if (xpos < final_x) {
    var dist = Math.ceil((final_x - xpos)/10);
    xpos = xpos + dist;
  }
  if (xpos > final_x) {
    var dist = Math.ceil((xpos - final_x)/10);
    xpos = xpos - dist;
  }
  if (ypos < final_y) {
    var dist = Math.ceil((final_y - ypos)/10);
    ypos = ypos + dist;
  }
  if (ypos > final_y) {
    var dist = Math.ceil((ypos - final_y)/10);
    ypos = ypos - dist;
  }
  elem.style.left = xpos + "px";
  elem.style.top = ypos + "px";
  var repeat = "moveElement('"+elementID+"',"+final_x+","+final_y+","+interval+")";
  elem.movement = setTimeout(repeat,interval);
}
```

现在应该创建幻灯片元素并准备相应链接了。在此，我们把幻灯片直接放在文档中的"intro"段落后面。

```
function prepareSlideshow() {
if (!document.getElementsByTagName) return false;
if (!document.getElementById) return false;
if (!document.getElementById("intro")) return false;
var intro = document.getElementById("intro");
var slideshow = document.createElement("div");
slideshow.setAttribute("id","slideshow");
var preview = document.createElement("img");
preview.setAttribute("src","images/slideshow.gif");
preview.setAttribute("alt","a glimpse of what awaits you");
preview.setAttribute("id","preview");
slideshow.appendChild(preview);
insertAfter(slideshow,intro);
```

接着循环遍历"intro"段落中的所有链接，并根据当前鼠标所在的链接来移动 preview 元素。比如说，如果链接的 href 值中包含字符串"about.html"，就把 preview 元素移动到-150px 的位置上；如果链接的 href 值中包含字符串"photos.html"，就把 preview 元素移动到-300px 的位置上，依次类推。

为了让动画效果看起来很帅，给 moveElement 函数传入仅为 5 毫秒的 interval 值：

```
  var links = intro.getElementsByTagName("a");
  var destination;
  for (var i=0; i<links.length; i++) {
    links[i].onmouseover = function() {
      destination = this.getAttribute("href");
      if (destination.indexOf("index.html") != -1) {
        moveElement("preview",0,0,5);
      }
      if (destination.indexOf("about.html") != -1) {
        moveElement("preview",-150,0,5);
      }
      if (destination.indexOf("photos.html") != -1) {
        moveElement("preview",-300,0,5);
      }
      if (destination.indexOf("live.html") != -1) {
        moveElement("preview",-450,0,5);
      }
      if (destination.indexOf("contact.html") != -1) {
        moveElement("preview",-600,0,5);
      }
    }
  }
}
```

还要通过 addLoadEvent 调用这个函数：

```
addLoadEvent(prepareSlideshow);
```

保存 global.js 文件。

当然，还得更新样式，在 layout.css 中添加如下声明：

```
#slideshow {
  width: 150px;
  height: 150px;
  position: relative;
  overflow: hidden;
}
#preview {
  position: absolute;
  border-width: 0;
  outline-width: 0;
}
```

在浏览器中刷新 index.html，试一试幻灯片的效果。

看起来还不错。要是把动画效果放到一个小窗口里，就更完美了。

创建一幅 150×150px 的图像，它的绝大部分都透明，只有四个圆角是与内容 div 颜色相同的。把它命名为 frame.gif 并保存在 images 文件夹中。

把下列代码添加到 global.js 中的 prepareSlideshow 函数中，放到创建 slideshow 元素的代码后面：

```
var frame = document.createElement("img");
frame.setAttribute("src","images/frame.gif");
frame.setAttribute("alt","");
frame.setAttribute("id","frame");
slideshow.appendChild(frame);
```

12

为保证这个小窗口出现在动画之上，还要在 layout.css 中加入如下代码：

```
#frame {
  position: absolute;
  top: 0;
  left: 0;
  z-index: 99;
}
```

刷新 index.html，再试试幻灯片效果，现在图像应该会出现在小窗口里面了。

目前，访客的鼠标放到"intro"段落中的链接上时会触发幻灯片动画。如果想让导航 div 中的链接也能触发幻灯片，可以把下面这行代码：

```
var links = intro.getElementsByTagName("a");
```

改为：

```
var links = document.getElementsByTagName("a");
```

完成后的 prepareSlideshow 函数如下所示：

```
function prepareSlideshow() {
  if (!document.getElementsByTagName) return false;
  if (!document.getElementById) return false;
  if (!document.getElementById("intro")) return false;
  var intro = document.getElementById("intro");
  var slideshow = document.createElement("div");
  slideshow.setAttribute("id","slideshow");
  var frame = document.createElement("img");
  frame.setAttribute("src","images/frame.gif");
  frame.setAttribute("alt","");
  frame.setAttribute("id","frame");
  slideshow.appendChild(frame);
  var preview = document.createElement("img");
  preview.setAttribute("src","images/slideshow.gif");
  preview.setAttribute("alt","a glimpse of what awaits you");
  preview.setAttribute("id","preview");
  slideshow.appendChild(preview);
  insertAfter(slideshow,intro);
  var links = document.getElementsByTagName("a");
  var destination;
  for (var i=0; i<links.length; i++) {
    links[i].onmouseover = function() {
      destination = this.getAttribute("href");
      if (destination.indexOf("index.html") != -1) {
        moveElement("preview",0,0,5);
      }
      if (destination.indexOf("about.html") != -1) {
        moveElement("preview",-150,0,5);
      }
      if (destination.indexOf("photos.html") != -1) {
        moveElement("preview",-300,0,5);
      }
      if (destination.indexOf("live.html") != -1) {
        moveElement("preview",-450,0,5);
      }
      if (destination.indexOf("contact.html") != -1) {
        moveElement("preview",-600,0,5);
      }
    }
  }
```

```
}
addLoadEvent(prepareSlideshow);
```

这样，把鼠标放在导航链接上，也将会触发幻灯片，如图 12-10 所示。

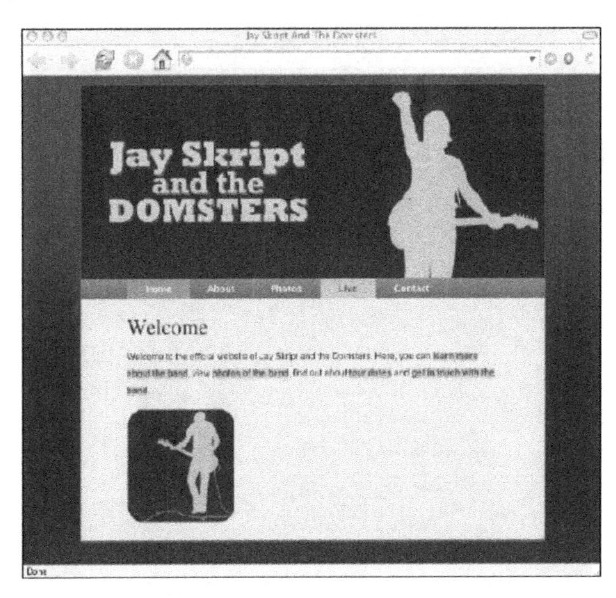

图 12-10

12.5.3 内部导航

站点中的下一页是 About 页面。在 about.html 的<article>元素中添加如下标记：

```
<h1>About the band</h1>
<nav>
  <ul>
    <li><a href="#jay">Jay Skript</a></li>
    <li><a href="#domsters">The Domsters</a></li>
  </ul>
</nav>
<section id="jay">
  <h2>Jay Skript</h2>
    <p>Jay Skript is going to rock your world!</p>
    <p>Together with his compatriots the Domsters,
  Jay is set for world domination. Just you wait and see.</p>
    <p>Jay Skript has been on the scene since the mid 1990s.
  His talent hasn't always been recognized or fully appreciated.
  In the early days, he was often unfavorably compared to bigger,
  similarly named artists. That's all in the past now.</p>
</section>
<section id="domsters">
  <h2>The Domsters</h2>
    <p>The Domsters have been around, in one form or another,
  for almost as long. It's only in the past few years that the Domsters
  have settled down to their current, stable lineup.
  Now they're a rock-solid bunch: methodical and dependable.</p>
</section>
```

然后，About页面如图12-11所示。

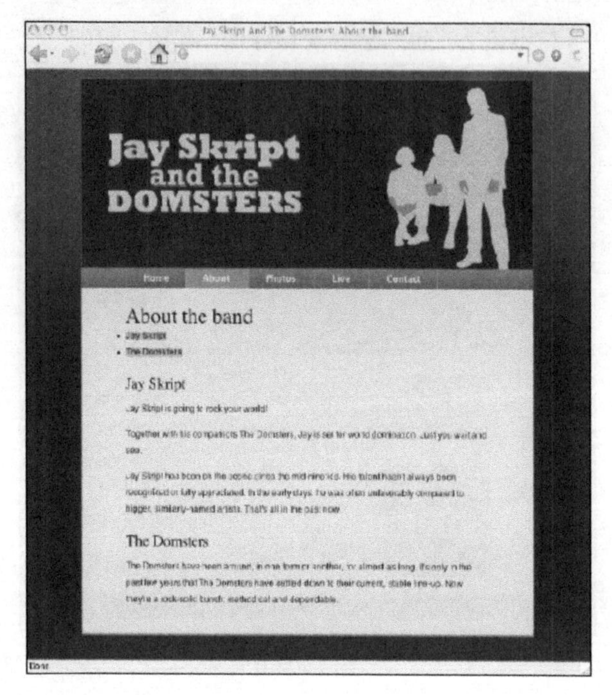

图 12-11

似乎还可以，但就是页面有点长了。知道为什么<nav>元素中包含内部链接吗？就是为了解决这个问题。单击<nav>中的每个链接，都会跳到带有相应id属性的<section>。

而使用JavaScript和DOM，还可以选择性地每次只显示其中一个部分（section）。把下面这个函数添加到global.js中，它能够根据指定的id显示相应的<section>，同时隐藏其他部分：

```
function showSection(id) {
  var sections = document.getElementsByTagName("section");
  for (var i=0; i<sections.length; i++ ) {
    if (sections[i].getAttribute("id") != id) {
      sections[i].style.display = "none";
    } else {
      sections[i].style.display = "block";
    }
  }
}
```

这个showSection函数的用途是修改每个部分的display样式属性。除了与作为参数传入的id对应的部分，其他部分的display属性都将被设置为"none"，而与传入id对应的那个部分的display属性则被设置为"block"。

然后，还需要在<article>中的<nav>所包含的链接被单击时调用showSection函数。

创建一个名为prepareInternalnav的函数，先从循环遍历<article>中的<nav>所包含的链接开始：

```
function prepareInternalnav() {
  if (!document.getElementsByTagName) return false;
  if (!document.getElementById) return false;
  var articles = document.getElementsByTagName("article");
  if (articles.length == 0) return false;
  var navs = articles[0].getElementsByTagName("nav");
  if (navs.length == 0) return false;
  var nav = navs[0];
  var links = nav.getElementsByTagName("a");
  for (var i=0; i<links.length; i++ ) {
```

每个链接的 href 属性中都包含对应部分的 id，开头的“#”表示内部链接。要提取每一部分的 id 值，可以使用 split 方法。这是根据分隔符把一个字符串分成两或多部分的一种便捷方式：

```
array = string.split(character)
```

这里，我们想要的是“#”后面的字符串，因此可以以“#”为分隔符，得到的数组中包含两个元素：第一个元素是“#”前面的所有字符（在此是空字符串），第二个元素则是后面的所有字符。还记得吧，数组中第一个元素的索引是 0，而我们想要的是数组中的第二个元素，它的索引是 1。

```
var sectionId = links[i].getAttribute("href").split("#")[1];
```

这样就可以把“#”后面的字符串提取出来并保存到 sectionId 变量中。

再添加一个简单的测试，确保真的存在带有相应id的元素。如果不存在，则继续下一次循环。

```
if (!document.getElementById(sectionId)) continue;
```

在页面加载后，需要默认隐藏所有部分。下面这行代码可以解决问题：

```
document.getElementById(sectionId).style.display = "none";
```

接下来可以给链接添加 onclick 事件处理函数，以便链接被单击后，把 sectionId 传给 showSection 函数。但这里存在作用域问题。因为变量 sectionId 是一个局部变量，它只有在 prepareInternalnav 函数执行期间存在，等到了事件处理函数执行的时候它就不存在了。

要解决这个问题，可以为每个链接创建一个自定义的属性。比如把这个属性命名为 destination，然后把 sectionId 的值赋给它：

```
links[i].destination = sectionId;
```

这个属性的作用域是持久存在的。回头，我们可以在事件处理函数中再查询这个属性：

```
links[i].onclick = function() {
  showSection(this.destination);
  return false;
}
```

为 prepareInternalnav 函数加上几个花括号，结束它的定义。再通过 addLoadEvent 函数调用它：

```
addLoadEvent(prepareInternalnav);
```

以下是 global.js 中的 prepareInternalnav 函数：

12

```
function prepareInternalnav() {
  if (!document.getElementsByTagName) return false;
  if (!document.getElementById) return false;
  var articles = document.getElementsByTagName("article");
  if (articles.length == 0) return false;
  var navs = articles[0].getElementsByTagName("nav");
  if (navs.length == 0) return false;
  var nav = navs[0];
  var links = nav.getElementsByTagName("a");
  for (var i=0; i<links.length; i++ ) {
    var sectionId = links[i].getAttribute("href").split("#")[1];
    if (!document.getElementById(sectionId)) continue;
    document.getElementById(sectionId).style.display = "none";
    links[i].destination = sectionId;
    links[i].onclick = function() {
      showSection(this.destination);
      return false;
    }
  }
}

addLoadEvent(prepareInternalnav);
```

在浏览器中打开 about.html，测试一下刚才实现的功能。单击一个内部链接，应该只会显示相关的部分。图 12-12 只是显示了一个部分的 About 页面。

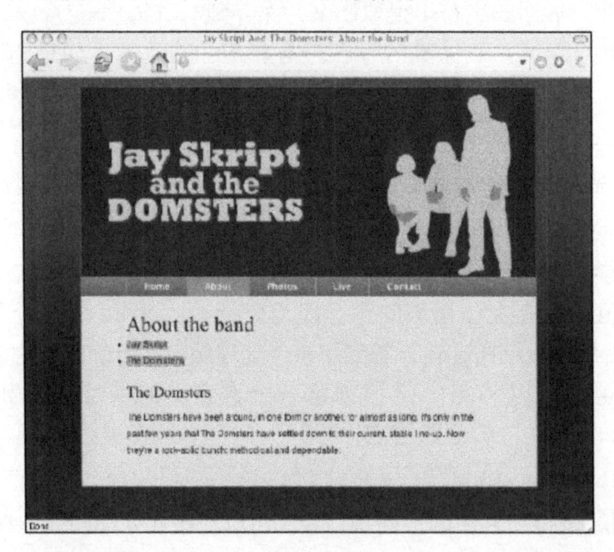

图　12-12

页面越长，这个功能的效果就越明显。例如，要是有一个常见问题页面，那么每个问题都可以作为内部链接来处理。而单击一个问题，就会显示出与该问题对应的答案，与此同时其他问题的答案并不显示。

12.5.4　JavaScript 图片库

接下来我们来制作 photos.html，这个页面是使用 JavaScript 构建图片库的理想之所。

客户提供了 Jay Skript 和 Domsters 演出的四张照片，大小为 400 × 300px：

- concert.jpg
- bassist.jpg
- guitarist.jpg
- crowd.jpg

在 images 文件夹里创建一个名为 photos 的文件夹，把这四张照片放到里面。再为每张照片分别创建 100 × 100px 的缩略图：

- thumbnail_concert.jpg
- thumbnail_bassist.jpg
- thumbnail_guitarist.jpg
- thumbnail_crowd.jpg

把这些照片也放在 photos 文件夹中。

创建一组链接，指向全尺寸照片。为这个列表指定 id 为"imagegalery"。在每个链接中添加一个<img>标签，各个标签的 src 属性分别指向不同的缩略图。

```
<h1>Photos of the band</h1>
<ul id="imagegallery">
  <li>
    <a href="images/photos/concert.jpg" title="The crowd goes wild">
      <img src="images/photos/thumbnail_concert.jpg" alt="the band in concert" />
    </a>
  </li>
  <li>
    <a href="images/photos/bassist.jpg" title="An atmospheric moment">
      <img src="images/photos/thumbnail_bassist.jpg" alt="the bassist" />
    </a>
  </li>
  <li>
    <a href="images/photos/guitarist.jpg" title="Rocking out">
      <img src="images/photos/thumbnail_guitarist.jpg" alt="the guitarist" />
    </a>
  </li>
  <li>
    <a href="images/photos/crowd.jpg" title="Encore! Encore!">
      <img src="images/photos/thumbnail_crowd.jpg" alt="the audience" />
    </a>
  </li>
</ul>
```

把这组链接放到 photos.html 的<article>元素中。

更新 layout.css 文件，让缩略图片从垂直排列变成水平排列（如图 12-13 所示）。

```
#imagegallery li {
  display: inline;
}
```

为了让图片库的脚本正常运行，还需要再制作一个占位符图片。把这个图片命名为 placeholder.gif 并放到 images 文件夹中。

接下来就可以把第 6 章和第 7 章编写的图片库脚本放到 scripts 文件夹的 global.js 文件中。

12

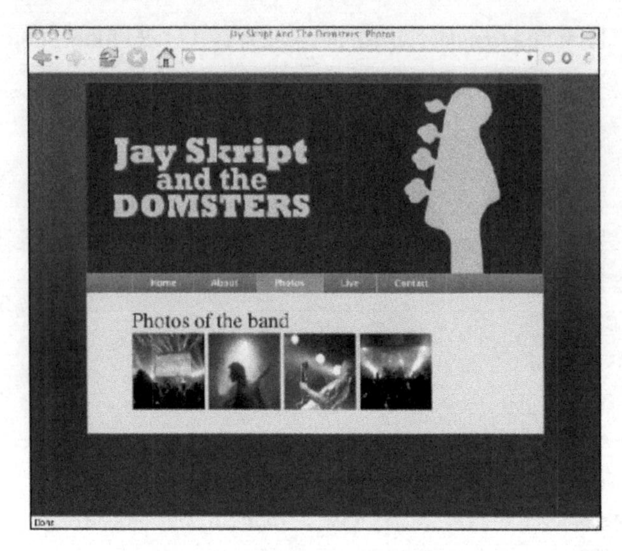

图　12-13

```
function showPic(whichpic) {
  if (!document.getElementById("placeholder")) return true;
  var source = whichpic.getAttribute("href");
  var placeholder = document.getElementById("placeholder");
  placeholder.setAttribute("src",source);
  if (!document.getElementById("description")) return false;
  if (whichpic.getAttribute("title")) {
    var text = whichpic.getAttribute("title");
  } else {
    var text = "";
  }
  var description = document.getElementById("description");
  if (description.firstChild.nodeType == 3) {
    description.firstChild.nodeValue = text;
  }
  return false;
}

function preparePlaceholder() {
  if (!document.createElement) return false;
  if (!document.createTextNode) return false;
  if (!document.getElementById) return false;
  if (!document.getElementById("imagegallery")) return false;
  var placeholder = document.createElement("img");
  placeholder.setAttribute("id","placeholder");
  placeholder.setAttribute("src","images/placeholder.gif");
  placeholder.setAttribute("alt","my image gallery");
  var description = document.createElement("p");
  description.setAttribute("id","description");
  var desctext = document.createTextNode("Choose an image");
  description.appendChild(desctext);
  var gallery = document.getElementById("imagegallery");
  insertAfter(description,gallery);
  insertAfter(placeholder,description);
}
```

```
function prepareGallery() {
  if (!document.getElementsByTagName) return false;
  if (!document.getElementById) return false;
  if (!document.getElementById("imagegallery")) return false;
  var gallery = document.getElementById("imagegallery");
  var links = gallery.getElementsByTagName("a");
  for ( var i=0; i < links.length; i++) {
    links[i].onclick = function() {
      return showPic(this);
    }
  }
}

addLoadEvent(preparePlaceholder);
addLoadEvent(prepareGallery);
```

只有一处微小的变化：description 中的文本被放到了 placeholder 图像的上方。

在浏览器中打开 photos.html，试验一下效果（如图 12-14 所示）。

图 12-14

12.5.5 增强表格

客户给我们提供了 Jay Skript 和 Domsters 的巡演日程。每场演出，都有一个日期（date）、一个城市（city）和一个地点（venue）。显然，这是表列数据。因此，Live 页面应该包含一个巡演表格。

```
<h1>Tour dates</h1>
<table summary="when and where you can see the band">
  <thead>
  <tr>
    <th>Date</th>
    <th>City</th>
    <th>Venue</th>
  </tr>
  </thead>
  <tbody>
  <tr>
    <td>June 9th</td>
    <td>Portland, <abbr title="Oregon">OR</abbr></td>
    <td>Crystal Ballroom</td>
  </tr>
  <tr>
    <td>June 10th</td>
    <td>Seattle, <abbr title="Washington">WA</abbr></td>
    <td>Crocodile Cafe</td>
  </tr>
  <tr>
    <td>June 12th</td>
    <td>Sacramento, <abbr title="California">CA</abbr></td>
    <td>Torch Club</td>
  </tr>
  <tr>
    <td>June 17th</td>
    <td>Austin, <abbr title="Texas">TX</abbr></td>
    <td>Speakeasy</td>
  </tr>
  </tbody>
</table>
```

把这个<table>放到live.html中的<article>元素内。

接着再在layout.css中为表格中的单元格应用一些样式：

```
td {
  padding: .5em 3em;
}
```

更新color.css，为表头和表格选定指定颜色：

```
th {
  color: #edc;
  background-color: #455;
}
tr td {
  color: #223;
  background-color: #eb6;
}
```

在浏览器中打开live.html后，可以看到一个普普通通、丝毫没有应用什么脚本的表格（如图12-15所示）。

此时，正好可以把第9章定义的表格样式化的函数stripeTables及highlightRows拿过来使用。还可以把第8章的displayAbbreviations函数借用过来。

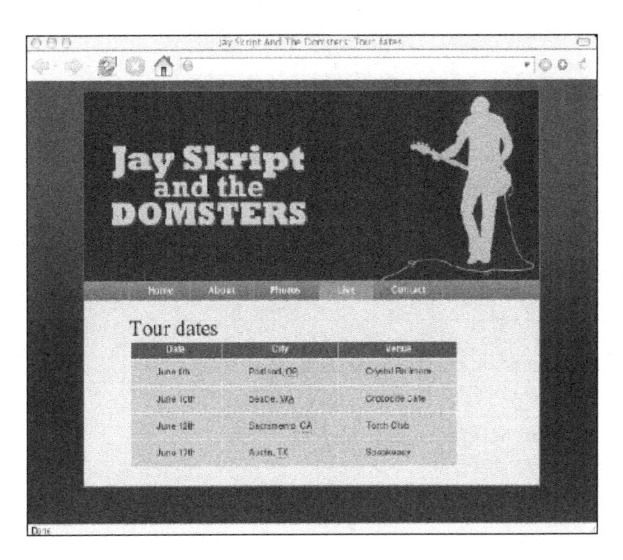

图 12-15

把这几个函数全都添加到 global.js 文件中，并通过 addLoadEvent 调用它们：

```
function stripeTables() {
  if (!document.getElementsByTagName) return false;
  var tables = document.getElementsByTagName("table");
  for (var i=0; i<tables.length; i++) {
    var odd = false;
    var rows = tables[i].getElementsByTagName("tr");
    for (var j=0; j<rows.length; j++) {
      if (odd == true) {
        addClass(rows[j],"odd");
        odd = false;
      } else {
        odd = true;
      }
    }
  }
}

function highlightRows() {
  if(!document.getElementsByTagName) return false;
  var rows = document.getElementsByTagName("tr");
  for (var i=0; i<rows.length; i++) {
    rows[i].oldClassName = rows[i].className
    rows[i].onmouseover = function() {
      addClass(this,"highlight");
    }
    rows[i].onmouseout = function() {
      this.className = this.oldClassName
    }
  }
}

function displayAbbreviations() {
  if (!document.getElementsByTagName || !document.createElement
➥ || !document.createTextNode) return false;
```

```
  var abbreviations = document.getElementsByTagName("abbr");
  if (abbreviations.length < 1) return false;
  var defs = new Array();
  for (var i=0; i<abbreviations.length; i++) {
    var current_abbr = abbreviations[i];
    if (current_abbr.childNodes.length < 1) continue;
    var definition = current_abbr.getAttribute("title");
    var key = current_abbr.lastChild.nodeValue;
    defs[key] = definition;
  }
  var dlist = document.createElement("dl");
  for (key in defs) {
    var definition = defs[key];
    var dtitle = document.createElement("dt");
    var dtitle_text = document.createTextNode(key);
    dtitle.appendChild(dtitle_text);
    var ddesc = document.createElement("dd");
    var ddesc_text = document.createTextNode(definition);
    ddesc.appendChild(ddesc_text);
    dlist.appendChild(dtitle);
    dlist.appendChild(ddesc);
  }
  if (dlist.childNodes.length < 1) return false;
  var header = document.createElement("h3");
  var header_text = document.createTextNode("Abbreviations");
  header.appendChild(header_text);
  var articles = document.getElementsByTagName("article");
  if (articles.length == 0) return false;
  var container = articles[0];
  container.appendChild(header);
  container.appendChild(dlist);
}

addLoadEvent(stripeTables);
addLoadEvent(highlightRows);
addLoadEvent(displayAbbreviations);
```

在此，highlightRows 和 displayAbbreviations 函数都稍有改动。

- highlightRows：没有像以前那样直接应用样式属性，而是使用 addClass 函数添加了 highlight 类。这个类会在用户鼠标悬停在表格行上的时候应用。在应用新类名之前，先把原来的 className 保存到名为 oldClassName 的自定义属性中。当用户的鼠标离开表格行之后，再把 className 属性重置回原来的 oldClassName 值。
- displayAbbreviations：修改了最后几行代码，因为这里要找的是 article 元素，而不是第8章 id 为 content 的 div 元素。

这两处修改也提醒我们，以前定义的函数仍然需要进一步抽象。比如说，可以为 displayAbbreviations 函数再增加一个参数，以便指明把新创建的列表添加到哪个元素中。

还要更新 layout.css，再添加一些样式：

```
dl {
  overflow: hidden;
}
dt {
  float: left;
}
dd {
  float: left;
```

```
}
```

再更新typography.css：

```
dt {
  margin-right: 1em;
}
dd {
  margin-right: 3em;
}
```

最后，在color.css中为odd和highlight类添加颜色样式：

```
tr.odd td {
  color: #223;
  background-color: #ec8;
}
tr.highlight td {
  color: #223;
  background-color: #cba;
}
```

在浏览器中打开live.html，看一看增强之后的<table>吧。此时，偶数行都会有一个odd类（如图12-16所示）。

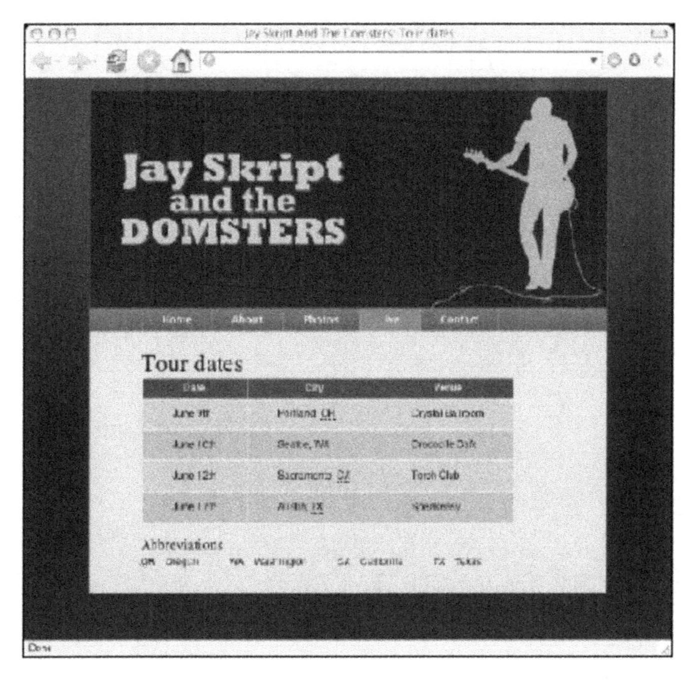

图 12-16

12.5.6 增强表单

还得为这个站点制作一个很重要的页面，这个页面能够让乐队的粉丝们跟乐手沟通。

想一想，差不多任何网站都会公布一些联系信息，哪怕只是一个电子邮件地址。对眼下这个网站来说，你打算构建一个联系表单。

联系表单，和其他任何类型的表单一样，都需要某种服务器端技术来进一步验证并把数据保存到后台数据库或系统中。Perl、PHP、ASP以及其他服务器端编程语言都是可选的技术。但我们这个例子不会涉及服务器端脚本，而是会创建一个极为普通的HTML页面，向访客显示感谢信息。访客填充的信息也不会发送到哪去（别忘了，乐队是我们虚构的）。假如真有这么一个网站，就必须得有服务器端脚本来处理用户提交的数据，把它们保存到数据库中，或者通过邮件转发给适当的人，然后才显示感谢信息。

创建一个文件，命名为contact.html，当然这个文件要基于template.html来创建，只不过<article>中要包含一个<form>：

```
<h1>Contact the band</h1>
<form method="post" action="submit.html">
<fieldset>
    <p>
     <label for="name">Name:</label>
     <input type="text" id="name" name="name"
➥ placeholder="Your name" required="required" />
    </p>
    <p>
     <label for="email">Email:</label>
     <input type="email" id="email" name="email"
➥ placeholder="Your email address" required="required" />
    </p>
    <p>
     <label for="message">Message:</label>
     <textarea cols="45" rows="7" id="message"
➥ name="message" required="required"
➥ placeholder="Write your message here."></textarea>
    </p>
    <input type="submit" value="Send" />
   </fieldset>
</form>
```

更新layout.css文件：

```
label {
  display: block;
}
fieldset {
  border: 0;
}
```

这样，就有一个基本的联系表单，如图12-17所示。

接下来，再基于template.html创建一个新文件，命名为submit.html。这一次，<article>中包含了感谢信息。

```
<h1>Thanks!</h1>
<p>Thanks for contacting us. We'll get back to you as soon as we can.</p>
```

这个submit.html页面中只包含感谢信息，不处理表单提交的信息，你懂的（如图12-18所示）。

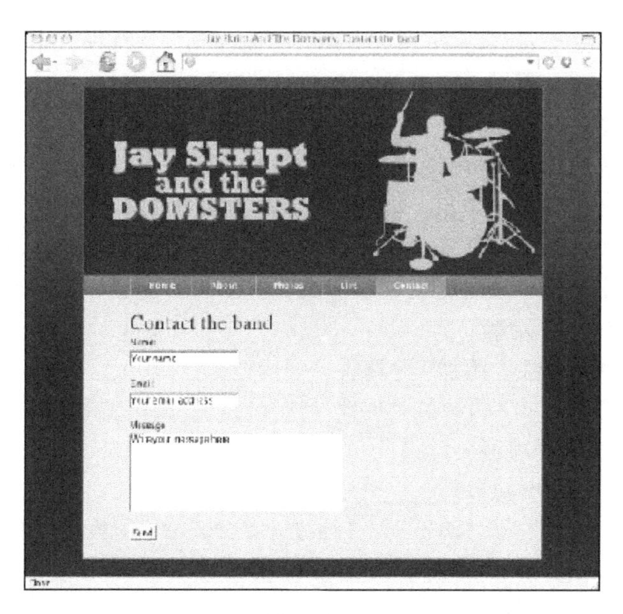

图 12-17

图 12-18

1. 字段标签

表单中有三个字段：name、email 和 message。每个字段都有一个对应的<label>标签。

作为增进可访问性的元素，label 非常有用。它通过 for 属性把一小段文本关联到表单的一个字段。对于屏幕阅读器来说，标签中的这一小段文本几乎是不可或缺的。

即使是那些视力没有任何问题的人，label 元素同样也具有不可低估的价值。很多浏览器都会为 label 元素添加默认行为：如果 label 中的文本被单击，关联的表单字段就会获得焦点。这对于增进表单的可用性是很有帮助的。然而，并不是所有浏览器都实现了该行为。

可能上述行为在默认情况下是不存在的，但我们为何不自己添加这种行为呢？所需的只不过数行 JavaScript 代码而已。

(1) 取得文档中的 label 元素。

(2) 如果 label 有 for 属性，添加一个事件处理函数。

(3) 在 label 被单击时，提取 for 属性的值。这个值就是相应表单字段的 id 值。

(4) 确保存在相应的表单字段。

(5) 让相应的表单字段获得焦点。

在 global.js 中添加函数 focusLabels，并通过 addLoadEvent 函数在页面加载时执行该函数。

```
function focusLabels() {
  if (!document.getElementsByTagName) return false;
  var labels = document.getElementsByTagName("label");
  for (var i=0; i<labels.length; i++) {
    if (!labels[i].getAttribute("for")) continue;
    labels[i].onclick = function() {
      var id = this.getAttribute("for");
      if (!document.getElementById(id)) return false;
      var element = document.getElementById(id);
      element.focus();
    }
  }
}
addLoadEvent(focusLabels);
```

在浏览器中加载 contact.html 页面，单击一个标签就会把焦点转移到关联的表单字段中。也许访客使用的浏览器不支持这个行为。但现在不一样了，现在所有浏览器都会支持这个行为。

2. 占位符值

我们注意到，联系表单中的每个字段都通过 HTML5 的 placeholder 属性添加了占位符文本，name 字段中有"your name"，email 字段中有"your email"，等等。

注意　从增进可访问性的角度说，占位符值也很有价值。Web Accessibility Initiative 指南的 10.4 节指出，“在用户代理能够正确处理空的控件之前，应该在可编辑文本框和文本区中添加默认的、占位字符。[优先级 3]。”要了解有关 Web Accessibility Initiative 的更多信息，请访问 http://www.w3.org/WAI/。

过去，有些浏览器不能正确识别空的表单字段，从而为键盘导航制造了麻烦。访客无法通过按 Tab 键进入空字段。

与<label>标签类似，增强可访问性对任何人来说都是一件好事。即使是那些不使用键盘导航的人，看到表单字段中显示着提示文本，也会觉得非常友好。

通过 HTML5 的 placeholder 属性设置占位符值有一个缺点，那就是使用旧版本浏览器的用户看不到字段中的占位符文本（字段仍然是空的）。

使用 JavaScript 可以保证字段中始终可以显示提示信息。不过，这一次我们不再使用 DOM 核心的方法和属性，而是要使用 HTML DOM 中最常用的一个对象：form 对象。

form 对象

有读者可能知道，HTML 文档中的每个元素都是一个对象。每个元素都有 nodeName、nodeType 之类的 DOM 属性。

而有些元素具有的属性比 DOM 核心中定义的还要多。文档中的每个表单元素都是一个 form 对象，每个 form 对象都有一个 elements.length 属性。这个属性返回表单中包含的表单元素的个数：

```
form.elements.length
```

这个返回值与 childNodes.length 不一样，后者返回的是元素中包含的所有节点的个数。而 form 对象的 elements.length 属性只关注那些属于表单元素的元素，如 input、textarea，等等。

相应地，表单中的所有字段都保存在 form 对象的 elements 属性中。也就是说，下面是一个包含所有表单元素的数组：

```
form.elements
```

同样，这个属性与 childNodes 属性也不一样，后者也是一个数组。childNodes 数组返回的是所有节点，而 elements 数组则只返回 input、select、textarea 以及其他表单字段。

elements 数组中的每个表单元素都有自己的一组属性。比如，value 属性中保存的就是表单元素的当前值：

```
element.value
```

这行代码等价于：

```
element.getAttribute("value")
```

包含在 contact.html 中的每个表单字段都有一个初始的 placeholder 属性。你可以取得这些占位符的值并临时将它们作为相应表单字段的 value。而在该字段获得焦点时，再删除字段的 value 值。类似地，如果用户并没有在字段中输入文本且离开了当前字段，那么再重新应用占位符值即可。这个例子与第 11 章中的占位符的例子是类似的。

为此，你需要写一个函数，命名为 resetFields，它只接受一个 form 对象作为参数。这个函数执行如下操作。

(1) 检查浏览器是否支持 placeholder 属性。如果不支持，继续。

(2) 循环遍历表单中的每个元素。

(3) 如果当前元素是提交按钮，跳过。

(4) 为元素获得焦点的事件添加一个处理函数。如果字段的值等于占位符文本，则将字段的值设置为空。

(5) 再为元素失去焦点的事件添加一个处理函数。如果字段的值为空，则为其添加占位符值。

(6) 为了应用样式，在字段显示占位符值的时候添加 placeholder 类。

这个函数的定义如下：

```
function resetFields(whichform) {
  if (Modernizr.input.placeholder) return;
  for (var i=0; i<whichform.elements.length; i++) {
    var element = whichform.elements[i];
    if (element.type == "submit") continue;
    var check = element.placeholder || element.getAttribute('placeholder');
    if (!check) continue;
    element.onfocus = function() {
      var text = this.placeholder || this.getAttribute('placeholder');
      if (this.value == text) {
        this.className = '';
        this.value = "";
      }
    }
    element.onblur = function() {
      if (this.value == "") {
        this.className = 'placeholder';
        this.value = this.placeholder || this.getAttribute('placeholder');
      }
    }
    element.onblur();
  }
}
```

函数中用到了两个事件处理函数。其中，onfocus 事件会在用户通过按 Tab 键或单击表单字段时被触发，而 onblur 事件会在用户把焦点移出表单字段时触发。另外，在 onblur 事件定义之后，立即调用了它，以便在必要时应用占位符值。

注意　鉴于不同的浏览器对未知属性的实现方式有所不同，这里同时使用了 HTML DOM 的 placeholder 属性和 DOM 的 getAttribute('placeholder')方法。

把 resetFields 函数添加到 global.js 文件中。但我们需要为它传入 form 对象来调用它。再编辑一个函数 prepareForms，循环遍历文档中的所有 form 对象，并将每个 form 对象传给 resetFields 函数。

```
function prepareForms() {
  for (var i=0; i<document.forms.length; i++) {
    var thisform = document.forms[i];
    resetFields(thisform);
    }
  }
}
```

使用 addLoadEvent 函数来调用 prepareForms。

```
addLoadEvent(prepareForms);
```

为了让占位符更突出一点，在 color.css 文件中通过 placeholder 类修改字段的颜色：

```
input.placeholder {
  color: grey;
}
```

在不支持 HTML5 的浏览器中刷新 contact.html，看看 resetFields 函数的效果如何。你会看到 resetFields 函数起到了在支持 HTML5 的浏览器中使用 placeholder 属性一样的效果。

随便单击几个字段，或者单击相应的标签试一试。默认值应该消失。如果在没有输入文本的情况下移动到另一个字段，默认值应该再次出现。如果输入了文本，那么默认值就不应该再出现了。

3. 表单验证

围绕联系表单的下一个任务涉及 JavaScript 最古老的用途。

自从 JavaScript 诞生之日起，客户端表单验证就拉开了序幕。想法很简单，就是在用户提交表单时，对提交的值进行一番测试。如果必填字段留空，用户就会看到一个警告框，告诉他哪个字段必须要填写内容。

支持 HTML5 的浏览器终于针对一些字段实现了原生的表单验证。例如，Opera 10 可以自动验证电子邮件字段，如图 12-19 所示。

当你提交包含电子邮件输入字段的表单时，Opera 会基于 RFC 定义的电子邮件格式来验证用户的输入，而且启不启用 JavaScript 都没有关系。HTML5 还定义了其他类型的字段验证，例如 URL 输入字段。对于这些字段而言，我们不必在表单中添加任何额外的标记；浏览器根据输入字段的类型就可以完成验证。

HTML5 也提供了 required 属性，用于表示某个字段的值是必须填写不能留空的，如图 12-20 所示。Opera 10 同样支持不依赖任何脚本的这一原生特性。

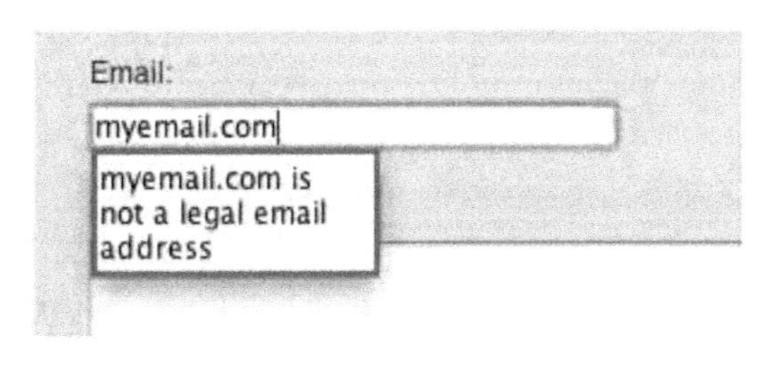

图 12-19

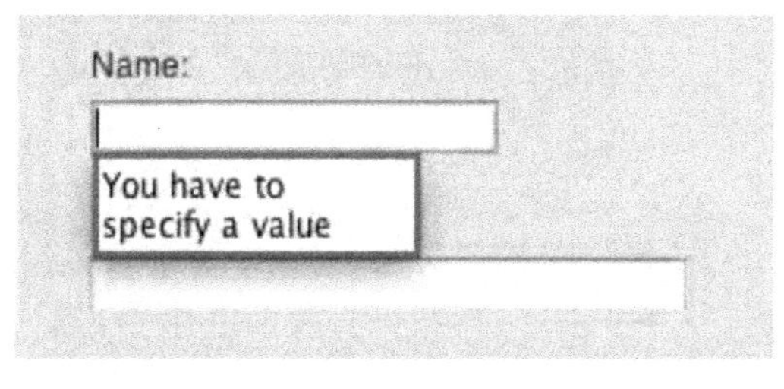

图 12-20

对于支持 HTML5 的浏览器而言，这是个好消息。但对于客户委托给你制作的这个乐队网站来说，还必须再灵活一点，还得再添加使用 JavaScript 验证表单的功能。

使用 JavaScript 进行表单验证听起来没有什么，而且通常也确实如此。但如果 JavaScript 验证脚本写得不好，也会带来负面的结果。假如代码中包含错误，最终可能会导致用户根本无法提交表单。

在使用 JavaScript 编写验证表单的脚本时，要记住三件事。

- 验证脚本写得不好，反而不如没有验证。
- 千万不要完全依赖 JavaScript。客户端验证并不能取代服务器端的验证。即使有了JavaScript验证，服务器端照样还应该对接收到的数据再次验证。
- 客户端验证的目的在于帮助用户填好表单，避免他们提交未完成的表单，从而节省他们的时间。服务器端验证的目的在于保护数据库和后台系统的安全。

一定要尽量保证验证过程尽可能简单。开始的时候，可以只检查用户是否输入了什么内容。下面这个函数，isFilled，以一个表单元素作为参数：

```
function isFilled(field) {
  if (field.value.replace(' ','').length == 0) return false;
  var placeholder = field.placeholder || field.getAttribute('placeholder');
  return (field.value != placeholder);
}
```

通过检查去掉空格之后的 value 属性的 length 属性，就可以知道 value 中是否没有任何字符（不都是空格）。如果确实不包含任何字符，函数返回 false。否则，继续下面的比较。

通过比较 value 属性与 placeholder 属性，就可以知道用户是否对占位符文本一字未动。如果两个相同，函数返回 false。如果上面两个测试都通过，说明用户已经在字段中填写了内容，isFilled 函数就会返回 true。

接下来一个类似的函数是 isEmail。这个函数会进行非常简略的检查，看表单字段中的内容是不是一个电子邮件地址。

```
function isEmail(field) {
  return (field.value.indexOf("@") != -1 && field.value.indexOf(".") != -1);
}
```

这个函数使用 indexOf 方法执行了两方面测试。这个方法用于在一个字符串中查找另一个字符串第一次出现的位置。如果要搜索的字符串存在，则返回该字符串第一个字符所在的位置。如果没有找到要搜索的字符串，则返回-1。函数中的第一个测试在表单字段的 value 属性中搜索@符号。这是电子邮件中绝不能少的一个符号。如果没有找到@，isEmail 函数就返回 false。第二个测试的原理相同，只不过搜索的是句点（.）符号。如果在表单字段的 value 属性中没有找到这个字符，那么函数仍然会返回 false。如果两个测试都通过了，isEmail 函数就返回 true。

这个 isEmail 函数并不十分可靠。如果用户输入了一个伪造的电子邮件地址，甚至根本就不是电子邮件地址的字符串，验证也有可能通过。但是，验证写得太过复杂并不是件好事。验证越复杂，误报的可能性就会越大。比如，很多验证电子邮件的脚本都错误地假设电子邮件的域名只能是三个字母。这样的错误假设会导致域名为.info、.name 之类的邮件就不能通过验证。

现在，你已经有了两个验证函数：isFilled 和 isEmail。但你并不想对每个表单字段都运行它们。因此，还需要某种方式来指定哪个字段是必填的，哪个字段必须输入电子邮件地址。

在 HTML 标记中，可以使用 HTML5 的 required 属性：

```
<input type="text" id="name" name="name" value="Your name" required="required" />
...
<input type="email" id="email" name="email" value="Your email address"
➥ required="required" />
```

注意 这里的代码使用了 required = "required"，而不是仅指定一个没有值的 required 属性。在 HTML5 中，这两种写法都是有效的，因为 HTML5 兼容这两种语法。尽管如此，我还是建议读者使用较为严格的 XHTML 语法，也就是说所有属性都要赋值，而且单独的标签要添加斜杠（/）。

在 CSS 文件中也可以使用这些属性。例如，可以为必填字段添加粗一些的边框，或者应用一种不同的背景颜色。

同样，在 JavaScript 中也可以使用这些属性。下面我们编写一个名为 validateForm 的函数。这个函数以一个 form 对象为参数，并执行下列操作。

(1) 循环遍历表单的 elements 数组。

(2) 如果发现了 required 属性，把相应的元素传递给 isFilled 函数。

(3) 如果 isFilled 函数返回 false，显示警告消息，并且 validateForm 函数也返回 false。

(4) 如果找到了 email 类型的字段，把相应的元素传递给 isEmail 函数。

(5) 如果 isEmail 函数返回 false，显示警告消息，并且 validateForm 函数也返回 false。

(6) 否则，validateForm 函数返回 true。

下面就是完成后的 validateForm 函数：

```
function validateForm(whichform) {
  for (var i=0; i<whichform.elements.length; i++) {
    var element = whichform.elements[i];
    if (element.required == 'required') {
      if (!isFilled(element)) {
        alert("Please fill in the "+element.name+" field.");
        return false;
      }
    }
    if (element.type == 'email') {
      if (!isEmail(element)) {
        alert("The "+element.name+" field must be a valid email address.");
        return false;
      }
    }
  }
  return true;
}
```

这样，只要在表单被提交时基于表单执行 validateForm 函数就可以了。为此，可以在 prepareForms 函数中通过 onsubmit 事件处理函数来添加验证行为：

```
function prepareForms() {
  for (var i=0; i<document.forms.length; i++) {
    var thisform = document.forms[i];
    resetFields(thisform);
    thisform.onsubmit = function() {
      return validateForm(this);
    }
  }
}
```

无论什么时候提交表单，都会触发 submit 事件，而事件会被 onsubmit 事件处理函数拦截。

执行事件处理函数时，会将表单传递给 validateForm 函数。如果 validateForm 函数返回 true，就意味着可以把表单数据提交给服务器。而如果 validateForm 函数返回 false，提交操作就会被取消。

把上面几个表单验证函数都保存到 global.js 中。

在浏览器中刷新 contact.html。试一试，在留空表单或保持字段中默认值的情况下提交表单。你应该会看到一个有礼貌的警告框弹出来，告诉你必须解决哪些问题才能提交表单，如图 12-21 所示。

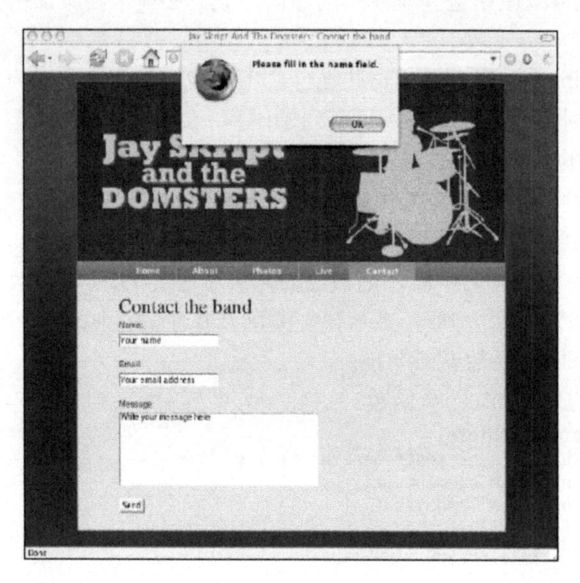

图　12-21

4. 提交表单

针对联系表单的最后一项改进，就是给页面添加一点 Ajax。还记得前面创建的 submit.html 页面吗？如果你正确地提交了表单，表单就会打开 submit.html 显示感谢信息。如果表单能够发送一个 Ajax 请求，而感谢信息能以嵌入方式添加到表单所在的页面，那种体验想必会更好。说白了，就是表单提交成功之后，不打开新页面了，而是拦截提交请求，自己显示结果。（关于拦截的介绍请参考第 7 章。）

先在 global.js 文件中添加第 7 章的 getHTTPObject 函数：

```
function getHTTPObject() {
  if (typeof XMLHttpRequest == "undefined")
    XMLHttpRequest = function () {
      try { return new ActiveXObject("Msxml2.XMLHTTP.6.0"); }
        catch (e) {}
      try { return new ActiveXObject("Msxml2.XMLHTTP.3.0"); }
        catch (e) {}
      try { return new ActiveXObject("Msxml2.XMLHTTP"); }
        catch (e) {}
      return false;
  }
  return new XMLHttpRequest();
}
```

然后，创建一个加载图像，在 Ajax 请求刚启动时把它添加到文档中。如果你手上没有动画加载 GIF，可以到 http://ajaxload.info 去创建一个。把这个加载图像命名为 loading.gif，并将它放在 images 文件夹中。

把下面的 displayAjaxLoading 函数添加到 global.js 文件中。这个函数接受一个 DOM 元素作为参数，然后把它的所有子元素都删除掉。删除之后，再把 loading.gif 图像添加到该元素中。

```
function displayAjaxLoading(element) {
  while (element.hasChildNodes()) {
    element.removeChild(element.lastChild);
  }
  var content = document.createElement("img");
  content.setAttribute("src","images/loading.gif");
  content.setAttribute("alt","Loading...");
  element.appendChild(content);
}
```

好玩的地方到了。接下来该编写 submitFormWithAjax 函数了。这个函数的第一个参数是一个 form 对象，第二个参数是一个目标对象，并执行如下操作。

(1) 调用 displayAjaxLoading 函数，删除目标元素的子元素，并添加 loading.gif 图像。

(2) 把表单的值组织成 URL 编码的字符串，以便通过 Ajax 请求发送。

(3) 创建方法为 POST 的 Ajax 请求，把表单的值发送给 submit.html。

(4) 如果请求成功，解析响应并在目标元素中显示结果。

(5) 如果请求失败，显示错误消息。

submitFormWithAjax 函数在修改 DOM 和显示加载图像之前，首先要检查是否存在有效的 XMLHttpRequest 对象。

```
function submitFormWithAjax( whichform, thetarget ) {
  var request = getHTTPObject();
  if (!request) { return false; }
 displayAjaxLoading(thetarget);
```

然后，创建一个 URL 编码的表单数据字符串，以便通过 POST 请求发送到服务器。这个 URL 字符串的格式与 URL 参数相同：

```
name=value&name2=value2&name3=value3
```

表单中每个字段的值都会被编码为这种数据字符串。比如说，如果表单中包含消息“Why does 2+2=4?”，字符串就类似如下所示：

```
message=Why does 2+2=4?&name=me&email=me@example.com
```

但是，这里面的加号（+）、等于号（=）和问号（?）都会带来问题。

- 等于号的意思是不是说表单里有一个字段名叫 2，而它的值是 4 呢?
- 加号是一个编码后的空格，还是一个普通的加号?
- 问号表示它后面是参数列表吗?

为了避免这些歧义，可以使用 JavaScript 的 encodeURIComponent 函数把这些值编码成 URL 安全的字符串。这个函数会把有歧义的字符转换成对应的 ASCII 编码：

```
message=Why%20does%202%2B2%3D4%3F%26&name=Me&email=me%40example.com
```

接下来，就像前面验证表单一样，循环遍历表单的每个字段，但这次不是验证，而是收集它们的名字和编码后的值，把结果保存在一个数组中：

```
var dataParts = [];
var element;
for (var i=0; i<whichform.elements.length; i++) {
  element = whichform.elements[i];
  dataParts[i] = element.name + '=' + encodeURIComponent(element.value);
}
```

收集到所有数据后，把数组中的项用和号（&）联结起来：

```
var data = dataParts.join('&');
```

然后，向原始表单的 action 属性指定的处理函数发送 POST 请求：

```
request.open('POST', whichform.getAttribute("action"), true);
```

并在请求中添加 application/x-www-form-urlencoded 头部：

```
request.setRequestHeader("Content-type", "application/x-www-form-urlencoded");
```

这个头部信息对于 POST 请求是必需的，它表示请求中包含 URL 编码的表单。

现在，请求已经准备好了。在发送请求之前，还需要创建处理响应的 onreadystatechange 事件处理程序。

服务器返回的响应就是 submit.html 页面。这个页面与站点中其他页面一样，也包含头部区域、导航和内容。因为我们是想把结果加载到已有的页面中，所以就不需要头部区域和导航了。只要从页面中取得<article>元素就足够了。而完整的页面放在那里，就是预备着在 Ajax 无效的情况下，就直接返回 submit.html 页面。

如果你在使用自己常用的服务器端脚本语言编写响应，那么可以只为 Ajax 请求输出必要的标记。但目前来讲，只能假设没有服务器端脚本，因此只能使用 Ajax 来增加一点用户体验。

为了从响应中提取出<article>元素，你得考虑使用一种叫做正则表达式的技术。简单地说，正则表达式就是一种模式，用来匹配字符串中的不同部分。

下面就是将会用于提取<article>中内容的正则表达式：

```
/<article>([\s\S]+)<\/article>/
```

在 JavaScript 中，正则表达式的每个模式都以一个斜杠（/）开头和结尾。如果模式本身包含斜杠，必须使用反斜杠对其转义，就像上面模式中对结束的</article>标签中的斜杠转义那样。

要查找与正则表达式模式匹配的字符，只要输入想查找的字符即可。因为要提取的内容以<article>开始以</article>结尾，因此就直接写出来就好。

注意　正则表达式语法中会用到一些特殊字符，例如方括号和竖线。如果想直接匹配这些字符，同样需要对它们进行转义，就像对斜杠转义一样。比如说，如果想在模式中匹配星号（*），就需要写成*，因为*在正则表达式中用于表示重复。要了解其他特殊字符，请参考 http://en.wikipedia.org/wiki/Regular_expression。

在<article>和</article>之间，是一个捕获组，用于捕获位于开始和结束标签之间的文本。捕获组中的方括号包含了要匹配的字符。而圆括号定义的捕获组是为了便于后面提取其中匹配的内容。

如果你想猜出两个标签之间可能包含的所有字符，即使你的模式写得再长，最终可能还是无济于事。为此，我们就在方括号中使用了特殊字符来表示要查找的内容。在这个正则表达式中，\s 匹配任意空白字符，而\S 匹配任意非空白字符，包括回车符和换行符。当然，除此之外，正则表达式中还有很多其他字符类，用于匹配数值、单词、非单词之类的情况。

最后，在方括号后面，使用一个加号（+）表示前面的模式重复一次或多次。星号（*）表示前面的模式重复零或多次。

简单地说，正则表达式模式/<article>([\s\S]+)<\/article>/可以理解为如下：

- 查找一个字符串，这个字符串以<article>开头，后跟一或多个空格或非空格字符，最后还有一个</article>；
- 把这个字符串中的空格及非空格字符包含在一个捕获组中，以便后面提取。

有了正则表达式之后，就可以编写 onreadystatechange 函数了：

```
request.onreadystatechange = function () {
  if (request.readyState == 4) {
      if (request.status == 200 || request.status == 0) {
        var matches = request.responseText.match(/<article>([\s\S]+)<\/article>/);
        if (matches.length > 0) {
          thetarget.innerHTML = matches[1];
        } else {
          thetarget.innerHTML = '<p>Oops, there was an error. Sorry.</p>';
        }
      } else {
        thetarget.innerHTML = '<p>' + request.statusText + '</p>';
      }
  }
};
```

与第 7 章中的 Ajax 示例类似，这个函数一开始也是检测值为 4 的 readyState 属性，然后再验证状态值是不是 200。

在得到成功的响应后，就可以通过 JavaScript 的 match 方法对 responseText 应用正则表达式了。match 方法以正则表达式为参数，返回包含各种匹配结果的数组。

数组 matches 的第一个元素（索引为 0）是 responseText 中与整个模式匹配的部分，即包括<article>和</article>在内的部分。因为模式中包含了一个捕获组（一对圆括号），因此 matches 的第二个元素（索引为 1）是 responseText 中与捕获组中的模式匹配的部分。在这个例子中，只有一个捕获组，因此 matches 中也只包含两个元素。

在取得了捕获的内容之后，函数把 matches[1]中保存的内容赋值给了目标元素的 innerHTML 属性，响应处理到此结束。

这样，submitFormWithAjax 函数中剩下的代码就是发送请求，并返回 true，表示函数已经成功发送请求。

```
  request.send(data);
  return true;
};
```

完成后的 submitFormWithAjax 函数如下所示：

```
function submitFormWithAjax( whichform, thetarget ) {
  var request = getHTTPObject();
  if (!request) { return false; }
  displayAjaxLoading(thetarget);
  var dataParts = [];
  var element;
  for (var i=0; i<whichform.elements.length; i++) {
    element = whichform.elements[i];
    dataParts[i] = element.name + '=' + encodeURIComponent(element.value);
  }
  var data = dataParts.join('&');
  request.open('POST', whichform.getAttribute("action"), true);
  request.setRequestHeader("Content-type", "application/x-www-form-urlencoded");
  request.onreadystatechange = function () {
    if (request.readyState == 4) {
        if (request.status == 200 || request.status == 0) {
          var matches = request.responseText.match(/<article>([\s\S]+)<\/article>/);
          if (matches.length > 0) {
            thetarget.innerHTML = matches[1];
          } else {
            thetarget.innerHTML = '<p>Oops, there was an error. Sorry.</p>';
          }
        } else {
          thetarget.innerHTML = '<p>' + request.statusText + '</p>';
        }
    }
  };
  request.send(data);
  return true;
};
```

现在，可以利用 submitFormWithAjax 函数来执行拦截表单提交的任务了。为此，需要修改 prepareForms 函数，调用 submitFormWithAjax，并给它传递当前的 form 对象和页面中的 article 元素作为参数。修改后的函数应该完成如下操作。

- 如果表单没有通过验证，返回 false；因为验证失败，所以不能提交表单。
- 如果 submitFormWithAjax 函数成功发送了 Ajax 请求并返回 true，则让 submit 事件处理函数返回 false，以便阻止浏览器重复提交表单。
- 否则，说明 submitFormWithAjax 没有成功发送 Ajax 请求，因而让 submit 事件处理函数返回 true，让表单像什么都没有发生一样继续通过页面提交。

以下就是完成上述三项操作的 prepareForms 函数：

```
function prepareForms() {
  for (var i=0; i<document.forms.length; i++) {
    var thisform = document.forms[i];
    resetFields(thisform);
    thisform.onsubmit = function() {
      if (!validateForm(this)) return false;
      var article = document.getElementsByTagName('article')[0];
      if (submitFormWithAjax(this, article)) return false;
      return true;
    }
  }
}
```

好了，现在提交一下表单试试，你应该看到感谢信息出现在了同一个页面上，页面没有刷新。不信，就看一看浏览器的地址栏。在提交了表单之后，你看到的还是 `contact.html`，而不是 `submit.html`。

联系页面制作完毕，当然整个网站也随之大功告成了。

12.5.7 压缩代码

虽说你的网站已经可以上线了，但别忘了还有一件重要的事情要做：改进性能！此时此刻，`global.js` 文件的大小是 13 KB，不算大，而通过压缩，它还能再“瘦身”。我们在第 5 章曾经讨论过，用来压缩 JavaScript 代码的工具不少。在此，我们要使用的是谷歌的 Closure Compiler。通过它的在线表单，只要粘贴 JavaScript 进去，就可以得到压缩后的结果。

在浏览器中打开 http://closure-compiler.appspot.com/home，把 `global.js` 中的代码复制粘贴到左侧文本区// ADD YOUR CODE HERE 的下面，如图 12-22 所示。

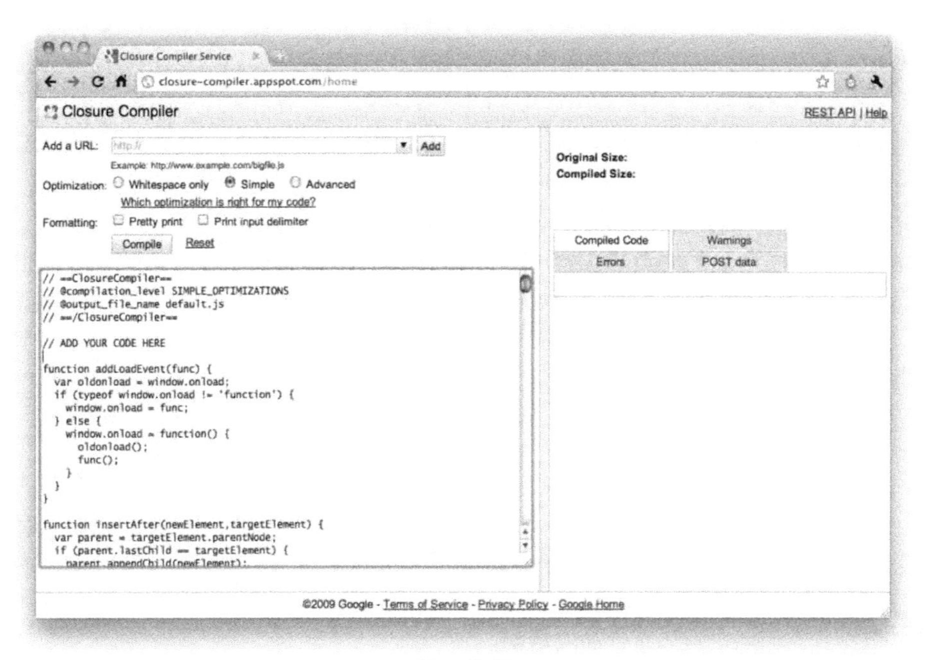

图 12-22

单击 Compile 按钮，然后就可以得到编译后的代码，还有相关的统计信息。以我编写的 `global.js` 文件为例，得到的结果如下：

- 原始大小 12.43 KB（gzip 压缩后 3.12 KB）
- 编译后大小 8.62 KB（gzip 压缩后 2.36 KB）
- 比原始大小减少了 30.64%（gzip 压缩版减少了 24.22%）

注意，根据所添加的注释及其他代码的多少，结果会有所差异。

在 scripts 文件夹中新建一个 global.min.js 文件，把压缩之后的代码复制粘贴到该文件中。然后，把所有页面的<script>标签中引用的脚本改为这个压缩版。

12.6　小结

好了，Jay Skrip and the Domsters 乐队的网站终于可以上线了。不客气地说，你为他们设计的这个站点在网络上绝对可以风靡一时。更重要的是，你把内容都放到了有效的、语义化的 HTML5 标签里面，并用外部样式表实现了整个外观设计。最后，又利用 JavaScript 和 DOM 为它添加了诸多交互功能及可用性方面的增强。

而且，即便你把这些增强的功能去掉一部分，甚至全都拿走，整个站点照样可以完美地运行。DOM 脚本在这里并不是必需的，但有了它，光临站点的访客们会有更好的体验。想想看，这个乐队居然是虚构的，就连我都有点为你愤愤不平啊！

那接下来还要学习什么？从某种意义上说，你的学习可以告一段落了。通过本书，你不仅掌握了 DOM 背后的理论知识，还把它实际运用到了构建完整的站点上面。利用从本书中学到的各种方法和属性，你还能创造出更具实用性也更加强大的功能。

但从另外一个角度说，你的前端开发之路才刚刚开始。本书只向你展示了通过少数 DOM 方法所能实现的少数功能。不仅这些方法还有更加广泛的用途，而且从未提及的很多其他方法都有待你去探索呢。

基于 DOM 的脚本编程是一项值得深入掌握的技术。希望本书能让你对 JavaScript 和 DOM 产生初恋一般的美好感觉。更希望你能肩负起一位技术人应有的责任，坚守 DOM 可用性的阵地，并且能够乐在其中。在光怪陆离的现实世界中，你稍不留神就会误入歧途，掉进一味标新立异的泥淖里。有时候，只要静下心来，回头看一看，把视角放得更开阔一些，问题就会变得很清楚。从 Tim Berners Lee 发明万维网（World Wide Web）至今，它的宏伟愿景就没有改变过：

> Web 的无所不在是它的魅力。保证任何人都能无障碍地使用它，是一个最基本的原则。

Web 中无处不在的超文本文档具有天然的可访问性。之所以变得让人处处受限，仅仅是由于我们没有作出正确的选择。通过综合 Web 标准和最佳实践，让我们一起来保障 Web 的开放、无障碍。

- 使用有意义的标记来构建页面的结构；
- 把表现性的信息都分离到 CSS 样式表中；
- 负责任地使用不唐突的 JavaScript 来应用行为增强，同时确保平稳退化。

现在，我们正处于 Web 发展的十字路口。随着 Ajax 技术的普及和 HTML5 的出现，桌面软件与 Web 应用之间的界限已经越来越不分明了。在努力推动 Web 向前发展的同时，还要坚守它作为一个无处不在的媒体的初衷，势必要面临诸多挑战，战胜各种困难。

接下来的路在何方，这个问题只能你自己来回答。我只能告诉你，这是一个令 Web 设计师激动不已的时代。

附 录

JavaScript 库

本书从头到尾一直都在介绍 DOM 的基础知识。我们学习了如何使用标准的 DOM 方法来完成常见的操作，如何在脚本中最有效地使用这些方法。也许你已经感觉到了，有时候自己的代码会显得十分冗长，其中不少还都是重复的。如果只使用诸如 document.getElementById 之类的 DOM 方法，时间一长不免让人心生厌倦。实际上，很多 JavaScript 库提供的“魔术”函数（像$）不仅可以当 document.getElementById 来用，还能用来完成这个方法做不到的更多事情。

所谓库，就是可重用的代码包，具有如下一些优点。

- 库代码经过了大量用户的测试和验证。
- 库能够很容易地与已有的开发框架集成。
- 库为大多数日常琐碎的 DOM 编程工作提供了方便、简洁的方案，每个函数都能节省很多行代码。
- 库很好地解决了跨浏览器的问题，让你更省心。

库可以把你从开发工作中解脱出来，让你专注于最重要的环节，极大地提升工作效率。虽然使用库的好处很多，但也不是不存在问题。

- 库是别人而不是你自己编写的。你可能不了解它的内部工作机制，因此很难调试 bug 或解决由它所导致的问题。
- 要使用库，就要把它集成到脚本中。这样就会加重页面加载的负担，挤占用户有限的带宽。
- 混合使用多个库可能会造成冲突，同时也会造成功能浪费。

如果你对库只能亦步亦趋而不能超越，那它也会成为你不思进取的慢性毒药。在决定使用库之前，建议大家先花点时间真正掌握本书介绍的 JavaScript 和 DOM 编程技术。从第 1 章开始，我们就一直强调理解工作机制的重要性，而不要停留在问题的表面上。唾手可得的库比比皆是，稍后我们就会接触一些，但是如果你不能理解它们背后的工作机制，对你和你的程序都不能算是什么好事。如果你对某个库理解不透，而这个库又假设你知道相关细节，那你就很可能被一些琐碎的问题绊住脚。

在此声明一下，我本人与这些库没有任何关系，因此不会厚此薄彼。我也不认为这些库在任何情况下都是最佳选择，也不是说只有这几个库可供选择。下面所举的例子，都是为了更好地说明如何利用库来更简单地完成本书前面介绍的那些任务。

接下来我们会重温前面涉及的如下主题。

- 语法
- 选择元素
- 操作 DOM 元素
- 处理事件
- 动画
- Ajax

你会看到怎么通过库来完成这些任务——通常要用的代码都会更少一些，以及为什么说使用库能让你把精力更多地放在业务逻辑而非编写重复性的脚本上面。

注意 对任何一个任务来说，每个库都会提供多种实现方法。我只会从中选择一两种我认为最佳或最有效的方法，不可能把每个库完成这些任务的所有可能性都列举出来。因此，请读者通过阅读这些库的文档来了解其他的方法。

在使用库之前，最重要的是先搞清楚哪个库适合自己的需要。下面我们就介绍几条选择库时需要注意的事项。

A.1 选择合适的库

在选择库的时候，你会发现自己将面临上百种选择。要作出正确的选择，建议你考虑如下问题。

- **它具备你需要的所有功能吗？**混合使用多个库有可能导致问题。一些常见的方法，如`$()`和`get()`，虽然表面上相同，但功能却完全不一样。此外，如果同时使用多个库，重复的功能和冗余代码也是不可避免的。
- **它的功能是否比你想要的还多？**功能太少是一个问题，但功能过多同样不好。如果库中包含很多你用不到或者不能完全利用的功能，最好还是选择一个功能少一些的版本，至少能加快下载的速度。开发移动应用时这一点尤其要考虑。
- **它是模块化的吗？**在解决文件大小问题时，功能丰富的库通常使用模块化的方法，把不同功能分割保存到不同的文件中。这样，你就可以只加载包含相应功能的个别文件，从而降低下载量。多数情况下，恐怕都得事先加载所有必需的文件，只有少数库提供了动态加载机制，让你能够按需动态加载文件。动态加载文件时，还要事先考虑到请求的次数。经验表明，一次请求一个大文件，要比多次请求多个小文件更好。
- **它的支持情况怎么样？**如果库的背后没有活跃的开发人员社区维护，就意味着 bug 没人修改，功能无法改进。从另一方面说，使用和维护的人多本身也说明它的问题更少，也更可靠。库背后的社区不仅仅意味着修复和功能，也意味着在你需要帮助时能够及时得到很多人的支持。

- **它有文档吗**？没有文档，会让人无所适从。是这样的，也许你会碰到别人不知道什么时候写的几个使用示例，但如果没有官方的文档，至少说明它的开发人员不够投入，而库本身也不会有什么大的发展前途。
- **它的许可合适吗**？别以为可以在线查看源代码，自己就可以想怎么用就怎么用了。在决定使用一个库之前，必须查证自己的用途包含在它的许可范围内，如果有特殊需求，就更要事先确定了。

在选定了一个合适的库并在此基础上有了新的发明创造之后，别忘记回馈社区！这些库都是开发人员无私奉献的结晶，他们牺牲自己有限的休息时间，就是为了改进你每天在用的工具。如果你不能帮助改进库的功能或者修改 bug，可以提供一些使用示例和教程啊，就算帮着写写文档也是功德无量的。总之，只要有心，不管做什么都会促进库的良好发展。

A.1.1 有代表性的库

为了撰写这个附录，我根据前面的标准选择了几个有代表性的库，中间也掺杂点个人的喜好。直说吧，后面的大多数示例都是使用 jQuery 编写的，少数使用的是具有类似功能的其他库。这些库各有长短，简述如下。

- jQuery（http://jquery.com）官方网站说它是“一个快速简洁的 JavaScript 库，致力于简化 HTML 文档搜索、事件处理、动画以及 Ajax 交互，从而实现快速 Web 开发。jQuery 的设计目的是为了改变你编写 JavaScript 程序的方式。”jQuery 极为强大的选择方法、连缀语法以及简化的 Ajax 和事件方法，都会让你的代码变得简洁且容易理解。这个库的背后还有一个非常大的社区，包括大量插件开发人员，他们开发的插件极大增加了库的功能。
- Prototype（http://prototypejs.org）把自己描绘成“一个旨在简化动态 Web 应用开发的 JavaScript 框架。”Prototype 提供了很多非常棒的 DOM 操作功能，还有一个广受好评的 Ajax 对象。它是出名最早的一个 JavaScript 库，也是通过`$()`实现选择功能的鼻祖。
- The Yahoo! User Interface（YUI）Library（http://developer.yahoo.com/yui）的定位是“一套用 JavaScript 编写的实用函数和控件，可用来基于 DOM、DHTML 以及 AJAX 构建高交互性的 Web 应用。YUI 还包含了一些核心的 CSS 资源。”YUI 的开发人员社区是很值得称道的，它的文档也可圈可点。这个库涵盖的功能非常广泛，从简单的 DOM 操作到高级的效果，以及全功能的应用程序部件，只要你能想到的，它都有。由于功能全面，YUI 被按照命名空间切割成很多独立的小文件，也正因为如此，有些使用者有时候会搞不清自己到底需要哪个文件，到哪里去找到该文件。光 API 列表就长达 20 页，这个库的规模就不难想象了。
- Dojo Toolkit（http://www.dojotoolkit.org/）说它能“帮你节省时间，性能优异，可以让开发过程收放自如。它是经验丰富的开发人员为构建伟大的 Web 体验而提供给你的工具包。”Dojo 确实是一个功能丰富的 JavaScript 开发工具包，很多国际知名的大公司都在用。它的开发人员社区也很庞大，文档做得也非常好，市面上有不少关于它的书。

- MooTools（http://mootools.net/）说自己是“一个小巧、模块化、面向对象的JavaScript框架，适合中高级JavaScript开发人员。利用它精巧、文档完备且前后一致的API，可以编写出强大、灵活而又能够跨浏览器的代码。”MooTools的文档写得非常好，用户社区也有相当规模。这个库不仅包含一些非常好用的DOM增强API，它的Moo.fx效果库更是令人叫绝，能够实现各式各样的或简单或复杂的网页动画。

注意 Prototype和jQuery还有其他库，都使用$()作为函数语法。如果你打算在自己的开发环境中使用其中一个库，请务必先阅读相应库的文档，看看文档描述与本书介绍有哪些出入，或者说该库在什么情况下会与其他库发生冲突。

A.1.2 内容分发网络

一定要尽可能想办法减少网页文档的大小，并让浏览器缓存文件。除此之外，当然还要让用户尽可能快地加载到页面。对于库来说，如果有很多站点要使用同一个库，那么最好是把这个库托管到一个公共服务器上，以便所有站点共享和访问。这样，当用户从一个站点跳到另一个站点时，他们就不用再重复下载相同的文件了。

内容分发网络（CDN，Content Delivery Network）可以解决分布共享库的问题。CDN就是一个由服务器构成的网络，这个网络的用途就是分散存储一些公共的内容。CDN中的每台服务器都包含库的一份复本，这些服务器分布在世界上不同的国家和地区，以便达到利用带宽和加快下载的目的。浏览器访问库的时候使用一个公共的URL，而CDN的底层则通过地理位置最近、速度最快的服务器提供相应的文件，从而解决了整个系统中的瓶颈问题。

Google为以下这些库提供了免费的CDN服务：

- Dojo
- jQuery
- MooTools
- Prototype
- Yahoo! User Interface Library (YUI)

要了解Google CDN托管的这些库的最新版以及其他特殊信息，请访问http://code.google.com/apis/libraries/devguide.html。

使用CDN中托管的库与使用其他JavaScript文件一样。例如，以编写本书时的URL为例，Google CDN中jQuery库的URL是https://ajax.googleapis.com/ajax/libs/jquery/1.4.3/jquery.min.js，因而在文档中就可以添加如下`<script>`标签：

```
<script src="https://ajax.googleapis.com/ajax/libs/jquery/
➥ 1.4.3/jquery.min.js"></script>
```

如果你觉得仅仅依赖Google或其他CDN不保险，可以再提供一个后备`<script>`标签，以便在CDN不可用时从本地服务器下载相应文件。方法很简单，无非就是先检测一下相应对象是否存在，如果不存在就添加加载本地文件的<script>标签：

```
<script src="https://ajax.googleapis.com/ajax/libs/jquery/
➥ 1.4.3/jquery.min.js"></script>
<script>!window.jQuery && document.write(unescape('%3C
➥ script src="scripts/jquery-1.4.3.min.js"%3E%3C/script%3E'))</script>
```

注意 这个方法使用 document.write 在 jQuery 库没有创建全局 window.jQuery 对象的情况下添加一个<script>标签。本附录中使用的$函数，其实就是对专有的 jQuery 对象的简写别名。

有了后备代码后，即便 CDN 的服务器出了问题，也不会连累你的网站了。

A.2 语法

在展示具体的示例之前，应该先介绍一些很多库都采用的语法。

注意 jQuery、Prototype、MooTools 及其他很多库，都把$()函数作为其选择器方法的简写。因此，在本附录中使用$()会让示例代码更通用一些。不过，也要注意，虽然调用这个函数的语法形式相似，但不同的库在底层创建的对象则迥然不同。要了解具体的$函数的工作原理，请查看相应库的文档。

多数库都支持以点将方法连缀起来的语法，也就是通过点操作符把多个方法调用连接成一行代码；就像我们前面针对 getElementById 用过的一样：

```
document.getElementById('example').nodeName;
```

在 jQuery 之类的库中，方法连缀是一种特色，这些库特意设计了相应的方法，以便通过连缀的形式将复杂的脚本连缀成简短的代码。使用这些库时，一行脚本完成多项操作是司空见惯的。举个例子，使用 jQuery 先删除文档中所有段落的一个类名，然后再为它们添加另一个类名，可以这样来写：

```
$('p').removeClass('classFoo').addClass('classBar');
```

与第 9 章的那个添加类名的函数相比，这行代码可是清晰多了。稍后我们还会介绍有关$('p')选择器的更多信息。

另一个语法是迭代。不少库都提供了方便对元素列表进行操作的循环结构，而连缀语法则为此提供了一种一目了然的方式。

仍以 jQuery 为例，对于下面这个第 3 章示例中的循环：

```
var items = document.getElementsByTagName("li");
for (var i=0; i < items.length; i++) {
  alert(typeof items[i]);
}
```

使用 jQuery 的 each 方法可以写成：

```
$('li').each(function(i){
  alert( typeof this );
});
```

jQuery 的 each 方法以及其他循环方法，会基于列表中的每个元素来执行一个回调函数。这个回调函数只接收元素在列表中的索引作为参数，并在当前节点的上下文中执行，因此这个例子中的 this 引用的就是每个 li 元素自身。

了解库的基本语法之后，下面就来看一看选择元素。

A.3　选择元素

到目前为止，你已经知道怎么使用内置的 DOM 方法 getElementById、getElementsByTagName 以及 getElementsByClassName，来分别通过 ID、标签和类名来选择元素了。

能通过 ID 选择元素很方便，但如果能使用各种 CSS 选择器来选择元素不是更好吗？很多库都和 jQuery 一样，提供了类似其$函数的高级选择器方法。使用这些方法，可以基于以下要素进行选择：

- 带#的 ID，如$('#elementid')
- 带.的类名，如$('.element-class')
- 标签名，如$('tag')

当然，这些选择元素的途径还算不上十分特别，但关键是还可以使用各种 CSS 选择器（http://www.w3.org/TR/css3-selectors/#selectors）来选择特定的元素。

> **注意**　在$函数中通过 ID 选择器#elementid 选择元素时，该函数仍然返回对象列表，只不过返回的列表中只包含一个元素。这样，你可以使用连缀语法继续调用 each 及其他 jQuery 方法。

A.3.1　CSS 选择器

除了使用 ID、类名和标签以外，在多数库中都可以使用下列高级的选择器：

- $('*')选择所有元素；
- $('tag')选择所有 HTML 标签中的 tag 元素；
- $('tagA tagB')选择作为 tagA 后代的所有 tagB 元素；
- $('tagA,tagB,tagC')选择所有 tagA 元素、tagB 元素和 tagC 元素；
- $('#id')和$('tag#id')选择所有 ID 为 id 的元素或 ID 为 id 且标签为 tag 的元素；
- $('.className')和$('tag.className')选择所有类名为 className 的元素或类名为 className 标签为 tag 的元素。

也可以使用组合选择器$('#myList li')或$('ul li a.selectMe')以空格来分隔选择更具体的后代元素。

jQuery 还支持下列 CSS 2.1 属性选择器：

- $('tag[attr]')选择所有带有 attr 属性的 tag 元素；
- $('tag[attr=value]')选择所有 attr 属性值恰好等于 value 的 tag 元素；
- $('tag[attr*=value]')选择所有 attr 属性值中包含字符串 value 的 tag 元素；
- $('tag[attr~=value]')选择所有 attr 属性值为空格分隔的多个字符串且其中一个字符串等于 value 的 tag 元素；
- $('tag[attr^=value]')选择所有 attr 属性值以 value 开头的 tag 元素；
- $('tag[attr$=value]')选择所有 attr 属性值以 value 结尾的 tag 元素；
- $('tag[attr|=value]')选择所有 attr 属性值为连字符分隔的字符串且该字符串以 value 开头的 tag 元素；
- $('tag[attr!=value]')选择所有 attr 属性值不等于 value 的 tag 元素。

此外，还可以使用子选择器或同辈选择器：

- $('tagA > tagB')选择作为 tagA 元素子元素的所有 tagB 元素；
- $('tagA + tagB')选择紧邻 tagA 元素且位于其后的 tagB 元素；
- $('tagA ~ tagB')选择作为 tagA 同辈元素且位于其后的所有 tagB 元素。

还可以使用一些伪类和伪元素选择器：

- $('tag:root')选择作为文档根元素的 tag 元素；
- $('tag:nth-child(n)')选择作为其父元素正数第 n 个子元素的所有 tag 元素；
- $('tag:nth-last-child(n)')选择作为其父元素倒数第 n 个子元素的所有 tag 元素；
- $('tag:nth-of-type(n)')选择几个同辈 tag 元素中的正数第 n 个；
- $('tag:nth-last-of-type(n)')选择几个同辈 tag 元素中的倒数第 n 个；
- $('tag:first-child')选择作为其父元素第一个子元素的 tag 元素；
- $('tag:last-child')选择作为其父元素最后一个子元素的 tag 元素；
- $('tag:first-of-type')选择几个同辈 tag 元素中的第一个；
- $('tag:last-of-type')选择几个同辈 tag 元素中的最后一个；
- $('tag:only-child')选择作为其父元素唯一子元素的 tag 元素；
- $('tag:only-of-type')选择同辈元素中唯一一个标签为 tag 的元素；
- $('tag:empty')选择所有没有子元素的 tag 元素；
- $('tag:enabled')选择界面元素中所有已经启用的 tag 元素；
- $('tag:disabled')选择界面元素中所有已经禁用的 tag 元素；
- $('tag:checked')选择界面元素中所有已经被选中的 tag 元素（如复选框和单选按钮）；
- $('tag:not(s)')选择与选择器 s 不匹配的所有 tag 元素。

不同的库对上述选择器的支持情况各不相同，请查阅相应库的文档以了解具体的情况。

利用这些选择器，就可以基于它们在文档中的位置而不必通过类名或 ID 而迅速找到任意一个特定的元素。而且，你的脚本不仅因此可以不再依赖于特定的 ID 或类名，还能减少选择元素所需的代码。比如说，要选择文章中 nav 元素包含的所有链接，可以使用 DOM 方法通过下列代码实现：

```
var links = [];
var articles = document.getElementsByTagName("article");
for (var a = 0; a < articles.length; a++ ) {
  var navs = articles[a].getElementsByTagName("nav");
  for (var n = 0; n < navs.length; n++ ) {
    var links = nav[n].getElementsByTagName("a");
    for (var l = 0; l < links.length; l++ ) {
      links[links.length] = links[l];
    }
  }
}
// 对链接执行相应操作
```

但利用选择器语法，则可以缩短为很少的字符：

```
var links = $('article nav a');
// 对链接执行相应操作
```

这样，代码不仅清晰了很多，而且也很容易看懂。

A.3.2　库所提供的专有选择器

有些库还提供了专有的选择器，例如 jQuery 支持$('tag:even')和$('tag:odd')选择器，用于选择偶数和奇数元素。第 12 章有一个为表格行添加条纹样式的函数：

```
function stripeTables() {
  if (!document.getElementsByTagName) return false;
  var tables = document.getElementsByTagName("table");
  for (var i=0; i<tables.length; i++) {
    var odd = false;
    var rows = tables[i].getElementsByTagName("tr");
    for (var j=0; j<rows.length; j++) {
      if (odd == true) {
        addClass(rows[j],"odd");
        odd = false;
      } else {
        odd = true;
      }
    }
  }
}
```

而用一行 jQuery 代码，就可以轻松地选择所有奇数表格行并为它们应用 CSS 属性：

```
$("tr:odd").addClass("odd");
```

怎么样，是不是简单明了？

jQuery 还支持其他专有选择器。

- $('tag:even')选择匹配元素集中偶数序号的元素——特别适合突出显示表格行！
- $('tag:odd')选择匹配元素集中奇数序号的元素；
- $('tag:eq(0)')和$('tag:nth(0)')选择匹配元素集中的第一个元素，如页面中第一个段落；
- $('tag:gt(n)')选择匹配元素集中索引值大于 n 的所有元素；
- $('tag:lt(n)')选择匹配元素集中索引值小于 n 的所有元素；
- $('tag:first')等价于:eq(0)；

- $('tag:last')选择匹配元素集中的最后一个元素；
- $('tag:parent')选择匹配元素集中包含子元素（文本节点也算）的所有元素；
- $('tag:contains('test')')选择匹配元素集中包含指定文本的所有元素；
- $('tag:visible')选择匹配元素集中所有可见的元素(包括 display 属性为 block 和 inline、visibility 属性为 visible 以及 type 属性不是 hidden 的表单元素)；
- $('tag:hidden')选择匹配元素集中所有隐藏的元素（包括 display 属性为 none、visibility 属性为 hidden 以及 type 属性为 hidden 的表单元素）。

使用这些选择器可以快速地修改元素，比如要修改页面中第一个段落的字体粗细：

```
$("p:first").css("font-weight","bold");
```

或者用一行代码来显示所有隐藏的<div>元素：

```
$("div:hidden").show();
```

甚至就连要隐藏所有包含单词“scared”的 div 元素都易如反掌：

```
$("div:contains('scared')").hide();
```

最后，jQuery 还提供了一些专门为表单设计的表达式，用于快速访问表单元素：

- :input 选择表单中的所有元素（input、select、textarea、button)；
- :text 选择所有文本字段（type="text")；
- :password 选择所有密码字段（type="password")；
- :radio 选择所有单选按钮（type="radio")；
- :checkbox 选择所有复选框（type="checkbox")；
- :submit 选择所有提交按钮（type="submit")；
- :image 选择所有表单图像（type="image")；
- :reset 选择所有重置按钮（type="reset")；
- :button 选择所有其他按钮（type="button")。

A.3.3　使用回调函数筛选

在高级表达式还不能满足你的需要，或者某个库不支持某个表达式的情况下，还可以使用回调函数来选择 DOM 元素，也就是基于每个元素执行相应的筛选代码。在接下来的所有示例中，回调函数返回 true 则意味着相应的元素会出现在结果集中，返回 false 则意味着相应元素不会出现在结果集中。

如果你想创建一个反向选择器，那么使用回调函数会非常方便。所有 CSS 选择器选择的都是表达式最右端的元素，因此就没有办法通过它们选择“只包含一个图像子元素的所有锚标签”。但使用回调函数则可轻松实现这个选择。假设有以下 HTML：

```
<ul>
    <li>
        <a name="example1"><img src="example.gif" alt="example"/></a>
    </li>
    <li>
```

```
            <a name="example2">No Images Here</a>
        </li>
        <li>
            <a name="example3">
                Two here!
                <img src="example2.gif" alt="example"/>
                <img src="example3.gif" alt="example"/>
            </a>
        </li>
    </ul>
```

使用 YUI 的 YAHOO.util.Dom.getElementsBy 方法，基于本书前面介绍的 DOM 元素属性，即可筛选出想要的元素：

```
var singleImageAnchors = YAHOO.util.Dom.getElementsBy(function(e) {
    // 查找只包含一个图像子元素的<a>节点
    return (e.nodeName == 'A' && e.getElementsByTagName('img').length == 1);
});
```

此时变量 singleImageAnchors 会包含一个列表，列表中只有一个元素，因为示例代码中只有一个仅包含一个图像子元素的锚，因此该元素引用的就是<a name="example1">。

Prototype 和 jQuery 为此分别提供了 findAll 和 filter 方法。在连缀调用方法的时候，使用这两个方法就可以筛选出表达式返回的元素来。

首先来看一下 Prototype 的代码（使用$$选择器）：

```
// Prototype 库的回调筛选函数
var singleImageAnchors = $$('a').findAll(function(e) {
  return (e.descendants().findAll(function(e) {
    return (e.nodeName == 'IMG');
  }).length == 1);
});
```

再看一下 jQuery 的代码：

```
// jQuery 库的回调筛选函数
var singleImageAnchors = $('a').filter(function() {
  return ($('img',this).length == 1)
});
```

Prototype 和 jQuery 的表达式选择器应该足以应付大多数的情况。万一你还需要对元素进行更深入的分析，那么回调函数还可更复杂一些。

A.4 操作 DOM 元素

每个库都提供了非常多的 DOM 操作方法，毕竟操作 DOM 的能力可以体现一个库的水平。这里我们只简单列举其中几个，剩下的还是请读者自己去查阅相关库的文档。

A.4.1 生成内容

用 jQuery 创建新的 DOM 元素很简单。把 HTML 代码作为$函数的参数传入，即可创建新的节点。下面这行代码就可以给文档的 body 元素添加一个新的 div 元素。新的 div 元素会有一个值为 example 的 id，并且包含“Hello”。

```
$('<div id="example">Hello</div>').appendTo(document.body);
```

或者，也可以试一试 jQuery 的模板插件（http://api.jquery.com/category/plugins/templates）。

注意 可以使用 Microsoft CDN 中托管的这个模板插件。在编写本书时的 URL 为 http://ajax.microsoft.com/ajax/jquery.templates/beta1/jquery.tmpl.min.js。

使用 jQuery 模板插件可以在 HTML 字符串中声明一些特殊的变量，如`${term}`，这些变量随后可以被替换成一组数组或其他模板。

举个例子，以下是第 8 章的 `displayAbbreviations` 函数：

```
function displayAbbreviations() {
 if (!document.getElementsByTagName || !document.createElement
➥|| !document.createTextNode) return false;
  var abbreviations = document.getElementsByTagName("abbr");
  if (abbreviations.length < 1) return false;
  var defs = new Array();
  for (var i=0; i<abbreviations.length; i++) {
    var current_abbr = abbreviations[i];
    var definition = current_abbr.getAttribute("title");
    var key = current_abbr.lastChild.nodeValue;
    defs[key] = definition;
  }
  var dlist = document.createElement("dl");
  for (key in defs) {
    var definition = defs[key];
    var dtitle = document.createElement("dt");
    var dtitle_text = document.createTextNode(key);
    dtitle.appendChild(dtitle_text);
    var ddesc = document.createElement("dd");
    var ddesc_text = document.createTextNode(definition);
    ddesc.appendChild(ddesc_text);
    dlist.appendChild(dtitle);
    dlist.appendChild(ddesc);
  }
  var header = document.createElement("h2");
  var header_text = document.createTextNode("Abbreviations");
  header.appendChild(header_text);
  document.body.appendChild(header);
  document.body.appendChild(dlist);
}
```

如果使用 jQuery 及 jQuery 模板插件，可以如下重写：

```
function displayAbbreviations() {
  // 创建缩写词数组
  var data = $('abbr').map(function(){
    return {
      desc:$(this).attr('title'),
      term:$(this).text()
    };
  }).toArray();
  // 添加到文档并应用模板
  $('<h2>Abbreviations</h2>').appendTo(document.body).after(
     $.tmpl( "<dt>${term}</dt><dd>${desc}</dd>", data )
      .wrapAll("<dl/>")
  );
}
```

更进一步，还可以把模板从函数中分离出来，根据每一页的具体情况来定义缩写词模板。模板插件的文档（http://api.jquery.com/tmpl）中详细介绍了利用<script>元素的更高级模板功能，请读者自行参考。

A.4.2 操作内容

如果想对现有文档执行某些操作，或者移动某些元素的位置，可以使用 jQuery 的 appendTo 或 insertAfter 等方法。通过这些方法，可以找到一组元素，并把它们全都变成另一个元素的子元素。

例如，可以把一个列表中的所有元素全部转移到另一个列表中：

```
$('ul#list1 li').appendTo("ul#list2");
```

之所以可以实现这种操作，原因在于每个元素在文档中都只有一个引用。你让它成为另一个元素的子元素，也就意味着它必须与原来的父元素解除“父子关系”。假如你想的是复制这些元素，那么可以使用 jQuery 的 clone 方法：

```
$('ul#list1 li').clone().appendTo("ul#list2");
```

DOM 操作在任何一个库中都受到了极大的重视，它们分别都提供了一些用于删除、插入、添加、前置等操作的快捷方法。

A.5 处理事件

综观全书，不难发现事件其实是用户交互的根本所在。没有事件，也就没有办法与页面交互。

通过前面的学习，相信你已经掌握了一些基本的事件方法。说到使用库，当然很多也都内置了相应的事件管理功能。而且，这些库还包含了浏览器没有原生实现或者说 W3C 事件模块中没有定义的自定义事件的注册及调用机制。

A.5.1 加载事件

前面介绍过一个为页面加载事件注册处理方法的函数，即 addLoadEvent：

```
function addLoadEvent(func) {
  var oldonload = window.onload;
  if (typeof window.onload != 'function') {
    window.onload = func;
  } else {
    window.onload = function() {
      oldonload();
      func();
    }
  }
}
```

利用这个函数可以在页面加载的时候执行其他函数：

```
function myFucntion() {
  //在页面加载后执行一些操作
}
addLoadEvent(myFunction);
```

以上代码也可以写成：

```
addLoadEvent(function() {
  //在页面加载后执行一些操作
});
```

不同的库也都提供了类似的方法，只不过在实现方式上会有所不同。比如说，jQuery 就利用连缀语法基于每种事件类型都提供了相应的事件方法（http://api.jquery.com/category/events）。

以 addLoadEvent 为例，jQuery 的 ready 方法以类似的方式实现了相应的机制：

```
$(document).ready(handler);
$(handler);
```

第二个方法假定 document 对象是 ready 方法的目标。而 ready 方法可以接收一个匿名函数，并将该函数注册为处理文档就绪事件的处理函数：

```
$(document).ready(function() {
  // 在页面加载后执行一些操作
});
```

这样，只要 DOM 初始化工作一完成，就会调用 ready，相应地就会立即执行传入的回调函数。

如果想像使用 addLoadEvent 函数一样使用 jQuery 的方法，只要把 addLoadEvent 替换成$就可以了：

```
function myFucntion() {
  // 在页面加载后执行一些操作
}
$(myFunction);
```

或者干脆这样写：

```
$(function() {
  // 在页面加载后执行一些操作
});
```

A.5.2 其他事件

除了加载事件，jQuery 等库还提供很多特定于元素的事件，例如 blur、focus、click、dblclick、mouseover、mouseout 和 submit，等等。

使用这些事件方法，可以为 DOM 元素批量注册事件处理函数，比如为页面中的每个链接注册相同的 click 事件处理函数：

```
$('a').click( function(event) {
    // 在新窗口中打开当前 href 中的链接
    window.open(this.getAttribute('href'));
    // 阻止链接的默认动作
    return false;
});
```

这些方法还有另一种意外的用法，即在没有用户交互的情况下，你可以通过调用相应的方法来触发元素上已经注册的事件监听器。

```
$('a:first').click();
```

举例来说，下面是第 12 章的 resetFields 和 prepareForms 函数：

```
function resetFields(whichform) {
  for (var i=0; i<whichform.elements.length; i++) {
    var element = whichform.elements[i];
    if (element.type == "submit") continue;
    var hasPlaceholder = element.placeholder || element.getAttribute('placeholder');
    if (!hasPlaceholder) continue;
    element.onfocus = function() {
    var text = element.placeholder || element.getAttribute('placeholder');
    if (this.value == text) {
      this.className = '';
      this.value = "";
     }
    }
    element.onblur = function() {
      if (this.value == "") {
        this.className = 'placeholder';
        this.value = element.placeholder || element.getAttribute('placeholder');;
      }
    }
    element.onblur();
  }
}
function prepareForms() {
  for (var i=0; i<document.forms.length; i++) {
    var thisform = document.forms[i];
    resetFields(thisform);
    }
  }
}
addLoadEvent(prepareForms)
```

使用 jQuery 选择器和事件方法，以上准备表单的代码可以缩短为：

```
$(function() {
  $('form input[placeholder]').focus(function(){
    var input = $(this);
    if (input.val() == input.attr('placeholder')) {
      input.val('').removeClass('placeholder').;
    }
  }).blur(function(){
    var input = $(this);
    if (input.val() == '') {
      input.val(input.attr('placeholder')).addClass('placeholder');
    }
  }).blur();
});
```

A.6 Ajax

Ajax 应用爆发后，JavaScript 库也变得越来越流行起来。很多库中的第一个对象就是 Ajax，即便不是，Ajax 对象也是这些库迅速流行的一个重要原因。

A.6.1 Prototype 与 Ajax

最早源于 Ruby on Rails 项目的 Prototype 库，就是因 Ajax 对象而流行的。Prototype 提供了几种独特的 Ajax 方法：

- Ajax.Request(url, options)执行基本的 XMLHttpRequest 请求；
- Ajax.Updater(element, url, options)包装请求，并且将请求返回的内容自动添加到给定的DOM 节点中；
- Ajax.PeriodicalUpdater(element, url, options)按照一定的时间间隔自动将请求返回的内容添加到给定的 DOM 节点中。

以上每个方法中的 options 参数都包含下列属性。

- contentType，即请求的内容类型。默认值为 application/x-www-form-urlencoded。
- method，即请求的 HTTP 方法。Prototype 对于 put 和 delete 等请求的处理方式，以 post 请求重写并将原始请求方法放到请求的_method 参数中。默认值为 post。
- parameters，即与请求一同发送的参数。这些参数的格式可以是类似 get 请求中 URL 编码的字符串，也可以是类似散列的对象，比如数组或以属性名表示参数名的对象。
- postBody，默认值为 null，即在 post 请求体中包含的内容。如果为空，请求体中将包含 parameters 选项的内容。
- requestHeaders，是一个对象或数组，可以通过它在请求中添加额外的头部信息。如果是对象，属性名和值分别表示请求头部的名和值；如果是数组，则偶数索引项（从0开始算）表示头部信息的名称，奇数索引项（从1开始算）表示请求头部信息的值。默认情况下，Prototype 会在这个属性中包含几个头部信息（重写就没有了）：
  - X-Requested-With，默认情况下为 XMLHttpRequest，供服务器端识别 Ajax 请求用。你可以根据自己的需要设置。
  - X-Prototype-Version，Prototype 当前的版本号。
  - Accept，默认设置为 text/javascript、text/html、application/xml、text/xml 和*/*。
  - Content-type，根据 contentType 的值和编码方式构建。

除了这些属性外，还可以在请求的不同阶段根据服务器的响应调用一些回调方法。下列每一个回调方法都应该接收到两个参数，一个是 XMLHttpRequest 对象，另一个在响应包含 X-JSON 头部的情况下是响应返回的 JavaScript 对象。如果没有 X-JSON 头部信息，则第二个参数为 null。唯一一个例外是 onException 回调方法，它的参数一个是 Ajax.Request 实例，另一个是异常对象。下面以它们在请求中被调用的顺序列出了这些回调方法。

- onException(ajax.request,exception)在请求或响应中出现错误时被调用，可能会在下面任何一个回调方法执行期间同时发生。
- onUninitialized(XHRrequest,json)在请求对象创建完成后可能会被调用，但不一定总会被调用，因此尽量不要使用它。
- onLoading(XHRrequest,json)在对象创建完成且其连接打开时可能会被调用，但同样不一定总会被调用，因此尽量不要使用它。
- onLoaded(XHRrequest,json)在请求对象创建完成、连接打开且准备好发送请求时可能会被调用，但同样不一定总会被调用，因此尽量不要使用它。
- onInteractive(XHRrequest,json)在请求对象接收到部分响应但尚未接收到全部响应时可能会被调用。没错，它同样不一定总会被调用，因此尽量不要使用它。

- on### (XHRrequest,json)在适当的响应代码被设置时会被调用。###是用来表示响应情况的HTTP 状态代码。这个回调方法会在响应完成但尚未调用 onComplete 之前被调用。这个方法也会阻止 onSuccess 和 onFailure 回调方法的执行。
- onFailure(XHRrequest,json)在请求完成且有状态代码但其状态代码不是 200 到 299 之间的数值时被调用。
- onSuccess(XHRrequest,json)在请求完成且状态代码没有定义，或者状态代码介于 200 到 299 之间时被调用。
- onComplete(XHRrequest,json)在请求过程的最后被调用。

Prototype 还提供了一个全局 Ajax.Responders 方法，用于控制和访问进进出出各种 Ajax.Request 方法的 Ajax 请求。要了解有关 Ajax.Responders 方法的详细情况，请参考 Prototype 的在线文档 http://www.prototypejs.org/api/ajax/responders。

以下是使用 Prototype 发送 Ajax 请求的几个例子。

```
// Prototype Ajax.Request
// 创建一个新的一次性请求并在成功时弹出消息
new Ajax.Request(
  'some-server-side-script.php',
  {
    method:'get',
    onSuccess: function (transport) {
       var response = transport.responseText || "no response text";
         alert('Ajax.Request was successful: ' + response);
    },
    onFailure: function (){
      alert('Ajax.Request failed');
    }
  }
);

// Prototype Ajax.Updater
// 创建一个一次性请求，以 responseText 来填充#ajax-updater-target 元素
new Ajax.Updater(
  $('ajax-updater-target'),
  'some-server-side-script.php',
  {
      method: 'get',
      // 将其添加到目标元素的上部
      insertion: Insertion.Top
  }
);

// Prototype Ajax.periodicalUpdater
// 创建一个周期性的请求，每 10 秒钟自动填充一次# ajax-periodic-target 元素
new Ajax.PeriodicalUpdater(
  $('ajax-periodic-target'),
  'some-server-side-script.php ',
  {
      method: 'GET',
      // 添加到现有内容的上方
      insertion: Insertion.Top,
      // 每 10 秒钟运行一次
```

```
        frequency: 10
    }
);
```

Ajax.Updater 对象的另一个简单但却很给力的用法，是隔一段时间保存一次表单信息。这特别适合在博客应用中解决用户临时保存数据的问题。使用 Ajax.Updater()对象，再配合 Prototype 的 Form 序列化方法，可以从表单中取得当前的信息，每隔几分钟就保存到服务器一次，从而保证用户不会意外丢失已经花时间填写的内容。

```
// 使用 Prototype 实现自动保存功能
// 每 30 秒钟就保存一次#autosave-form 表单中的信息
// 然后更新#autosave-status 元素标明更新状态
setTimeout(function() {
  new Ajax.Updater(
      $('autosave-status'),
      ' some-server-side-autosave-script.php ',
      {
          method:'post',
          parameters : $('autosave-form').serialize(true)
      }
  );
},30000);
```

A.6.2 jQuery 与 Ajax

为了比较语法上的异同，接下来看一看 jQuery。jQuery 也有一个低级的$.ajax 方法，可以接受各种属性。不过，还是先来看看它的那些简单易用的方法吧。

- $.post(url, params, callback)通过 POST 请求取得数据。
- $.get(url, params, callback)通过 GET 请求取得数据。
- $.getJSON(url, params, callback)取得 JSON 对象。
- $.getScript(url, callback)取得并执行 JavaScript 文件。

这些方法实际上都是$.ajax()的包装方法，它们的回调方法总会被作为$.ajax()的成功回调方法调用。每个回调方法都接受两个参数，分别是请求对象的响应文本（responseText）和状态(status)：

```
$.get('some-server-side-script.php',
  { key: 'value' },
  function(responseText, status){
      // 你的代码
  }
);
```

状态是以下几个值之一：

- success
- error
- notmodified

在使用 getJSON 和 getScript 方法时响应会被求值，因此 getJSON 方法中传给回调的参数是一个 JavaScript 对象。

下面再给出几个使用上述方法的例子。

```
// 使用$.get()实现快速的 Ajax 调用
// 创建一个一次性的请求并在成功时弹出消息
$.get('some-server-side-script.php',
  { key: 'value' },
  function(responseText,status){
      alert('successful: ' + responseText);
  }
);

// 使用$.getJSON()加载 JSON 对象
// 创建一个一次性的请求加载 JSON 文件并在成功时弹出消息
$.getJSON('some-server-side-script.php', function(json){
  alert('successful: ' + json.type);
});
```

jQuery 还提供了一个 load()方法：

- $(expression).load(url, params, callback)把 URL 的结果加载到相应的 DOM 元素中。

这个方法会以返回的结果自动填充相应的一个或多个元素：

```
// $(...).load()用于自动填充元素
// 创建一个一次性的请求，用 responseText 的内容填充#ajax-updater-target 元素
$("#ajax-updater-target").load(
  'some-server-side-script.php',
  { key: 'value' },
    function(responseText,status) {
      alert('successful: ' + responseText);
  }
);
```

Prototype 的 Ajax.Updater()方法与此也是类似的。

而且，也可以使用$()方法实现周期性的保存功能：

```
// 使用 jQuery 实现自动保存功能
// 每 30 秒钟保存一次#autosave-form 表单的信息
// 然后更新#autosave-status 元素标明更新状态
setTimeout(function() {
  $('autosave-status').load(
      'some-server-side-script.php',
      $.param({
          title:$('#autosave-form input[@name=title]').val(),
          story:$('#autosave-form textarea[@name=story]').val()
      })
  );
},30000);
```

jQuery 还有一些 Ajax 插件，例如 Mike Alsup 的 Ajax Form 插件（http://plugins.jquery.com/）就让处理表单和 Ajax 事件变得很容易。想要像第 12 章那样通过 Ajax 提交评论表单吗？就这么简单：

```
$('#commentForm').ajaxForm(function() {
  alert("Thank you for your comment!");
});
```

这个方法会将表单的内容序列化，然后将结果发送给表单的 action 属性中指定的脚本。

A.7　动画和效果

到现在为止，我们已经知道使用库能完成很多 DOM 操作和脚本任务了。下面我们来享受一些视觉上的冲击和交互效果。

有些库（如 jQuery）会内置一些效果属性，而另一些库则会依赖插件来提供效果方法。如果你选择的库没有效果方法，建议考虑一下 `Moo.fx` 和 `Script.aculo.us`。

- `Moo.fx`（http://moofx.mad4milk.net/）把自身描述为“一个超轻量、超小巧、超精简的 JavaScript 效果库，可以配合 `prototype.js` 或 `mootools` 框架使用。”总的来说，`Moo.fx` 的使用还是非常方便的，它采用了一种低抽象度的方式，让你指出元素以及想要在给定的时间间隔内修改哪个 CSS 属性。这些修改只会应用到特定的元素，不会应用到该元素的子元素（除非子元素根据层叠规则会继承相应的 CSS 属性）。利用这些低抽象度的特性，不用编写太多代码，就可以创造出几乎任何你能够想到的效果。
- `Script.aculo.us`（http://script.aculo.us）呢，它“是一个好用、跨浏览器的 JavaScript 用户界面库，能够让你的网站和 Web 应用动起来。”`Script.aculo.us` 采用的是一种高抽象度的方式，提供了一些核心效果以及在此基础上的组合效果。在应用这些高级效果的情况下，指定元素的所有子元素可能也会受到影响。例如，在某个段落上调用 `Effect.Scale` 时，字体的大小也会随着段落及其他子元素的宽度和高度的变化而同步缩放。这些高级效果的组合让应用大型、复杂的效果变得比较简单，值得考虑。

以上这两个效果库都是构建在 Prototype 基础上的，`Moo.fx` 也有基于 MooTools 库的版本（http://mootools.net/）。

注意　`Moo.fx` 需要通过 `$()` 和 `$$()` 方法取得元素，因此再重申一次，如果你使用的是这个库，那么就要在混合多个库时倍加小心。建议查看文档，采取最佳方式避免冲突。

A.7.1　基于 CSS 属性的动画

动画的最基本形式，就是随着时间推移改变一个元素的 CSS 属性，比如下面这个我们在第 10 章看到过的 `moveElement` 函数：

```
function moveElement(elementID,final_x,final_y,interval) {
  if (!document.getElementById) return false;
  if (!document.getElementById(elementID)) return false;
  var elem = document.getElementById(elementID);
  if (elem.movement) {
    clearTimeout(elem.movement);
  }
  if (!elem.style.left) {
    elem.style.left = "0px";
  }
  if (!elem.style.top) {
    elem.style.top = "0px";
  }
```

```
  var xpos = parseInt(elem.style.left);
  var ypos = parseInt(elem.style.top);
  var dist = 0;
  if (xpos == final_x && ypos == final_y) {
    return true;
  }
  if (xpos < final_x) {
    dist = Math.ceil((final_x - xpos)/10);
    xpos = xpos + dist;
  }
  if (xpos > final_x) {
    dist = Math.ceil((xpos - final_x)/10);
    xpos = xpos - dist;
  }
  if (ypos < final_y) {
    dist = Math.ceil((final_y - ypos)/10);
    ypos = ypos + dist;
  }
  if (ypos > final_y) {
    dist = Math.ceil((ypos - final_y)/10);
    ypos = ypos - dist;
  }
  elem.style.left = xpos + "px";
  elem.style.top = ypos + "px";
  var repeat = "moveElement('"+elementID+"',"+final_x+","+final_y+","+interval+")";
  elem.movement = setTimeout(repeat,interval);
}
```

使用计时器和数学公式的问题在于，代码会在不知不觉中变得非常复杂冗长。好在 jQuery 之类的库可以为我们提供很大的帮助。

上面这个 moveElement 函数是通过链接的鼠标事件触发的：

```
var links = list.getElementsByTagName("a");
//为 mouseover 事件添加动画行为
links[0].onmouseover = function() {
  moveElement("preview",-100,0,10);
}
links[1].onmouseover = function() {
  moveElement("preview",-200,0,10);
}
links[2].onmouseover = function() {
  moveElement("preview",-300,0,10);
}
```

我们可以把 moveElement 相关的逻辑集中起来，通过 jQuery 的 animate 方法来为 preview 元素应用位置动画。这个 animate 方法以 CSS 属性及最终值的列表作为参数，能够按照指定的时间间隔从当前值开始修改相应的属性值。

```
$('a').each(function(i) {
  var preview = $('#preview');
  var final_x = i * -100;
  $(this).mouseover(function(){
    preview.animate({left:final_x}, 10);
  });
});
```

这就比第 10 章的代码简单多了。使用 jQuery 只需几行代码，而且不必担心复杂的数学计算和计时器问题。

当然，还不止于此，你还可以控制动画的变化过程。jQuery 的 animate 方法为此还接受另一个参数：

```
$(expression).animate( properties, duration, easing )
```

第三个参数 easing 是一个函数，用于计算动画在特定时间段内的速度。这些函数涉及的数学计算有时候会非常复杂，但借助它们来改变速度却能创建出精彩的淡入淡出以及弹跳效果。jQuery 库中默认的缓动函数只有默认的 swing 和速度恒定的 linear。

要想得到更多缓动函数，可以在 jQuery UI 套件（http://jqueryui.com/）或 jQuery 缓动插件（http://gsgd.co.uk/sandbox/jquery/easing）中去找。

A.7.2 组合动画

不少库都提供了一些组合动画，以方便开发人员使用。例如，在不用插件的情况下，jQuery 提供了下列方法。

- fadeIn 和 fadeOut。
- fadeTo 将匹配元素的不透明度调整到指定的值。
- slideToggle、slideDown 和 slideUp 用“滑移动画”隐藏和显示匹配的元素。

其他库，比如 Script.aculo.us，还提供了更多高级动画效果，比如下面这些。

- Effect.Appear、Effect.Fade
- Effect.Puff
- Effect.DropOut
- Effect.Shake
- Effect.SwitchOff
- Effect.BlindDown 和 Effect.BlindUp
- Effect.SlideDown 和 Effect.SlideUp
- Effect.Pulsate
- Effect.Squish
- Effect.Fold
- Effect.Grow
- Effect.Shrink

A.7.3 注意可访问性

在使用恰当的情况下，微妙的效果可以起到提示变更的作用。动画和效果也可以把人的注意力吸引到界面的某个地方，从而引导交互顺利进行，或者只是让访客感到惊喜并给人留下难忘的印象，为没有什么新意的 HTML 添加一点生命气息。

请注意，应用效果时要时刻提醒自己注意可访问性。看上去美不胜收的各种效果，如果影响到访客顺利查看信息，恐怕就得不偿失了。

A.8　小结

在本附录中，我们探讨了为什么库能够帮我们简化日常的编程工作。篇幅所限，不可能面面俱到地谈到所有库或者库的所有功能。为此，请感兴趣的读者自行查阅相关库的文档，从而全面了解库的特点，作出正确的选择。

选择库的时候，一定要全面考察自己看中的每一个候选库。搞清楚如何处理库之间的冲突，功能太少还是太多，有没有坚强的社区做后盾，或者说能否得到及时的技术支持。在选定了合适的库以后，还要尽可能发挥出这个库的最大效用。与此同时，最好能够进一步理解库的工作原理。依赖于库不要紧，关键是不要只停留在简单的使用这个表面上。